高等学校工业工程类教指委规划教材

人因工程
原理、方法与设计

吴昌旭 ◎ 编著

HUMAN FACTORS ENGINEERING
PRINCIPLES, METHODS, AND DESIGN

清华大学出版社
北京

版权所有，侵权必究。举报：010-62782989，beiqinquan@tup.tsinghua.edu.cn。

图书在版编目（CIP）数据

人因工程：原理、方法与设计 / 吴昌旭编著. -- 北京：清华大学出版社，2025.1. --（高等学校工业工程类教指委规划教材）. -- ISBN 978-7-302-67790-1

Ⅰ. TB18

中国国家版本馆 CIP 数据核字第 20257G4F89 号

责任编辑：冯　昕　赵从棉
封面设计：李召霞
责任校对：欧　洋
责任印制：丛怀宇

出版发行：清华大学出版社
　　　　　网　　址：https://www.tup.com.cn，https://www.wqxuetang.com
　　　　　地　　址：北京清华大学学研大厦 A 座　　邮　　编：100084
　　　　　社 总 机：010-83470000　　　　　　　　邮　　购：010-62786544
　　　　　投稿与读者服务：010-62776969，c-service@tup.tsinghua.edu.cn
　　　　　质量反馈：010-62772015，zhiliang@tup.tsinghua.edu.cn
印 装 者：大厂回族自治县彩虹印刷有限公司
经　　销：全国新华书店
开　　本：185mm×260mm　　　印　张：16.5　　　字　数：399 千字
版　　次：2025 年 1 月第 1 版　　　　　　　　　印　次：2025 年 1 月第 1 次印刷
定　　价：55.00 元

产品编号：093443-01

编 委 会

顾　问　汪应洛　杨善林　郑　力　齐二石
主　任　江志斌（上海交通大学）
副主任　高　亮（华中科技大学）　王凯波（清华大学）
委　员　何　桢　天津大学
　　　　　周德群　南京航空航天大学
　　　　　鲁建厦　浙江工业大学
　　　　　王金凤　郑州大学
　　　　　易树平　重庆大学
　　　　　马义中　南京理工大学
　　　　　沈厚才　南京大学
　　　　　罗　利　四川大学
　　　　　周永务　华南理工大学
　　　　　郭　伏　东北大学
　　　　　耿　娜　上海交通大学

丛 书 序

工业工程起源于20世纪初的美国,是在泰勒的科学管理的基础上发展起来的一门工程与管理交叉学科。它综合运用自然科学与社会科学的专门知识,旨在对包括人、物料、设备、能源及信息等要素的集成系统,进行设计、优化、评价与控制,从而提高系统效率、质量、成本、安全性和效益。工业工程的核心目标是解决系统提质增效、高质量运行和发展的问题。一百多年来,工业工程在欧美及亚太等发达国家和地区经济与社会发展中,特别是在制造业发展中,发挥了不可或缺的关键作用。自从20世纪80年代末引入中国后,工业工程对我国国民经济建设,尤其是中国制造业的迅速崛起起到了重要的推动作用。与此同时,我国的工业工程学科专业建设和人才培养也取得了显著进步。目前,全国已经有250多所高校设置了工业工程相关专业。根据2013年教育部颁布的本科教学目录,工业工程已经成为独立的专业类别,包含工业工程、质量工程和标准化工程3个专业。此外,物流工程、物流管理等专业也与工业工程密切相关。

党的二十大报告明确提出:"建设现代化产业体系。坚持把发展经济的着力点放在实体经济上,推进新型工业化,加快建设制造强国、质量强国、航天强国、交通强国、网络强国、数字中国。"面对当前的形势,实施创新驱动,大力发展实体经济,支撑制造强国建设,全方位实施质量中国建设,加快构建国内国际双循环新的发展格局,促进我国经济与社会发展,尤其是先进制造业与现代服务业高质量发展,急需培养一大批掌握现代工业工程理论方法、具有从事工业工程相关工作能力、具有创新精神和创新能力的工业工程相关专业人才。在新的历史时期,尤其是在物联网、大数据、云计算及人工智能等新信息技术赋能下,工业工程领域也面临着重大发展机遇,亟待更新知识体系,推动理论方法的创新。

为了及时响应新时期工业工程人才培养的需求,教育部高等学校工业工程类专业教学指导委员会及优质课程与教材工作组先后于2020年和2021年连续发布了《工业工程类优质课程建设方案征集通知》。在经过充分讨论和征求意见后,提出一套系统化的建设课程大纲、优质教材与优质课程建设及优质课程共享一体化方案。其基本原则是以能力培养为核心,课程应突出对学生能力的培养,同时还应凸显工业工程专业不可替代的特色和新时期的新特征。该方案的根本宗旨是提升教学质量和水平,并依托各高校资源和支持,以教指委委员为支点,调动和共享各校优质资源,协同工作。在此基础上,教育部高等学校工业工程类专业教学指导委员会还组建了"高等学校工业工程类教指委规划教材"编委会,共同完成了系列教材的组织与编写工作。本系列教材的建设原则是根据时代发展的新需求,建设全新的教材,而不是已有教材的局部调整和更新。

本系列教材的征集面向全国所有高校,经过编委会专家严格评审,并依据择优原则选取教学经验丰富、研究成果丰硕的教师团队编写教材。在成稿后,又经过资深专家严格审稿把关,确保入选教材内容新颖、质量上乘、水平卓越。第一批入选的9种教材包括:《基础统计:原理与实践》《生产计划与控制》《人因工程:原理、方法与设计》《物流与供应链管理》

《管理学导论》《生产与服务大数据分析》《智能运营决策与分析》《服务管理导论》《机器学习：工业大数据分析》。

  本系列教材基本涵盖了工业工程专业的主要知识领域，同时反映了现代工业工程专业的主要方法和新时期发展趋势，不仅适用于全国普通高等学校工业工程专业、管理科学与工程专业等专业的本科生，对研究生、高职生以及从事工业工程工作的人员也有较好的参考价值。

  由于工业工程发展十分迅速，受时间限制，本系列教材不妥之处亦在所难免。欢迎广大读者批评指正，以便在下一轮建设中继续修改与完善。

编委会

2023 年 9 月

前　言

人因工程(human factors engineering)，也称人机工程，是重要的基础应用学科，也是工业工程学科的重要分支。在工业工程的"人-机-料-法-环"五要素中，人的要素处于首位。人因工程扎根心理学、生理学和工业工程，从人的特性和特点去设计人在环(human-in-the-loop)的系统和产品，形成了自己较为独特的研究方法，并服务于系统设计和产品设计的不同阶段，提高各类系统和产品的安全、用户使用绩效和舒适感。

本书的主要内容来源于笔者在北美和中国主讲人因工程和相关课程的自编教案。本书通过大量案例，比较详细地介绍人因工程的原理和方法论以及它们在具体系统和产品设计中的应用。全书一共分为 15 章，包括：人因工程简介、人因工程研究方法、人的感知系统（视觉、听觉和触觉）、人的认知、人的典型生理结构特征、人的任务分析方法、以人为主的人机系统设计、人与智能系统交互、人的行为测量方法、人机系统可用性评测方法、人的绩效建模和人机系统安全分析与设计。读者可以从本书前 2 章入手，了解该学科的基本信息和原理。本书的第 3 章和第 9~15 章比较详细地介绍了人因工程特有的研究方法以及方法的应用，建议读者仔细学习。本书的第 4~8 章，系统地介绍了和人因工程应用相关的人的生理和心理特点，虽然是基础知识，但仍然介绍了大量应用实例。

本书的第一个特点是从初学者的角度系统地介绍人因工程的基本原理和最新研究成果。从通俗易懂的案例出发介绍人因工程的原理，以及人因工程在国内外的研究成果，比如人的绩效建模、人的任务分析方法和人与智能系统交互等内容。

本书的第二个特点是采用启发式的教学思维方法，改变了传统的填鸭式教学。读者在使用本书的过程中，建议先根据书中的问题进行独立思考，记下自己的答案，不要遇到问题马上就去扫描二维码看答案，一定要思考之后再对比自己思考的答案和书中提供的答案。

本书的第三个特点是使用较多的介绍、视频和图文案例及可能的问答去介绍理论，让读者有较多的信息去理解理论知识。全书有较多的案例和相关短视频，读者可以通过扫描二维码来观看短视频。

本书的第四个特点是配套了 3 个教学实验，包括详细的实验指导书。这 3 个教学实验已经在清华大学工业工程系的人因工程课程上进行了实践，并取得了较好的教学效果。

本书的第五个特点是配套了教学用 PPT，PPT 包括各章的主要内容和案例，有兴趣的读者（教师）可以和出版社联系获取。

本书的编写得到了以下老师和同学的大力支持，笔者在这里向这些老师和同学表示感谢：浙江理工大学王笃明老师，清华大学龙新佳妮、章薇、周生琦和游仙文等同学，三峡大学武帮杰老师和杨志峰同学。

同时，感谢人因百科网站提供的人因工程学习资料，并感谢心行者科技（杭州）有限责任公司为本书提供的人的认知和行为仿真软件以及相关的人因建模和仿真教学资料。

另外，也非常感谢国家自然科学基金委员会管理科学部重大项目"机器行为与人机协同决策理论与方法研究"(72192820)及其子课题"人机协同中人的行为"(72192824)的资助。

由于时间及水平限制，书中难免存在疏漏，甚至错误。欢迎读者批评指正。

吴昌旭

2024 年 9 月

目　录

第1章　人因工程简介（上） ·· 1

　1.1　人因工程简介 ··· 1
　　　1.1.1　生理因素 ·· 1
　　　1.1.2　心理因素 ·· 2
　1.2　人因工程的历史 ··· 2
　1.3　发生在我们身边的人因设计问题 ··· 6
　　　1.3.1　日常生活中的人因设计问题 ·· 6
　　　1.3.2　人因设计问题的代价 ·· 7
　1.4　历史上典型的人因相关事故 ·· 8
　1.5　人因工程的三大目标：安全、绩效、健康和宜人性 ······················· 8
　　　1.5.1　安全 ·· 9
　　　1.5.2　绩效 ·· 9
　　　1.5.3　健康和宜人性 ··· 9
　1.6　人因工程概念及其与其他学科的关系 ······································· 10
　　　1.6.1　人因工程的概念和含义 ··· 10
　　　1.6.2　人因工程和其他学科的关系 ··· 11
　　　1.6.3　人因工程和工业工程各方向的关系 ································· 11
　1.7　人因工程专业的职业前景 ·· 12
　1.8　国内外人因工程的主要研究团体 ·· 13
　　　本章重点 ·· 14
　　　参考文献 ·· 15

第2章　人因工程简介（下） ·· 18

　2.1　人因工程的原理与思维方式 ··· 18
　　　2.1.1　人因设计原则 ··· 18
　　　2.1.2　在系统设计、测试和运行中提前考虑人的因素 ·················· 19
　　　2.1.3　遵循"结构决定功能，功能决定设计"的原则设计系统 ········ 23
　　　2.1.4　利用主动思维方式，从学习者变成创造者 ························ 25
　2.2　人因工程的主要课程 ·· 25
　　　2.2.1　基础课程 ··· 25
　　　2.2.2　扩展课程 ··· 26
　2.3　人因工程研究报告的类别和文献引用方法 ································· 27

  2.3.1 人因工程研究报告类别 …………………………………………… 28
  2.3.2 文献引用方法 ………………………………………………………… 28
2.4 人因工程中外文献检索 ………………………………………………………… 29
2.5 把握人因工程的三大要素 ……………………………………………………… 32
  2.5.1 方法论 ………………………………………………………………… 32
  2.5.2 人的生理和心理特点 ………………………………………………… 33
  2.5.3 人的任务及其分析 …………………………………………………… 33
2.6 人因工程研究的伦理学要点 …………………………………………………… 33
本章重点 ……………………………………………………………………………… 35
参考文献 ……………………………………………………………………………… 36

第3章 人因工程研究方法 …………………………………………………… 37

3.1 人因工程研究方法概述 ………………………………………………………… 37
  3.1.1 人因工程研究方法简介 ……………………………………………… 37
  3.1.2 人因工程研究方法学习的要点 ……………………………………… 38
3.2 实验法 …………………………………………………………………………… 38
  3.2.1 实验的基本概念及核心逻辑 ………………………………………… 38
  3.2.2 实验的主要步骤 ……………………………………………………… 39
3.3 问卷法 …………………………………………………………………………… 44
  3.3.1 问卷的信度和效度 …………………………………………………… 44
  3.3.2 问题的主要类型 ……………………………………………………… 44
  3.3.3 确定问题的选项数量 ………………………………………………… 45
  3.3.4 设计问卷的步骤 ……………………………………………………… 46
  3.3.5 问卷的发放 …………………………………………………………… 48
  3.3.6 问卷调查法的优点和局限性 ………………………………………… 48
本章重点 ……………………………………………………………………………… 48
参考文献 ……………………………………………………………………………… 49

第4章 人的视觉系统 ………………………………………………………… 50

4.1 视觉系统的结构与特性 ………………………………………………………… 50
  4.1.1 视觉器官：眼睛 ……………………………………………………… 50
  4.1.2 感光细胞：视杆细胞和视锥细胞 …………………………………… 51
  4.1.3 视野及人机系统设计 ………………………………………………… 53
  4.1.4 人眼最小可接受字符高度规则 ……………………………………… 54
  4.1.5 视觉对比度 …………………………………………………………… 56
4.2 视觉搜索 ………………………………………………………………………… 56
  4.2.1 视觉搜索的特点 ……………………………………………………… 56
  4.2.2 视觉搜索和人机系统设计 …………………………………………… 58
4.3 照明 ……………………………………………………………………………… 59

		4.3.1	光源	59
		4.3.2	各种任务所需照度	60
		4.3.3	眩光	61
本章重点				62
参考文献				62

第5章 人的听觉系统 … 64

- 5.1 声音很重要的原因 … 64
- 5.2 人的听觉系统结构 … 65
- 5.3 听觉告警和提示系统的设计 … 67
  - 5.3.1 听觉与视觉显示 … 67
  - 5.3.2 听觉告警和提示系统的设计原则 … 68
  - 5.3.3 驾驶中的语音告警和提示设计 … 70
- 5.4 噪声及其防控 … 71
  - 5.4.1 噪声伤害人体的原理 … 72
  - 5.4.2 常见声音的分贝等级 … 72
  - 5.4.3 噪声危害管理 … 73
- 本章重点 … 74
- 参考文献 … 74

第6章 触觉、前庭感觉和振动 … 76

- 6.1 触觉、前庭感觉、振动简介 … 76
  - 6.1.1 触觉 … 76
  - 6.1.2 前庭感觉 … 77
  - 6.1.3 振动与触觉的关系 … 78
- 6.2 触觉、前庭感觉、振动相关的人机系统设计 … 78
  - 6.2.1 触觉相关的设计原则 … 78
  - 6.2.2 触觉和人机系统设计1——振动反馈 … 78
  - 6.2.3 触觉和人机系统设计2——盲操作 … 80
  - 6.2.4 广义的触觉和人机系统设计举例：身体较大幅度的振动 … 81
- 本章重点 … 82
- 参考文献 … 83

第7章 人的认知 … 84

- 7.1 人的注意 … 85
  - 7.1.1 选择性注意和人机系统设计 … 85
  - 7.1.2 注意分配和人机系统设计 … 86
- 7.2 人的记忆 … 88
  - 7.2.1 记忆概述 … 88

7.2.2　工作记忆和人机系统设计 ·· 88
　　　7.2.3　长时记忆和人机系统设计 ·· 90
　　　7.2.4　其他人机系统设计准则 ·· 93
本章重点 ··· 95
参考文献 ··· 95

第8章　人的典型生理结构特征 ·· 97

8.1　动作控制和人的身体主要结构 ·· 97
　　　8.1.1　人的动作控制的生理心理机制 ·· 97
　　　8.1.2　人体的主要骨骼和肌肉组织及其人因防护 ·· 98
8.2　人体动作及其人因应用 ·· 108
　　　8.2.1　NIOSH 公式 ·· 108
　　　8.2.2　几种典型的人-机-环系统的人因设计 ·· 112
本章重点 ··· 116
参考文献 ··· 117

第9章　人的任务分析方法 ·· 120

9.1　任务分析概述 ·· 120
9.2　主要的任务分析方法 ··· 120
　　　9.2.1　层次任务分析法 ·· 120
　　　9.2.2　击键水平模型 ·· 121
　　　9.2.3　GOMS 模型及其变式 ·· 124
本章重点 ··· 129
参考文献 ··· 130

第10章　以人为主的人机系统设计 ·· 131

10.1　人机界面的信息架构 ·· 131
　　　10.1.1　深度与广度的平衡 ·· 132
　　　10.1.2　元素在广度上的排布 ··· 134
10.2　界面布局与分析 ··· 137
　　　10.2.1　布局分析方法 ·· 137
　　　10.2.2　链锁分析方法 ·· 142
10.3　生态人机界面设计 ··· 146
　　　10.3.1　生态人机界面设计概念 ··· 146
　　　10.3.2　生态人机界面设计案例 ··· 147
　　　10.3.3　生态人机界面设计方法 ··· 152
　　　10.3.4　生态人机界面的第三维度 ··· 154
10.4　人机界面原型设计工具 ·· 155
本章重点 ··· 158

参考文献 ··· 158

第 11 章 人与智能系统交互 160

11.1 人与智能系统交互中的常见问题 160
11.2 人-智能系统功能和任务分配 161
11.2.1 人机功能分配的概念 161
11.2.2 人机功能和任务分配设计思路 161
11.3 人对智能系统的接管 163
11.3.1 智能系统中人机接管的相关概念 163
11.3.2 人对智能系统接管的总体设计原则和具体设计案例 163
本章重点 168
参考文献 168

第 12 章 人的行为测量方法 169

12.1 人的行为测量概述 169
12.2 绩效测量 169
12.2.1 任务完成时间 170
12.2.2 错误率 171
12.3 工作负荷测量 172
12.3.1 绩效测量 173
12.3.2 主观量表测量 174
12.3.3 生理测量 180
12.4 满意度测量 183
12.5 情境意识测量 184
12.6 视觉疲劳测量 187
本章重点 187
参考文献 188

第 13 章 人机系统可用性的评测方法 190

13.1 可用性评测与用户体验 190
13.1.1 可用性评测和用户体验概述 190
13.1.2 进行可用性评估和测试的原因 191
13.1.3 进行可用性评估和测试的地点 191
13.2 可用性的主要评测方法 192
13.2.1 可用性评估方法 192
13.2.2 可用性测试方法 196
13.3 可用性评测实践案例 199
拓展阅读 200
参考文献 201

第 14 章　人的绩效建模 · 202

- 14.1　人的绩效模型概述 · 202
- 14.2　建模的原因 · 203
- 14.3　人的绩效建模和人工智能的比较 · 204
- 14.4　人的绩效建模的五个关键问题 · 205
  - 14.4.1　为什么要建立人的绩效模型 · 205
  - 14.4.2　好的人的绩效模型的标准是什么 · 206
  - 14.4.3　构建和验证人的绩效模型的过程和要求是什么 · 206
  - 14.4.4　如何将人的绩效模型与系统设计相结合 · 207
  - 14.4.5　人的绩效建模研究未来可能的方向是什么 · 208
- 14.5　主要的人的绩效模型 · 208
  - 14.5.1　基于人的行为的简单模型 · 208
  - 14.5.2　基于认知机制的复杂模型 · 211
- 14.6　人的绩效建模应用示例 · 219
  - 14.6.1　应用示例 1：预测驾驶员的行为及车载智能人机系统设计 · 219
  - 14.6.2　应用示例 2：驾驶员速度控制的建模和超速预测 · 220
- 本章重点 · 222
- 参考文献 · 223

第 15 章　人机系统安全分析与设计 · 226

- 15.1　工作场所的安全事故及其分析 · 226
  - 15.1.1　工作场所的安全事故简介 · 226
  - 15.1.2　以系统的视角分析事故 · 227
- 15.2　警告标志设计 · 229
- 15.3　危险识别及控制 · 231
  - 15.3.1　危险源的种类 · 231
  - 15.3.2　危险源识别及控制 · 232
- 15.4　人为错误和容错设计 · 240
- 本章重点 · 242
- 参考文献 · 243

附录　本书配套的人因工程实验介绍和评分规则 · 245

- 实验 1　真实视觉显示系统设计（以某车床的视觉显示器为例） · 245
- 实验 2　车载行人告警系统的设计：综合考虑人的视听和认知特点 · 246
- 实验 3　工业机器人操控行为建模和实验验证 · 247

第 1 章

人因工程简介（上）

为什么要学习人因工程？

> **本章概述**
>
> 本章将概要介绍人因工程的概念和历史，在此基础上简介人因工程的目标和存在的必要性。
> - ◆ 人因工程简介
> - ◆ 人因工程的历史
> - ◆ 发生在我们身边的人因设计问题
> - ◆ 历史上典型的人因相关事故
> - ◆ 人因工程的三大目标：安全、绩效、健康和宜人性
> - ◆ 人因工程和各学科的关系
> - ◆ 人因工程专业的职业前景
> - ◆ 国内外人因工程的主要研究学会

1.1 人因工程简介

你的闹钟能成功叫醒你吗？你有过使用车载导航仪但依旧迷路的经历吗？学校里一堂课程的时长为什么设置在 40～50min？或者，你在驾驶汽车时体验过不管怎样调整都无法获取适合驾驶视野的座椅吗？你遇到过用了不久就会感觉手酸的鼠标或键盘吗？你每次放置饮水机的水桶时会觉得十分吃力吗？这些问题都与人因工程息息相关。

人因工程是一门基于人的生理和心理因素的研究，通过人-机-环系统的设计与评估，来提高人-机-环系统的安全性、绩效、健康和宜人性的学科。

人因工程以人为核心因素，其对人的因素的研究主要从**生理因素**和**心理因素**两方面展开。

1.1.1 生理因素

生理因素是指人的身体的结构及其活动属性等因素。由于人的身体的各个部分受力

量、空间和时间等各种因素的限制,并且人对环境中温度、噪声、照明等变化比较敏感,因此生活中的许多设计都需要适应人的生理特性。例如汽车驾驶空间的结构尺寸需要考虑大部分人的身高、体重以及肢体的活动范围;火车在铁轨上行驶等会产生较大噪声,这类基础设施需要与住宅区保持一定距离,因为住宅区的噪声若白天超过50dB,夜间超过45dB便会对人体产生危害[1]。

1.1.2 心理因素

心理因素是指人的感知觉、决策、动作控制、情绪等因素。人脑是心理因素的神经学基础。人的思维、感觉、行为和语言等都是由大脑中枢神经控制的,因此,人因工程中针对人的心理的研究经常从脑科学和神经科学方向入手,探究人的心理变化与人脑思维规律之间的关系。此外,人所表现出的行为(包括决策行为)和心理状态源自脑部神经系统,是由中枢神经发出指令后的结果。因此,有学者构建了**人的行为模型**[2],认为人的行为是一种知觉-决策-动作控制系统,该模型可用于改善缺乏人因考虑的设计,例如,很多十字路口红绿灯的闪烁时间并没有考虑行人通过马路的行为和心理因素。

1.2 人因工程的历史

人因工程的起源和发展可以追溯到人类历史早期。

中国自古以来就有"**左灯右砚**"的说法。图1-1展示了古代中国典型的书桌摆放模式,"左灯右砚"是指蜡烛或油灯放在桌面的左边,笔和砚台放置在右边。这是因为大部分人是右利手,习惯用右手写字[3]。因此,砚台放置在右侧便于执笔的右手蘸墨与捺笔,如果砚台放置在左侧,右手则需要绕过书面或纸张才能蘸墨,不仅距离长、费时间,还容易将墨汁滴到纸上弄脏纸面;而油灯放置在左侧有利于桌面的采光,如果油灯放在右侧,执笔的右手将会遮挡从右侧射到纸面上的光线。"左灯右砚"便是根据人的操作习惯来设计机器和布置环境的一种方法,属于人因工程。

图1-1 古代中国典型的"左灯右砚"模式书桌[4]

位于希腊雅典卫城的**帕特农神庙**以宏伟和美丽著称[5],用于歌颂雅典战胜波斯侵略者的胜利以及供奉雅典娜女神。帕特农神庙建于公元前447年,是古希腊数学繁盛的年代,因此,在设计上神庙的许多结构尺寸都遵循了严格的数学法则——**黄金分割**。如果把一个整体分割为两部分,使较大部分与整体的比值等于较小部分与较大部分的比值,则这个比值即为黄金分割。如图1-2所示,如果正对帕特农神庙在外围描绘一个矩形,我们就会发现矩形的长大约是宽的1.618倍,这种矩形也称为黄金矩形。此外,神庙中的许多结构比例也符合黄金分割,例如:图中AB与BC的比值等于BC与AC的比值,即0.618∶1。黄金分割被公认为最能引起人的视觉舒适和美感的比例,深受建筑师和艺术家的喜爱,在许多著名建筑如古埃及金字塔、巴黎圣母院或者法国埃菲尔铁塔中都有符合黄金分割的结构设计。黄金分割是把美学问题用数学定量表示,并平衡了人的视觉审美和舒适度以及其他设计要素来设计事物的一种**人因工程美学**方法,也属于人因工程。

第二次世界大战时期军事科学技术的迅猛崛起加速了人因工程的发展,人因研究开始逐渐扩展进入工程应用的领域。"二战"结束后人们发现一个奇怪的现象:在训练过程中牺牲的飞行员比在战场上牺牲的数量还要多[6]。经过对空军的调查研究,发现这是由于飞机控制面板设计不合理导致的。图 1-3 所示为"二战"期间使用的 P-51D **野马战斗机驾驶座舱**,由于机器设备系统越来越复杂,机器控制面板所需要的仪表设备密集分布,控制操作也越来越多,导致飞行员出现**信息过载**,即需要掌握和接收的数据信息量急剧增长,无法及时作出判断;作为信息显示载体的仪表设计以及控制设备设计不合理导致飞行员容易错误读取信息,对飞机的实时速度、飞行高度等判断失误,或者错误地操作控制设备,最终酿成灾难。

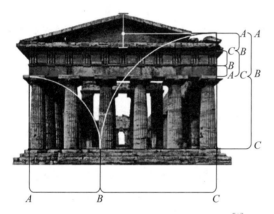
图 1-2 具有黄金分割比例的帕特农神庙[5]

图 1-3 "二战"期间使用的 P-51D 野马战斗机驾驶座舱[7]

由于人类很难轻易地改变积累的习惯,如果机器的设计不符合人的使用习惯,人即使通过长期的训练也很难适应机器。因此,为了能够改善飞机控制面板的设计,提高军用和民用领域机器的使用安全性并使机器的设计更具宜人性,西方国家在"二战"期间和"二战"后对人因工程开展了大量的研究并推广强制标准。这些在军用和民用方面迫切需要解决的机器设计问题也成为当时人因工程学快速发展的两大驱动力。

在军用方面,"二战"期间美国的军事力量和现代化工业生产水平都位居世界第一,这给美国的人因工程研究和发展带来了极大便利。**美国军标**是世界上较早涉及人因工程方面的标准,20 世纪 80 年代中国刚刚发起人因研究时就直接翻译或借鉴了美国军标中的很多标准,例如美国 SAE(Society of Automotive Engineers,汽车工程师学会)于 1965 年发布的 J941 规定机动车驾驶人**眼椭圆**位置,即眼睛位置推荐做法的标准[8]。此外,美国是世界上较早实施载人航天计划的国家,因此,美国国家航空航天局(NASA)在人因工程方面进行了很多开拓性的研究和工作,包括测量人的**工作负荷**,即单位时间内人体生理和心理承受的工作量,以及人的疲劳程度等[9]。

在民用方面,由于欧洲各国的工会具有较强的影响力,因此劳动保护在欧洲很早就受到重视。例如德国在 1957 年就建立了劳动保护机构——**联邦劳动及社会事务部**[10]。20 世纪中后期汽车工业的扩张也是人因工程发展的驱动力之一,例如1968年美国颁布的由美国密歇根大学交通研究所主要负责制定的《美国道路交通法规》就强制要求汽车安装安全带。1971年由美国国会批准并成立的**美国职业安全与健康管理局**（Occupational Safety and Health Administration, OSHA）和**美国职业安全与卫生研究所**（National Institute for Occupational Safety and Health, NIOSH）制定并推行了大量的要求企业强制遵守的劳动保护安全规则[11-12]。此外,OSHA和NIOSH还在大学设立奖学金,鼓励研究生在人因和安全相关专业进行学习和研究[13-14]。1972年,美国通过了《消费者产品安全法》（Consumer Product Safety Act, CPSA）,旨在保护公众免受不合理的消费产品使用风险,例如因产品缺陷而导致的受伤或死亡。这部法律设立了消费者产品安全委员会（CPSC）,负责监管消费品的安全性。CPSC被授权制定强制性的安全标准,并有权召回存在缺陷或危险的产品。该法案为电子产品、玩具、家具等消费品的安全制定了重要标准,大幅减少了相关事故的发生。

图1-4 第一台通用电子计算机ENIAC[18]

由于ENIAC只有暂存器,因此,虽然计算时间短,但人们仍然需要额外花费较多的时间准备ENIAC的程序。图1-5所示为一种**穿孔卡片**,用于存储程序和数据,通过插入计算机中的穿孔卡片来让计算机读取程序和数据[19]。当有大量的数据需要传输时,ENIAC便依靠这样的穿孔卡片来准备程序。虽然使用起来极其不方便,但ENIAC依旧在原子弹、氢弹、天气预报、宇宙射线研究等领域发挥了不小的作用[20],用于解决各种计算问题。

图1-5 20世纪早期电子计算机使用的穿孔卡片[21-22]

伴随着各领域民用需求的逐渐增大,以及人因工程理念的渗透,电子计算机逐渐向着体积更小巧、操作更便捷、功能更强大、更适应人的方向发展。1897年德国物理学家卡尔·费迪南德·布劳恩发明了一种带荧光屏的**阴极射线管**（cathode ray tube, CRT）,当电子束撞击荧光屏时,荧光屏上会发出亮光[23]。但是CRT技术直到晶体管发明并取代真空管后才开始量产和普及,人们开始将CRT技术应用在显示器上[24]。如图1-6所示,在20世纪50年代之前,许多电子计算机还没有显示屏,操作员需要结合纸质文件来记录和辅助完成人机界面操控台的任务。

20世纪五六十年代以后**CRT 显示器**逐渐普及，如图1-7所示，几乎每台电子计算机上都配有一个CRT显示器，人们可以在显示屏上获取操作信息，并得到输入后的反馈。**人机界面**(人与机器的交互界面)的概念开始慢慢形成，计算机、操控台等设备的设计也逐渐开始考虑如何更加贴合人的自然行为习惯。

图1-6 操作员在没有CRT显示器的人机界面操作台上操作[25]　　图1-7 带有CRT显示器的计算机[26]

在使用带有显示器的计算机设备时，人们发现仅靠操控台上的按钮已经不能满足复杂的计算机程序日益增长的操作需求。例如当实现某个功能需要上百个执行按钮时，制造一个有几百个按钮的操控台的成本过于昂贵，而使用操控台/键盘上的方向按钮来依次翻阅和选择人机界面中的指定按钮又太浪费时间。为了代替键盘或操控台上烦琐的操作，Tom Cranston于1952年为加拿大海军的DATAR系统发明了世界上**第一个轨迹球**[27]，如图1-8所示。轨迹球的原理是将保龄球放在能够侦测球面转向的硬件设备上，硬件设备再将转向信息转化为人机界面上的光标移动。

根据轨迹球的原理，1964年美国加州斯坦福大学的博士Douglas Engelbart使用一个小木头盒子以及小球、变阻器等零件发明了世界上**第一个鼠标器**，如图1-9所示。鼠标器的出现使人们操作计算机和其他操控台更加方便快捷。

 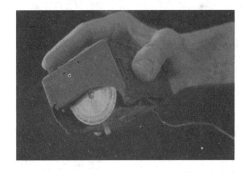

图1-8 世界上第一个轨迹球[28]　　图1-9 Douglas Engelbart发明的世界上第一个鼠标器[29]

启发式教学思考题1-1

如图1-10所示，Douglas Engelbart发明的第一个鼠标器的设计有什么人因工程问题？

图 1-10 世界上第一个鼠标器外形图[30]

答案

请思考并写下您的答案,最后再把您的答案与扫描左侧二维码获得的答案进行比较,也许您的答案比我们的答案更好。如果您没有主动思考,就失去了一次启发式练习的机会。

人因工程在日常生活中的应用使得许多产品的使用变得更加便捷和高效,产品的设计变得越来越符合人的使用习惯。21世纪以来,人因工程随着信息科技的发展有了更多新的驱动力(参考视频 1-1)。人工智能和网络空间相融合的智能网络为人因工程提供了包括电网管理、自动驾驶、智慧供应链、智能推荐系统等扩展应用空间。此外,随着空天技术的发展,我国亟须人因工程在军事科技、载人航天等方向的深入探索和应用。

视频 1-1 美国国家科学基金会人因工程科普短片

1.3 发生在我们身边的人因设计问题

1.3.1 日常生活中的人因设计问题

人因工程在工业和日常生活等领域都有许多应用,但是我们的生活中还存在很多不符合人的使用习惯的人因设计问题。

 启发式教学思考题 1-2

日常生活中的人因设计问题

(1) 你知道图 1-11 中的机械水表显示用了多少水吗?你认为红色指针和黑色指针有什么区别?哪种颜色更重要?它符合人因设计吗?为什么?请把你的答案写出来。

(2) 图 1-12 所示为某汽车导航系统中的输入地址步骤,你觉得在操作过程中会遇到什么阻碍?它符合人因设计吗?为什么?请把你的答案写出来。

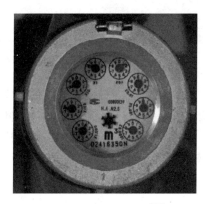 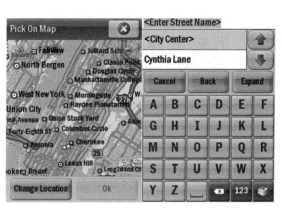

图 1-11　某机械水表[32]　　　　　图 1-12　某车载导航界面

（3）生活中（或者装备设计、生产设计、大型设计系统等）还有哪些此类人因设计问题？你认为它们会对我们的生活造成什么影响？请在下面空白处列出至少 3 项（可画图说明）。

1.3.2　人因设计问题的代价

具有人因问题的设计将会给我们的生活和社会造成不同程度的负面影响。**用户的绩效和安全问题是人因设计问题造成的最高昂的代价**。根据数据统计，在军事和工业等领域中，由人的因素直接导致设备或系统出现问题的比例占所有因素的至少 50%[6]。例如，车载导航界面如果在流程设计上不符合人的使用习惯，驾驶员就会花费更多的时间和精力搜索路线，这不仅降低了操作效率还增加了驾驶风险；有些汽车的安全气囊的弹出程序中设置了乘员分类系统，但分类系统需要数据样本进行校准，而前座的分类系统在出厂时没有获得全面且准确的数据（儿童样本数量少），导致当前座乘客是儿童的情况下安全气囊无法弹出。这些汽车产品在设计阶段没有考虑到多种类型的乘客特征，导致大批量生产并正式运行之后出现故障或事故而被召回，不仅给企业带来巨大的经济损失，损害企业和产品的形象，还会严重危害人的生命安全。系统如果存在人因设计问题也很容易出现安全事故。例如，美国三哩岛核电站事故造成了高达数亿美元的经济损失[33]，埃塞俄比亚航空公司的波音 737 MAX 坠机事故直接夺走了 150 多人的生命[34]。

此外，用户不愿购买存在人因设计缺陷或设计过于复杂的产品或功能，这将导致产品设计研发、制造和销售等资源和时间的浪费，进而可能造成成本的增加和销售价格变动，影响市场运转。有缺陷的设计还会增加售后维护的成本，用户可能会频繁地拨打售后电话咨询产品的使用和维修问题。最后，这些存在人因设计缺陷的产品将会降低用户满意度并导致较差的评价和口碑，从而损害企业声誉，降低产品和企业的市场竞争力。

因此，我们希望能够通过对人因的研究在产品、系统或功能的设计过程中提前预测以避免可能出现的设计缺陷，从而减少这些代价的付出。

 课堂练习题

不良的人因设计可能会造成什么问题？

1.4 历史上典型的人因相关事故

历史上发生过许多由于人因问题导致的重大安全事故。

视频 1-2 为位于美国宾夕法尼亚州的**三哩岛核电站**，1979 年 3 月 28 日该核电站发生核泄漏[32]，起因是由于二回路的水泵发生故障，加上此前检修人员在检修完相关设备后未将冷却系统的阀门打开，导致整个系统再次运行后引起了一系列巨大的连锁故障。三哩岛核电站不符合人因设计的报警系统以及不合理的应急突发事件管理造成的人为操作失误与设备上的故障交织在一起，导致这起本该是小型的故障却急剧扩大成为重大事故。

作为美国最畅销机型的波音 737 MAX 近年来接二连三发生事故。2018 年一架载有 189 名乘客的波音 737 MAX 从雅加达苏加诺-哈达国际机场起飞，13min 后在加拉璜地区附近坠毁[35]。2019 年埃塞俄比亚航空公司一架载有 157 名乘客的 737 MAX 客机起飞后不久坠毁（视频 1-3 所示为发生事故的埃航 ET-AVJ 号波音 737 MAX8 客机）[35]。两架客机的事故原因如出一辙，均为飞行自动驾驶系统中的人因设计问题。

视频 1-2 三哩岛核电站事故介绍[34]

视频 1-3 埃塞俄比亚航空公司涂装的 ET-AVJ 号波音 737 MAX8 客机[35]

启发式教学思考题 1-3

波音 737 MAX 事故的人为因素在哪里？

观看波音 737 MAX 事故的详细视频之后，请花 3min 时间主动思考：波音 737 MAX 事故的人为因素在哪里？把你的答案写出来。

答案

此外，大部分的道路交通事故也是由人的因素引起的。交通事故造成了我国每年巨大的人员伤亡和财产损失。2015—2019 年全国交通事故死亡 311 022 人，直接经济损失达 618 837 万元，且事故数和财产损失均有上升趋势[37]，而这些事故大部分是由人的因素造成的[38]，例如超速、开车的时候使用手机或者其他电子设备、酒驾和超载等。

1.5 人因工程的三大目标：安全、绩效、健康和宜人性

如上所述，一方面，人因工程在人机系统（如核电管理系统、飞机或汽车或潜艇驾驶系统、载人航天系统、生产和供应链系统、医疗服务系统等）中扮演着至关重要的角色。由人因导致的安全事故和对人类社会造成的损害是亟须解决的问题，也是人因学科发展的主要动力。另一方面，人因工程可以为我们提供有效的以人为本的产品设计方法，设计以人为本的产品并提高用户使用产品的绩效。这里的产品包括人类社会各个领域的产品和系统，例如

汽车、飞机、载人航天器、空间站、核电厂等大型设备和系统,或者计算机、手机、座椅、鞋子等日用产品。经过人因工程分析和设计的产品能够有效提高人的满意度和产品的使用评价值,进而提高产品的市场占有率,这也是产品以及产品的设计是否成功的重要判断指标。并且,不仅限于设计、评估和提高产品的性能,人因工程将为人类带来一种新的生活方式,是一种趋向于人机和谐共处的生态交互平衡。因此,针对人因的研究是为了解决以上问题以实现**安全**、**绩效**、**健康和宜人性**三大目标。

1.5.1 安全

安全主要是指系统运行的安全性能以及人在系统中的安全。根据数据统计,在航空航天、航海、工业等领域中,由人的因素直接导致设备或系统出现问题的比例占所有因素的至少一半[6]。因此,改善并提高系统的安全性能、保证人的生命和财产安全是人因工程研究的首要目标。

1.5.2 绩效

人的绩效主要是指人在系统中完成任务的时间和错误率。图 1-13 所示为某工厂车间中的工人在进行汽车变速箱的安装和检验,在此过程中,工作桌面的高度和宽度、车间的照明、规定的检验流程以及工厂自动化程度等都会影响工人的绩效,进而影响整个工厂和企业的生产效率和产品质量。

此外,在军事国防领域也非常重视人的绩效,尤其在机器设备如坦克、导弹、潜艇、战斗机等武器操作系统的设计中,需要考虑人在控制面板上操作任务的完成时间,包括接收信息和对信息反应的速度。图 1-14 所示为某飞机驾驶控制面板,由于控制面板信息量大,操作复杂,飞行员可能需要反复对照说明手册并经过长期的训练才能熟练操作面板。如果控制面板存在人因设计问题,在真实战斗中可能会造成机器的运行速度很快而人的反应或操作速度过慢,这将会增大操作错误率。如果是在以微秒级为竞争单位的现代战争中,这将大大降低战斗获胜概率。因此,改善并提高系统中人的绩效是人因工程研究的第二个目标。

彩图

图 1-13　某汽车变速箱生产线上的工人[39]　　图 1-14　某飞机驾驶控制面板[40]

1.5.3 健康和宜人性

健康和宜人性主要是指系统或产品的使用需要符合人体的健康标准,如避免人产生职业疾病、降低人的**工作负荷**等。在此基础上,要提高系统的宜人性,即人在系统中或使用产品的舒适性、高效性、便捷性等。

汽车是最典型的人因系统。保证驾驶员与乘客的健康和舒适性是用户以及制造商最重视的一项体现汽车竞争水平的指标。不同地区的汽车结构设计需要适应该地区大多数驾驶人员的体型尺寸,如针对中国销售的汽车其结构应该使用中国人体的尺寸参数来进行设计。此外,如图 1-15 所示,在舒适性和宜人性方面,汽车内部空间结构组成,例如座椅设计,需要考虑人体最舒适的坐姿(包括颈椎和腰椎的角度以及腿部摆放的关节角度);方向盘的设计需要考虑人手臂的弯折角度和最舒适的操作空间;车顶的高度需要考虑人的头部距顶部的最舒适距离。在健康方面,车内饰材料的选择、行驶时产生的车内震动和噪声、空调的循环模式等都会影响人体健康。舒适和健康的空间感能够提高汽车产品的竞争力,能够给用户带来良好的驾驶体验,从而间接提高驾驶人员的绩效,保障行车安全。因此,在保证安全和绩效的前提下,进一步考虑人的健康以及系统的宜人性是人因工程的第三个目标。

图 1-15　车辆驾驶舒适性研究[41]

1.6　人因工程概念及其与其他学科的关系

1.6.1　人因工程的概念和含义

人因工程最早起源于欧洲,形成于美国。针对"人因工程"国际上早期使用的英文名词是 **Ergonomics**,翻译为中文即"**人类工效学**"。Ergonomics 实际上为一个组合词,由 Ergo 和 nomics 两个分词组成。如图 1-16 所示,在古希腊语中 Ergo 表示"工作"的词根[6],nomics 则表示"规律",因此,Ergonomics 一开始在欧洲出现时表示为"人工作的规律",其研究更侧重职业工效学、人体生理和生物力学以及人体测量学等方向。当人因工程在美国逐渐发展后有了一个更加泛化的名字——Human Factors,翻译为中文即"人的因素"。"人的因素"的研究不仅包括"人工作的规律",还包括心理学和认知学。此外,人因工程在国内还有许多其他名字,如"**人机工程**""**人-机-环**",以及融合计算机学科的"**人机交互**",等等。

图 1-16　Ergonomics(人类工效学)的英文解释

我们建立了一个人因工程相关知识学习和交流网站:www.renyinbaike.cn。该网站将汇集和介绍人因工程的知识,包括新的人因工程基础知识、主要书籍和期刊、学习视频、会议信息和人因工程相关的招聘工作信息等,希望阅读本书的同学关注和分享该网站以及其微信公众号(见图 1-17)。

图 1-17 人因百科网站

1.6.2 人因工程和其他学科的关系

人因工程主要针对人的心理和生理两方面,如图 1-18 所示,其研究的对象从微观的个体逐渐扩展到宏观层面即个体组成的群体组织。针对个体层面,融合实验心理学、计算机科学和人工智能等方向来研究个体的心理和认知;结合生物医药学、职业健康与安全以及机械工程等方向研究个体的生理和生物力学;针对组织层面,在发展认知科学的基础上结合组织心理学、管理心理学等学科研究群体的心理和认知;融合系统科学、工业工程等学科研究人与系统交互的宏观工效学。因此,人因工程是一个融合多学科的新兴交叉学科。

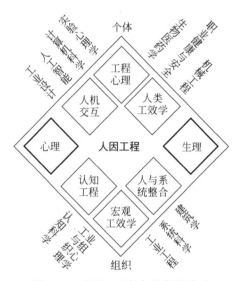

图 1-18 人因工程与各学科的关系

1.6.3 人因工程和工业工程各方向的关系

如图 1-19 所示,人因工程与工业工程领域中的各个子学科存在许多关联。例如在数字化制造中,涉及生产线的管理和流程设计时,需要人因工程研究如何降低生产线上体力工作人员的疲劳程度,从而优化生产流程,提高制造效率。

在医疗健康学科领域,需要人因工程研究如何降低医生和护士的工作负荷以提高医疗效率和安全水平,或者需要研究如何改善医疗器械的人因设计缺陷,使器械更适应医生的操

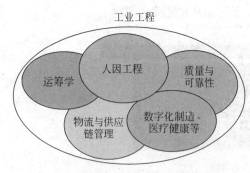

图 1-19 人因工程和工业工程各方向的关系

作习惯以及患者的使用习惯。在康复训练领域,需要人因工程研究患者的心理和生理特性,从而优化康复训练计划,提高治疗效率和患者治愈水平。

在质量和可靠性学科方向,人因工程通过研究生产和制造流程中工作人员的心理认知和生理行为,改进制造方案和生产管理模式,优化员工行为包括降低员工完成任务的错误率,从而提高生产系统的可靠性和产品质量。

此外,人因工程的研究也需要用到工业工程其他领域的知识。例如人因实验需要用到实验设计、统计的方法。人因的实验呈现和具体场景的选择也需要选择制造、供应链和物流、医疗等典型人机交互场景。例如物流运输中人的决策行为研究包括仓储管理人员的应急处理方法、运输和快递人员的路径选择等都需要运用到工业工程包括运筹学、系统优化、决策模型等的知识。图 1-20 所示为一种运用运筹学中的**排队网络**建立的人的认知和决策行为预测模型[43],将人的行为考虑进系统的优化过程中,可以提高系统的安全性、宜人性和高效性。

因此,人因工程与工业工程具有不可分割的交叉关系。

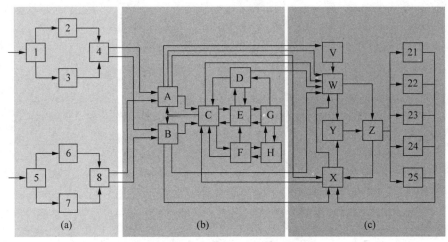

图 1-20 人的信息加工排队网络模型[42]
(a) 视听子网络;(b) 认知子网络;(c) 动作控制子网络

1.7 人因工程专业的职业前景

由于产品良好的用户体验和过硬的质量是面向终端客户类企业(ToC)的核心竞争力,因此国际上的大中型制造公司和互联网企业都设立了与人因工程相关的部门。一些互联网公司如腾讯、阿里巴巴、脸书、亚马逊、谷歌等都有相关的用户体验(user experience,UX)部门[43],专注于研究如何提升客户在网络上的体验感。很多公司如华为、腾讯、阿里巴巴、联想、百度、海尔、苹果、三星、格力等也有专门的人因或者 UX 部门[44],用于收集和分析用户使用数据,改善产品的功能、形态结构和使用步骤等,致力于设计出高度满足用户需求的产品。

交通研究部门如我国交通运输部、各级交通运输科学研究院以及美国等其他国家运输机构等大多设有针对交通参与人(包括行人、驾驶人、乘客等)行为研究的人因(human factors,HF)部门。这些部门探究天气环境、道路情况、交通信号灯摆设等因素对人的心理和行为的影响,从而在道路规划、交通环境设计以及汽车结构设计中起到指导作用。

医疗保健公司也有人因相关的部门。如美国的麦克森公司设立人因相关的数据管理中心用于采集并研究不同地区个体患者、药店、医院和诊所的药物购买需求差异,在药品分销方面为集成化的交付网络、大量的医院和诊所以及制药公司提供供应链管理服务[45]。涉及医疗器械制造的医药公司如 GE 医疗、西门子、飞利浦等均设有专门的设计部门,研究人的生理和心理因素以优化医疗设备的安全性和宜人性,如怎样使人的假肢安装结构更加契合人体,提高使用舒适性和持久性。

人因工程的研究近几十年来在国际上一直受到高度关注,尤其是涉及航空航天及核电等复杂军事装备和工业系统的研究更受关注。军工研究部门如美国陆军、国防部、海军等均成立了专门的人因工程相关研究机构,建立了各种人因工程标准体系,以帮助他们从安全、绩效等方面优化武器装备的设计,提高人机交互程度,进而提高国家的军事竞争力。

我们的社会在经济、军事、文化等方方面面都在向更具安全性、高绩效及宜人性方向发展,未来世界中人因工程是人类进步的助推力。

1.8 国内外人因工程的主要研究团体

以下介绍人因工程相关的主要研究团体。

1. 中国人类工效学学会

中国人类工效学学会成立于 1989 年[46],是国家一级学会。学会成员来自清华大学工业工程系、浙江大学、北京航空航天大学、北京大学医学部、中国科学院工程热物理所、中国标准化研究院等国内人类工效学专业的最高学术团体。协会每年都会开展国内外人类工效学学术交流活动,举办国内、国际学术会议,推进人类工效学课题的研究、考察和调查工作。中国人类工效学学会下设多个专业委员会(二级分会),致力于从各领域推动人类工效学的发展和应用。同时还有多个分会正在筹备中,比如人的建模和增强分会[46]。

2. 中国系统工程学会人-机-环境系统工程专业委员会

中国系统工程学会人-机-环境系统工程专业委员会(Man-Machine-Environment Systems Engineering Technical Committee,SETC)成立于 1993 年 10 月[47],是中国系统工程学会的分支机构,旨在推动人-机-环境系统工程理论及应用在中国乃至全世界的蓬勃发展。**人-机-环境系统工程**(Man-Machine-Environment System Engineering,MMESE)是 1981 年在科学家钱学森的亲自指导下于中国诞生的一门综合性交叉学科。SETC 每年会联合各大高校和企业在中国举办人-机-环境系统工程大会,致力于促进人-机-环境系统工程的积极应用及蓬勃发展。

3. 中国心理学会工程心理学专业委员会

中国心理学会工程心理学专业委员会成立于 2013 年 6 月,委员会涉及的专业领域包括心理学、人因学、计算机和自动化等。委员会不定期组织召开全国工程心理学学术年会,以及各类研讨会和交流活动,其主要任务是开展包括人因设计、人机交互、系统安全、人员选拔等在内的工程心理学及其相关领域的科学研究,加强工程心理学从业人员的工作联系与学术交流,推动相关学科建设、人才培养和科研成果的普及应用。

4. 美国人因工程学会

美国人因工程学会(Human Factors and Ergonomics Society,HFES)成立于1957年[48],致力于提升人因工作学术研究及相关技术水平并促进国际人因工程相关研究的交流,是目前国际上最大的人因工程领域的学会组织。HFES 具有自己的期刊 *Human Factors*,并于每年的9月至10月在美国举办 HFES 年会。

5. 美国计算机协会-人机交互分会

美国计算机协会-人机交互分会(Association for Computing Machinery-Computer-Human Interaction,ACM-CHI)是美国计算机协会(Association for Computing Machinery,ACM)在人机交互方向的分支组织[49],每年都会在世界各地举办学术会议。ACM-CHI 的研究方向更加偏向于计算机学科,但融合了人因相关的知识。

6. 国际人类工效学协会

国际人类工效学协会(International Ergonomics Association,IEA)于1961年8月在瑞典首都斯德哥尔摩成立[50],其宗旨是推动国际人因工程学的科学研究,加强国际合作,鼓励、促进人因工程学在工业及其他领域中的应用。IEA 将人类工效学(ergonomics)定义为:"人类工效学是研究人在某种工作环境中的解剖学、生理学和心理学等方面的各种因素,研究人和机器及环境的交互作用,研究在工作、家庭生活和休假中怎样平衡工作效率、人的健康、安全和舒适等问题的学科。"IEA 每3年一届,并在世界各地召开学术会议。

7. 国际华人人因工程学协会

国际华人人因工程学协会(International Chinese Association for Human Factors,ICAHF)[51]代表了国际上华人在人因工程上的各方面进展,基本上每年都会通过线上或者线下开展会议、工作坊和学术交流,成为我国人因工程和国际人因工程相互沟通的重要桥梁。

以上学会和协会举办的会议都具有非常高的学术价值,为人因工程的国际性发展提供了交流的机会,在此推荐阅读本书并希望在人因工程领域有更深入探索和贡献的人参加这些学术会议。

本章重点

- 不良的人因设计可能会造成的问题:降低用户的绩效,危害人的健康或造成安全事故,浪费产品的设计研发以及制造和销售等资源和时间,增加产品的售后维护成本,损害企业声誉,降低产品和企业的市场竞争力等。
- 人因工程的三大目标:安全、绩效、健康和宜人性。
- 人因工程和各学科的关系:人因工程与工业工程各分支的关系;人因工程与其他学科的关系。
- 国内外人因工程的主要研究团体有 HFES、ACM-CHI、IEA、中国人类工效学学会、ICAHF 和 SETC 等。

参考文献

[1] 环境保护部科技标准司. 声环境质量标准：GB 3096—2008[S]. 北京：中国环境科学出版社，2008：3.

[2] 陈涛,陈燕芹,邓刚,等. 驾驶人行为模型的研究综述[J]. 长安大学学报(自然科学版),2016,36(2)：80-90,119.

[3] 李心天. 中国人的左右利手分布[J]. 心理学报,1983(3)：268-276.

[4] 暖家. 暖家中式禅意实木书桌画案免漆黑胡桃木办公桌文人字台桌茶室茶桌[EB/OL]. [2023-04-18]. https://www.taobao.com/list/item/548117864519.htm.

[5] 李念华. 气宇非凡的帕特农神庙[M]. 大自然探索,2009：64-73.

[6] LEE J D, WICKENS C D, LIU Y, et al. Designing for People: An introduction to human factors engineering[M]. Charleston, SC: CreateSpace, 2017.

[7] 新浪图片. "二战"至今战斗机驾驶舱的进化史：从简陋到精密[EB/OL]. (2016-08-19)[2023-04-18]. http://slide.mil.news.sina.com.cn/k/slide_8_197_44691.html#p=1.

[8] SAE. Motor Vehicle Drivers' Eye Locations: J941 MAR[S/OL]. [2023-04-18]. https://wenku.baidu.com/view/af176af0f242336c1eb95ec7.html?_wkts_=1681787957462&bdQuery=Motor+Vehicle+Drivers%27+Eye+Locations.

[9] HART S G. Task Load Index[EB/OL]. [2023-04-18]. https://ntrs.nasa.gov/api/citations/20000021488/downloads/20000021488.pdf.

[10] WIKIPEDIA. Federal Ministry of Labour and Social Affairs[EB/OL]. [2023-04-18]. https://en.wikipedia.org/wiki/Federal_Ministry_of_Labour_and_Social_Affairs.

[11] National Institute for Occupational Safety and Health. About NIOSH: Mission Goals and Objectives[EB/OL]. [2023-04-18]. https://www.cdc.gov/niosh/about/default.html.

[12] Occupational Safety and Health Administration. About OSHA[EB/OL]. [2023-04-18]. https://www.osha.gov/aboutosha.

[13] Occupational Safety and Health Administration. Former Assistant Secretary of Labor for Occupational Safety and Health Joseph Dear dies of cancer at 62[EB/OL]. [2023-04-18]. https://www.osha.gov/quicktakes/03042014.

[14] JOHN HOWARD M D. Tom Waters CDC Scholarship Announced[EB/OL]. (2015-08)[2023-04-18]. https://www.cdc.gov/niosh/enews/enewsv13n4.html#b.

[15] SCALIA A, GOODMAN F. Procedural Aspects of the Consumer Product Safety Act[J]. UCLA L. Rev., 1972, 20: 899.

[16] ECKERT J J P, MAUCHLY J W. Electronic numerical integrator and computer[Z]. Google Patents, 1964.

[17] WEIK M H. The ENIAC story, ORDNANCE[J/OL]. [2021-03-02]. http://ftparlmil/~mikc/comphist/eniac-story.html.

[18] 搜狐. 计算机编程领域最伟大的20个发明[EB/OL]. (2015-11-11)[2023-04-18]. https://www.sohu.com/a/40932138_115329.

[19] PENNSYLVANIA U O. Celebrating Penn Engineering History: ENIAC[EB/OL]. [2023-04-18]. https://www.seas.upenn.edu/about/history-heritage/eniac/.

[20] RHODES R. Dark sun: the making of the hydrogen bomb[Z]. American Association of Physics Teachers. 1996.

[21] 搜狐. 现代科技的进步,究竟是街机游戏先出现,还是卡带游戏先出现呢？[EB/OL]. (2020-05-12)[2023-04-18]. https://www.sohu.com/a/394663639_120047178.

[22] WING S. The Indicator: Learning from IBM[EB/OL]. (2011-06-23)[2023-04-18]. https://www.archdaily.com/145886/the-indicator-learning-from-ibm.

[23] BELLIS M. Television History and the Cathode Ray Tube[EB/OL]. (2017-04-06)[2023-04-18]. https://www.thoughtco.com/television-history-cathode-ray-tube-1991459.

[24] LEHRER N H. The challenge of the cathode-ray tube[M]. Springer, 1985.

[25] 黄埔网. 工业革命有哪几次, 以什么为代表?[EB/OL]. [2023-04-18]. https://www.huangpucn.com/info/187781.html.

[26] 搜狐. 看看80年代土豪标配: 10大最酷发明你有几个?[EB/OL]. (2017-12-12)[2023-04-18]. https://www.sohu.com/a/210007450_100034899.

[27] VARDALAS J. From DATAR to the FP-6000: technological change in a Canadian industrial context [J]. IEEE Annals of the History of Computing, 1994, 16(2): 20-30.

[28] NORMAN J. British and Canadians Invent the Trackball[EB/OL]. [2023-04-18]. https://www.historyofinformation.com/detail.php?id=1745.

[29] TIKIO D. The Origin of Computer Mouse[EB/OL]. [2023-04-18]. https://duyenthuy30397.medium.com/the-origin-of-computer-mouse-58521f76b02.

[30] XIUNG J. The man who co-invented the world's first computer mouse has died at the age of 91[EB/OL]. (2020-08-05)[2023-04-18]. https://soyacincau.com/2020/08/05/william-english-inventor-computer-mouse-died-pass-away/.

[31] 华为. 华为发布"自动驾驶移动网络"系列化解决方案[EB/OL]. (2019-02-21)[2023-04-18]. https://www.huawei.com/cn/news/2019/2/huawei-launch-autonomous-driving-mobile-networks-solutions.

[32] 朱婕. 兰州水价拟涨3至4角听证会2日召开[N]. 兰州晨报, 2009-7-17.

[33] 新华社. 美一核电站逸出放射性物质[N]. 人民日报, 1979-4-2.

[34] 吕强. 埃塞航空空难中期调查报告发布[N]. 人民日报, 2020-03-12(17).

[35] 百奇网. 美国最大的核电站[EB/OL]. [2023-04-18]. https://www.baiqi008.com/b2bpic/gokonopv.html.

[36] 胡泽曦. 波音737 MAX机型空难调查报告公布[N]. 人民日报, 2020-9-21.

[37] 新浪网. 美声称: 埃航空难或由鸟类撞击导致[EB/OL]. [2023-04-18]. http://k.sina.com.cn/article_6446515182_1803e03ee00100luot.html?cre=tianyi&mod=pcpager_focus&loc=27&r=9&rfunc=100&tj=none&tr=9&wm=.

[38] 国家统计局. 国家统计局数据库[EB/OL]. [2023-04-18]. https://data.stats.gov.cn/easyquery.htm?cn=C01.

[39] 郭忠印. 道路安全工程[M]. 北京: 人民交通出版社, 2003.

[40] 潘晓霞. 致敬: 高温下默默坚守, 挥汗如雨的你![EB/OL]. (2017-07-17)[2023-04-18]. http://www.join-group.com/culture_show.aspx?id=4725.

[41] 第一财经. 价值2亿的意大利直升机来了!这些大牌展品静待亮相进口博览会[EB/OL]. (2018-10-20)[2023-04-18]. https://baijiahao.baidu.com/s?id=1614839303581585452&wfr=spider&for=pc.

[42] 爱卡汽车. 国产轿跑SUV的领头羊: 五问五答吉利星越[EB/OL]. (2019-05-13)[2023-04-18]. https://info.xcar.com.cn/201905/news_2038547_3.html.

[43] WU C, LIU Y. Queuing Network Modeling of Driver Workload and Performance[J]. IEEE Transactions on Intelligent Transportation Systems, 2007, 8(3): 528-537.

[44] 腾讯. 用户体验评测工程师招聘[EB/OL]. [2023-04-18]. https://careers.tencent.com/jobdesc.html?postId=1339858601161793536.

[45] 华为. ID与UX设计师招聘信息[EB/OL]. [2023-04-18]. https://career.huawei.com/reccampportal/portal5/campus-recruitment-detail.html?jobId=176080.

[46] MCKESSON. Solutions for your pharmacy, hospital, medical practice or biopharma company[EB/OL].[2023-04-18]. https://www.mckesson.com/.

[47] 中国人类工效学会主页[EB/OL].[2023-04-18]. http://www.cesbj.org/.

[48] 中国系统工程学会简介[EB/OL].(2019-05-21)[2023-04-18]. http://www.sesc.org.cn/htm/article/article1143.htm.

[49] HFES. Learn More About HFES[EB/OL].[2023-04-18]. https://www.hfes.org/About-HFES.

[50] ACM-CHI. CHI22 Home Page[EB/OL].(2022-04-30)[2023-04-18]. https://chi2022.acm.org/.

[51] IEA. Mission and Goals[EB/OL].(2021-02-07)[2023-04-18]. https://iea.cc/about/introduction/.

[52] ICAHF. Home Page of International Chinese Association for Human Factors[EB/OL].[2023-04-18]. http://www.icahf.org.

[53] 佚名.人因百科网站[EB/OL].[2023-04-18]. http://www.renyinbaike.cn.

第 2 章

人因工程简介(下)

如何学习人因工程并掌握它的原理？

> **本章 概述**
>
> 　　本章将介绍人因工程的要素、原理和思维方式，以及人因工程的基础课程；介绍学术研究报告的检索和文献引用方法；关注人因工程实验研究中的伦理学问题。
> - 人因工程的原理与思维方式
> - 人因工程的主要课程
> - 人因工程研究报告的类别和文献引用方法
> - 人因工程中外文献检索
> - 把握人因工程的三大要素
> - 人因工程研究的伦理学注意点

2.1　人因工程的原理与思维方式

　　人因工程作为一门以人为中心的新兴交叉学科，人因工程遵循自己的原理和思维方式：
　　(1) 人因设计原则以人的安全健康为本，而不是美观。
　　(2) 在系统设计、测试和运行过程中尽量提前考虑人的因素。
　　(3) 针对人的生理和心理特点设计系统。
　　(4) 要勇于突破，从学习者变成创造者。

2.1.1　人因设计原则

　　不同的学科在设计产品或功能时考虑的重点不一样。图 2-1 所示为一款自动扶梯，针对其设计，工业设计师大多更关注扶梯带给顾客的视觉美感，建筑设计师可能更关注扶梯的空间利用率和建筑结构上的可靠性。然而多数商场的自动扶梯的设计没有首先考虑乘客的安全，导致近年来自动扶梯上的伤亡事故频发。人走路或者乘坐自动扶梯的时候不容易注意到地面或者接近地面的事物，而为了使自动扶梯美观，设计师将急停按钮设计在电梯上下进出口两端扶手靠近地面的底部位置，不仅不容易被人看到，使用者还需要在电梯两端弯腰或蹲下才能按下按钮。如果乘客在扶梯中部摔倒或被夹入阶梯间隔则无法自救,若此时扶梯上下两端附近都没有人帮助按下急停按钮,则后果不堪设想。

类似的忽视人因的设计还有高速公路上的**超速电子眼**。电子眼的功能是拍摄路过的车牌以统计车流量并筛查超速的车辆,可以起到交通安全监督的作用。但是有些电子眼拍摄时会闪射出非常强的光线刺激眼球,使驾驶人产生短暂的视觉"闪光盲"。尤其在连续多车经过的夜间道路上,电子眼可能会连续拍照和闪光造成连续性的视觉"闪光盲",如图 2-2 所示,进而危害眼睛健康并容易引发交通事故。

图 2-1　某商场中的自动扶梯急停按钮的设置位置[1]

图 2-2　夜间时高速公路上的电子眼对视觉产生的"闪光盲"[2]

我们的日常生活中还有许多为了追求美观、经济效益或者过分强调功能而忽视人因的设计,这些具有人因缺陷的设计给人们的生活带来了负面的影响,甚至危害人体健康,严重的将造成安全事故。例如,鞋跟过高的高跟鞋容易造成脚部骨骼变形并引发慢性腰痛。因此,与其他学科的设计理念不同,人因工程的设计思维方式之一是:**所有系统的设计一定要首先保证人的安全和健康,哪怕牺牲美观甚至某些功能**。

2.1.2　在系统设计、测试和运行中提前考虑人的因素

一个系统或产品投入运营之前需要经过设计、测试、制造、销售等多个环节,正式运行之后还有服务、维修等售后环节,这些环节构成了系统或产品的全生命周期。

如图 2-3 所示,随着系统或产品生命周期中各个环节的推进,投入周期中的成本逐渐增加,若系统或产品在生命周期中某一环节出现问题,尤其是大批量生产进入运行后,返回前期流程重新修改的费用以及资源浪费的程度也会越来越高。例如,在 2018 年狮航和 2019 年埃航的波音 737 MAX 客机事故中,飞机自动驾驶程序中的机动特性增强系统存在人为逻辑设计缺陷,导致驾驶员无法从自动驾驶模式中接管飞机驾驶的控制权[3]。但是当人们发现这个设计问题并重新改进系统时,由该问题造成的事故已夺走超过 300 条生命并造成巨额的经济损失。因此,如何降低系统或产品的改进成本是保障人类安全、促进社会经济有效发展亟须解决的问题,而降低系统或产品在运行后出现问题的概率是最直接的方法之一。

根据数据统计,在军事、工业等领域,系统或产品出现问题和事故,约有一半以上的原因

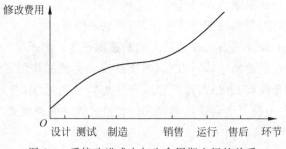

图 2-3 系统改进成本与生命周期之间的关系

是人的因素直接或间接导致的[4]。如图 2-4 所示，以往的系统设计流程更多的是一种**最小化人因思维方式**，即系统设计和测试过程均未充分考虑人的因素，待系统正式运行之后出现了问题或安全事故时再返回流程中改进系统。这种方式不宜提倡。

最小化人因思维方式大大延长了整个产品的生命周期，提高了系统设计和产品运营的成本，如果在运营中出现安全事故将会付出高昂的代价。例如，2000 年由于某放射治疗设备使用了 Multidata 公司开发的软件，数十名巴拿马的患者在治疗过程中接受了过量的辐射，其中 5 人因此死亡，在后续的几年里又有 9 人可能同样死于过度辐射[5]。据调查，事故原因是软件程序设计存在逻辑缺陷，辐射的剂量被设置成与系统输入数据的顺序相关；如果顺序存在差异就会发生错误，而当医生去寻找漏洞以调整软件的可用性时，错误又会加剧。在程序的设计和测试阶段并没有考虑到使用者（或医生）可能出现的操作行为，如果医生没有反复核查软件，最终可能会被控告为谋杀罪，被迫承担软件设计问题带来的危害。针对系统设计，以人为中心的人因工程更注重人的安全和健康，以及产品的宜人性，试图减小系统运行的安全成本和出现事故的概率。因此，人因工程构建新的系统设计思维方式：**人因后置思维方式**和**人因前置思维方式**。如图 2-5 所示，人因后置思维方式是指在系统设计完成后在测试过程中加入人因测试，更大程度地在系统正式运行和大批量生产之前发现人因问题，减小运行后产生的故障成本。人因前置设计思维方式是指在系统设计阶段就提前考虑人因问题，加入人因设计，试图在系统设计初期就预测并解决系统可能产生的人因问题，以减少设计成本和减小系统改进的代价。由于系统的改进成本随着其生命周期中各个环节的推进逐渐增大，因此，**在系统设计初期越早考虑人的因素越好**。

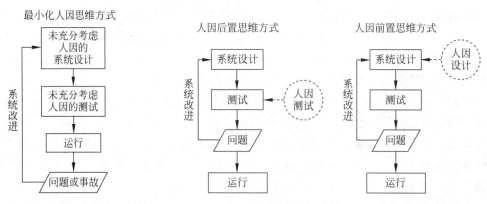

图 2-4 最小化人因思维方式（不提倡）　　图 2-5 人因后置思维方式和人因前置思维方式

启发式教学思考题 2-1

三哩岛核电站报警装置的设计有什么人因问题?

观看三哩岛核电站事故的详细视频之后,请花 3min 时间主动思考:三哩岛核电站报警装置的设计有什么人因问题? 把你的答案写在下面的空白处。

答案

视频 2-1　车联网出现之前道路交通事故短片

我们发现,马路上的十字路口是汽车交通事故高发区域。行驶的车辆可能会由于驾驶人的闯红灯、超速以及对信号灯的判断失误等错误行为发生相互碰撞。如果车辆上的系统能够提前预知附近其他车辆在几秒后会与自己相撞,是否能够避免可能的相撞行为呢? 车联网的概念便是基于此提出来的,并且随着科学技术的发展,第五代移动通信技术(5G)的诞生为车联网提供了更多可能。**车联网**是指借助移动通信技术和智能传感技术,将行驶中的车辆作为信息感知体,实现车与车、车与人、车与路以及车与云平台之间的实时网络连接,以提高交通系统的安全性、高效性和智能性[6]。安装了车联网的汽车在行驶过程中能够通过探测器监测到附近车辆的位置及其速度,同时也会将自己的实时位置和速度对外传输与其他车辆共享,如果某辆车出现异常,周围的车辆将会捕捉到该信息并提前介入以避免危险的发生。此外,车联网还能够监测车辆周围的危险源如路面上的障碍物等,并向驾驶人警示其潜在的危险。

由于人是车辆驾驶的主体,因此在车联网的设计和发展过程中我们还需要考虑人的因素。如图 2-6 所示,车联网中行驶在前方的车辆的驾驶员直接观察到危险源后将会调整行驶方向做出避让动作,同时车联网系统将告警信息传输给后方车辆,后方车辆驾驶员在未直接观察到危险源的情况下,所驾驶的车辆会接收到前方车辆发出的告警信息并将信息告知后方驾驶员。

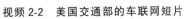

视频 2-2　美国交通部的车联网短片

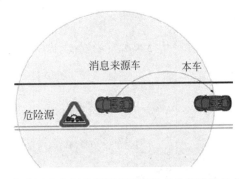

图 2-6　车联网中车辆监测到危险源并传输信息给后方车辆[7]

图 2-7 具体展示了**危险探测时间挤压人的反应时间**的情况,如果后方车辆行驶至危险源的总时间减去车辆传输、接收和显示告警信息的时间小于驾驶员的反应时间和避让操作

时间,则会导致碰撞事故发生。

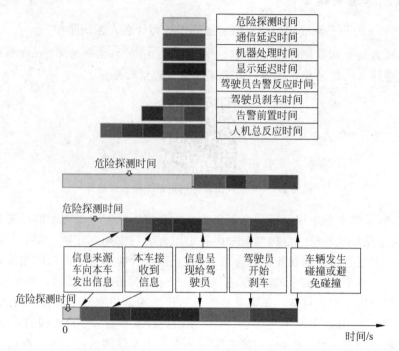

图 2-7　车联网中危险探测时间的延长会挤压留给驾驶员的反应时间[8]

因此,我们需要在告警系统设计的初期就考虑人的反应时间,将"人在环"加入车联网的设计中。例如,可以首先确定人在告警系统中需要的反应时间,然后倒推其他硬件的设计,比如探测器的探测时间、告警信息的传输和接收时间以及它们的延迟时间应该控制在多少秒内才能保证驾驶员有足够的时间进行反应和避让。图 2-8 所示为在已知驾驶员反应时间的情况下,不同的危险探测时间应该匹配的通信延迟和最长机器处理时间等车联网通信参数设计要求。

危险探测时间 $t_{detect}(i)$/s	驾驶员反应时间模型输出 反应时间RT	车联网通信参数设计要求	
		可接受的最长通信延迟/s	可接受的最长机器处理时间/s
1	2.49~2.75(95%置信区间)	9.3	0.2
2		8.3	0.2
3		7.3	0.2
4		6.3	0.2
5	最小安全间隔	5.3	0.2
6		4.3	0.2
7	4.34~4.60(95%置信区间)	3.3	0.2
8		2.3	0.2
9		1.3	0.2
10		0.3	0.2
11		0	0

示例输入总时间 $t_{total}(i)$=15s; $t_{machiner}$ range: 50~200ms;初速度 $v_i(t)$=19.81m/s;最大减速度 $a_i(t)$=6.37m/s^2

图 2-8　基于人因的智能车联网告警系统顶层设计

这其实是一种基于人因的正向设计方法,建立驾驶员对告警的反应模型并将其加入车联网告警系统的设计中,这种系统设计思维方式属于**人因前置设计**。

2.1.3 遵循"结构决定功能,功能决定设计"的原则设计系统

人因工程强调产品的宜人性,因此,需要遵循**人性化设计**原则,即针对人的生理结构特点和心理特点设计产品和系统。但是我们日常生活中许多产品或系统在追求某些目标的时候忽略了从人的角度进行设计,给用户带来了较差的体验感。例如,图 2-9 所示的某款智能手机便是一个没有考虑到人的生理结构特点的设计。为了追求更加丰富的视觉享受,"宽屏""大屏"成为新的手机竞争名词,设计师通过增加手机宽度来扩大屏幕,如市场上 6in、6.5in 的手机宽度一般设计为 90mm 左右[9]。然而亚洲人体测量数据显示,95%的人拇指长度在 68mm 左右[9],如果手机宽度超过 68mm,则大部分人单手使用时其拇指很难够到屏幕最外侧的控件,这给需要单手操作手机的用户带来了困难。

图 2-9 宽度大于人的拇指长度的宽屏手机

由此可见,产品或系统的设计需要考虑人的生理结构和操作方式,这包括人体结构参数、人体生理结构特性所决定的生理功能、环境健康标准、人的肢体活动的空间几何范围等,涉及人体测量学、人体运动学、生理学、生物医学、神经科学等多种学科。其中人体测量学是人因设计中需要考虑的最基本的因素,很多国家都有适合本国的人体设计标准,用于确定人的站姿身高、坐姿肩高、上肢长度、手指长度、坐姿下肢长度等各种姿势的人体结构尺寸。产品或系统的设计需要保证有至少 95%的人能够方便使用,即满足 95%以上的人体尺寸参数[10]。我国在 1988 年由当时的国家技术监督局发布了《中国成年人人体尺寸》(GB/T 10000—1988)[11],21 世纪以来中国人的体型发生了很大变化,中国标准化研究院又再次发起新的中国人人体尺寸测量统计工作[12]。图 2-9 中所示手机尺寸的例子,即属于典型的人体测量学问题。

许多视觉属性产品的设计需要考虑人的眼睛的生理结构特性。人的眼睛的生理结构决定了人的视觉功能。视锥细胞和视杆细胞是分布在视网膜上的感光细胞,视锥细胞擅长感知较好照明条件下物体的颜色和细节,主要分布在视网膜的中间区域,即中央凹,其数量从中央凹向视网膜两边迅速减少;而视杆细胞擅长感知光线的强弱,主导暗环境中的视觉感知,但不具备颜色和细节感知能力,主要分布在除中央凹以外的视网膜区域,其数量远少于视锥细胞。因此,这两种细胞的视觉处理和位置分布的生理结构特性差异,使我们的眼睛在视觉处理上具有许多功能特点。例如,所见事物的成像需要落到视锥细胞所在的位置时我们才能更好地感知到该事物的颜色和细节;夜空中明亮度很低的恒星的成像则需要落到视杆细胞所在的位置时才能被感知到,这也意味着我们如果调整视线让这颗恒星处于视觉范围的边缘将会比试图直接聚焦这颗昏暗的恒星时看得更加清楚。不同生物的眼睛结构不一样,例如,许多喜欢夜间活动的动物如某种松鼠的视锥细胞多于视杆细胞,针对相同的环境,这种松鼠视觉感知到的画面与我们人类看到的完全不一样。功能决定设计,许多涉及视觉

搜索功能的产品设计需要考虑人眼睛的生理结构特性及其决定的视觉功能。

图 2-10 所示为一个文档文件的菜单界面,由于控制按钮过多,整个菜单占据了页面的一半以上,用户很难在混乱的布局中找到需要的命令。对人的心理研究显示,人在一定时间内接收的信息量是有限的[13],如果信息过多人会出现**信息过载**现象,并且无法进行下一步判断和决策。此外,如果信息显示的方式是无序、混乱的,则人需要付出额外的劳动来整理和识别信息,从而导致**工作负荷**的增加,使效率变低。

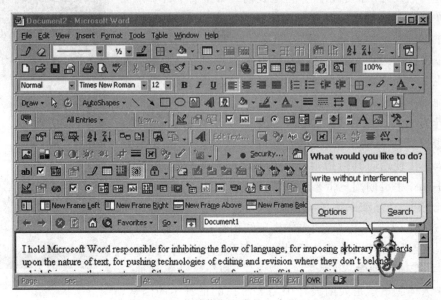

图 2-10 菜单信息过多的文本界面

因此,我们首先需要了解人体的生理和心理的结构、特点以及运行机制,如图 2-11 所示,从中得到基于人因的设计原则,例如"结构决定功能,功能决定设计"的原则,然后遵循这个原则进行人机系统设计。这样的设计才更趋近于人性化设计,设计出来的产品或系统才能够更贴近人的使用习惯。

图 2-11 基于人的生理和心理的系统设计流程

启发式教学思考题 2-2

生活中有哪些设计不符合人的生理和心理特点?

视频 2-3 某仓库设计实景

(1)观看视频之后,请花 3min 时间主动思考,视频中的仓库设计有什么人因问题?把你的答案写下来。

（2）请主动思考生活和工作中遇到了哪些设计不符合人的生理和心理特点的产品。把你的答案写下来。

答案

2.1.4 利用主动思维方式，从学习者变成创造者

伴随着"二战"带来的军事装备领域的军工技术应用和经济发展推动的工业系统领域的技术进步，人因工程真正作为一门学科出现于20世纪的欧美国家[14]，我国在20世纪末才逐渐学习和发展人因工程[14]。因此，与机械工程、计算机等工程学科或数学、物理等基础学科不同，人因工程属于综合性交叉的新兴学科，其整个学科的发展滞后于其他学科的发展。此外，与其他学科相比，人因工程的基础研究薄弱，而且缺少相关的研究人员。人因工程涉及范围广，综合性强，集多学科于一体，但是起步时间晚，发展时间短，一直还未形成自身完整的理论体系和方法论。

人因工程的很多方法和发现还比较滞后，其现有的技术和理论不足以支撑人类社会各方面的应用需求。例如，人因研究中的实验手段主要来源于其他学科的实验方法，如心理学、生理学等实验流程或统计学的分析方法，还未形成自身的一套实验理论和评价标准；市面上许多学科都已有自己成熟的工具软件和产品，如工程学科的CAD、ADAMS等建模仿真软件，计算机或数学学科的MATLAB、Visual Studio等编程计算软件，但是人因工程由于其理论和方法还未形成体系，至今还没有专门的人因设计与验证相关的工具软件或产品[14]。

由于人因工程起步晚，其研究大部分还处于对人的因素以及人与其他因素交互关系的实验分析研究阶段，而基于实验分析数据的数学建模、方法构造、理论建立等还有很长的路要走。作为综合性交叉学科，随着新时代科学技术的发展，人因工程应该从纯实验学科迅速成长为实验、建模、人工智能、大数据等方法综合使用的学科。

我们在人因的研究过程中应该利用主动思维方式，积极探索事物发展的现象和规律，在参考书本和文献中已有结论之前，首先利用自己的所思所想去发掘事物运行现象和规律中存在的关键问题和创新思路，再将自己的想法与书本或文献中的想法相互对比。有可能你发掘的创新点已经被别人研究过了；有可能你发掘的关键问题和文献中一样，但别人的解决方案和你所构想的解决方案不一样；也有可能你发现了从未有人意识到的关键问题，或者你的创新点比别人的更好。因此，希望阅读本书和学习本课程的同学勇于突破，运用自己的所学所想，以主动思维方式来学习和研究人因工程，从学习者变成创造者，为人因工程的发展贡献一份力量。

2.2 人因工程的主要课程

2.2.1 基础课程

在学习人因工程之前，建议能够预修以下课程，以帮助我们加深对人因工程知识的理解。

1. 人体生理学

我们需要了解人体的生理结构和功能,包括人的骨骼和肌肉的运动机制、人的基础代谢以及人体健康的环境标准等。人体生理学是人因设计的基础,我们设计出的产品或系统应该符合人的生理使用习惯,并保证人的生理健康和安全。

2. 心理学

人因工程研究中所需的心理学包括实验心理学、认知心理学、心理统计等。从本质上讲,人因工程是以人为核心,面向应用的一门学科。因此,我们需要了解人的心理、人的心理影响因素以及人的心理对人的行为的影响规律,才能更精确地设计出满足人的需求、符合人的习惯的产品或系统。其中实验心理学非常重要,它能够通过设计逻辑实验方法获取和分析人的心理行为数据,是人因工程研究人的心理必不可少的支柱学科。

3. 工业工程

工业工程是一门对由人、物料、设备、能源和信息等所组成的集成系统进行设计、改善和实施的学科[15]。工业工程的研究对象涉及军事、工业、经济以及生活中的多种复杂系统和产品设备,而这些系统和产品的设计和改善非常需要人因的应用研究以构建人和系统之间的和谐关系。我们对人因的研究也需要工业工程相关学科知识的支撑。

4. 统计学

统计学包括概率论和统计基础等多个分支学科和交叉学科,在人因工程的研究中起着非常重要的作用。机械工程、电子信息技术等已经在上百年的发展中形成了丰富的标准和技术手册,与这些成熟学科相比,人因工程的发展起步晚,近阶段对人因的建模研究还比较困难,实验依旧是了解人的行为的重要研究手段,而统计分析是实验获取数据后必不可少的环节。此外,人因实验对象并不是针对某一个特定的个体,而是泛化的群体或某一个特定的团体,因此人因实验所获取的数据量是非常大的,这更加需要统计学的分析方法来研究数据的规律。

2.2.2 扩展课程

可以进一步了解和学习以下课程,以辅助我们增加人因研究的深度,扩展人因研究在实际领域的应用。

1. 生理实验课

生理实验是人因研究获取人体生理结构和运行机制相关数据的一种实验方法。我们可以从中学习如何测量人体肌肉收缩的程度、皮肤的温度变化、机体的反应时间、人体某部位所受压力大小等,用于测试和验证人在使用产品或操作系统过程中的适应情况,并为人因标准的制定提供参考。

2. 脑神经科学

大脑是人的心理和生理行为的控制中心,我们需要了解人脑的神经结构和思维机制以及大脑的信息加工模式,为人因工程中针对人的行为和决策方面的研究(比如预测人在处理信息时的接收和反应时间等)提供科学依据。

3. 运筹学

运筹学能够通过数学建模等方法优化产品或系统的设计和管理。此外,运筹学中的随机过程和排队论可以对设计好的系统性能进行预测、分析和评价。

4. 计算机科学

人因研究中的实验程序准备、系统设计和测试将会涉及硬件的电路设计或软件的程序设计、数据信息处理等,例如将建立好的人因模型以程序编码的形式嵌入系统的测试程序中,这些都需要计算机科学方面的知识,包括相关的编程语言。

5. 高级统计学

由于人的复杂性以及人机系统日益增高的精细化和复杂度,人因研究中可能会出现比较复杂的数据,传统的统计学方法还不足以支撑复杂数据的处理,需要利用高级统计学方法如聚类分析、多元正态分析、主成分分析、因子分析等方法。

6. 人工智能

随着科技的发展,人工智能已经成为人们日常生活和社会发展不可或缺的新兴技术,许多系统的设计和运行都依赖试图模拟人的思维方式的智能技术,如将机器学习或深度学习运用在语音识别、图像识别、专家系统、自动规划、自然语言处理等领域。人因工程需要了解和理解人与系统的交互关系,人工智能能够为人因的研究包括系统的优化设计、数据处理等方面提供协助。

7. 产品设计

产品设计包括需求分析、产品概念设计、产品方案定制、产品结构设计等,涉及工业设计、机械和机电设计、工艺设计、策划管理等多学科交叉的一系列设计工作。了解产品设计的过程和方法有利于我们从更多的角度发掘人因问题。

8. 人体测量学

人体测量学是人类学的一个分支学科,通过对人体整体和局部的测量来研究人体的特征变异和发展规律,这有利于加深对人的生理特点的理解。符合人因的产品设计也需要考虑到人体的特征和结构尺寸。

9. 职业安全和事故预防

职业安全和事故预防主要研究如何在各种职业环境中通过组织心理学、环境职业医学、人因工程学、安全工程学等方法保障人的安全和健康,并通过管理科学等方法,预先采取措施来避免或减少与工作相关的各种死亡和伤害事件的发生。职业安全和事故预防的研究不仅能够促进人因问题的发掘,还能够为人因问题提供多种解决方案。

2.3 人因工程研究报告的类别和文献引用方法

与其他学科的学习方法相似,如果想要深入学习人因工程,除掌握教材中的基础知识以外,我们还需要阅读其他的国内外文献资料才能充分了解前人在人因研究上所作的科学贡献,掌握人因在社会各领域的发展方向和研究动态。扩展阅读和文献综述能够带领我们跳出固有框架,探索更新、更前沿的人因工程研究热点。如果我们在研究过程中有了新的进展和创新,也可以发表在相关研究报告中,与国内外学者进行交流。

2.3.1 人因工程研究报告类别

人因工程学的相关研究报告可分为以下4个类别。

1. 期刊论文

《图书馆·情报与文献学名词》将**期刊论文**定义为正式出版的期刊上所刊载的学术论文[16]。期刊论文一般阐述重要的学术问题和解决方案,并经过同一专业领域同行多次评审合格后才能发表,属于目前国际上学术研究领域的权威报告类型。

2. 会议论文

会议论文是指在由相关学术组织举办的会议上公开发表的论文。相比于期刊论文,会议论文更重视时效性、传播性和交流性。

资料2-1　期刊论文范例

资料2-2　会议论文范例

3. 杂志类论文

杂志类论文是指发表在杂志上的文章,更强调图文并茂。

4. 图表报告

为了能够让阅读者快速获取信息,图表报告中的文字叙述相比于其他学术研究报告更少,并且更重视图片和表格的可视化呈现。

资料2-3　杂志类论文范例

资料2-4　图表类研究报告范例

2.3.2 文献引用方法

我们在撰写研究报告时很重要的一点是文献的引用。假如报告中所有的想法或思考都来源于作者本身,则不需要引用文献。但是大多数学术研究报告都需要进行文献综述,分析已有研究状况并说明自己的研究与已有研究的区别和创新,或者借鉴已有研究以支撑自己的学术观点。因此,如果报告中出现了他人的作品,就需要注明引用。一般情况下,若部分或主要想法、思考来自别人的作品,如论文、专利和网页等,我们需要在正文中注明作者名字、发表年份,并在文章末尾注明该文献的标题、期刊来源和刊号等信息;若完全复制粘贴别人的作品,则必须使用双引号("")在正文中标记。另外需要特别注意的是,为了让读者能够清晰地获取引用信息,如图2-12所示,文章中出现的引用标记需要和文章末尾的引用内容一一对应。

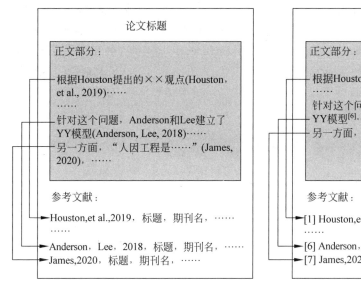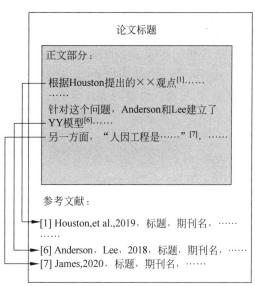

图 2-12　文中引用标记需要与文末引用内容一一对应

一般情况下,当我们在正文中引用文献时,如果超过两位作者,则可使用如下格式:
Some researchers found that...(Houston,et al.,2008)
如果只有两位作者,则可使用如下格式:
Some researchers found that...(Anderson,Lee,2000)
当我们在文章末尾的"参考文献"中列出正文里引用的文献时,需要列出较详细的信息,可使用如下模板:
姓(Last Name),名(first name)的首字母,……所有作者(年份),论文标题,期刊名称,卷号(发行号),页码范围(首页至末尾页)
例如:
Foley,J.,Kim,W.,Kovacevic,S.,and Murray,K.(1989),Defining Interfaces at a High Level of Abstraction,IEEE Software,6(1),25-32.
另外,许多国外的作者会有中间名(Middle Name),我们引用其名字的时候可以写成如下格式:
作者全名:Tom(first)Colin(middle)Johnson(Last)
引用时的作者名:Johnson,T.C.
不同的期刊对论文的引用格式有不同的要求。以上仅列出国际上大部分期刊通用的一种引用格式——APA(American Psychological Association),除此之外还有 GB/T 7714(国标)、MLA(the MLA style manual)等。

2.4　人因工程中外文献检索

我们在生活中如果遇到问题可能会寻求网络搜索引擎的帮助,如百度搜索、搜狗搜索等,这些搜索引擎上的信息大部分是免费的,并且通过其他渠道也非常容易获取。但是,如果想要从更深层面探究问题的本质,从更科学的角度理解问题,就需要到专门的学术网站上搜索答案,例如中文的学术网站有万方、中国知网、百度学术、国家专利局网站等,国外的学术网站有 Web of Science、PsycINFO、Google Scholar、Google Patent 等。**中国知网**为中国知识基础设施工程(China National Knowledge Infrastructure,CNKI),是知识服务平台,为学者提供各类学术资源的检索、阅读和下载服务[17]。图 2-13 所示为中国知网的文献高级检索界面,除了输入关键词进行检索以外,用户还能够通过增加如作者、作者单位、发表年份等信息来缩小检索范围。

图 2-13 中国知网高级检索界面

Web of Science 是一个汇集全球学术资源站点的检索平台,是全球最大、覆盖学科最多的综合性学术信息资源库[18]。图 2-14 所示为 Web of Science 的高级检索界面,与中国知网的高级检索方式相同,用户可以增加各种信息以提高检索的精确程度。此外,Web of Science 推出的影响因子(impact factor,IF)现已成为国际上通用的期刊论文质量和学术水平的评价指标。图 2-15 所示为 PsycINFO 高级检索界面,PsycINFO 是针对心理学方面的学术信息检索平台[19]。

这些学术网站汇聚国内外大量严谨的学术研究,包括期刊论文、会议论文、专利、专业书籍等,所提供的解决方案基本都会有相关研究数据和实验验证作为支撑,但大部分需要付费才能获取。

如果我们要进行科学研究,学会文献检索和综述的技能非常重要。通过文献检索和综述,我们能够了解自己研究领域的发展现状,发掘研究的不足和空白,避免重复性研究工作,以便更准确地找到想要研究的方向。此外,文献检索中需要注意关键词的选取。例如想要搜索与医疗相关的人因研究,我们在检索过程中会发现"医疗"或"医疗人因"几个字并不能精确搜索到对应文章,而类似"手术台设计""病人测温计设计""护士的工作负荷研究"等未带有"医疗"的词语却能够检索到大量的人因研究作品。或者我们通过检索"human(人)"来搜索人因研究作品时,想要扩大搜索范围,我们还需要考虑"operator(操作者)""drivers(驾驶员)""users(用户)"等与"human(人)"相关的在不同场合中代表"人"的词语;类似的还有"interaction(交互)"的相关词语"user interface(用户界面)""man-machine interface(人机接口)"等。由于每一个大的研究都包含大量的子研究领域,因此巧妙地运用关键词的替换功能能够扩大我们的搜索范围,得到更多的信息和数据。

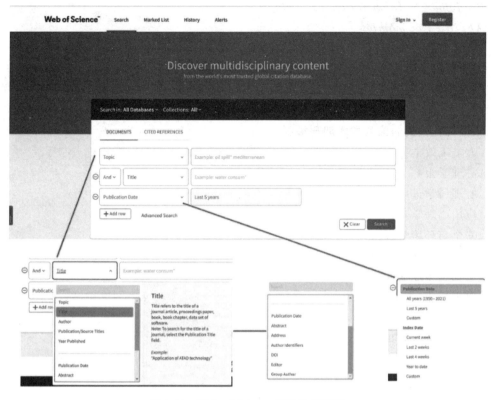

图 2-14　Web of Science 高级检索界面

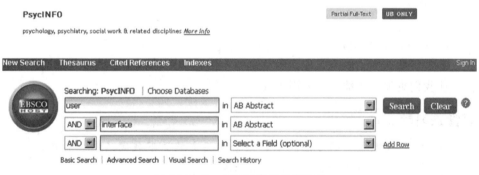

图 2-15　PsycINFO 高级检索界面

人因工程相关的国际学术期刊举例：

IEEE Transaction on Human-Machine Systems

IEEE Transactions on Human-Machine Systems（Old version：IEEE Transactions on Systems, Man, and Cybernetics（Part A））

ACM Transactions on Computer-Human Interaction（TOCHI）

IEEE-Transactions on Intelligent Transportation Systems

Ergonomics

International Journal of Human-Computer Studies

Behaviour & Information Technology

Applied Ergonomics

Human Factors

以上列出了截至 2021 年部分国际上影响力较大的人因工程相关的学术期刊，期刊的影响因子每年都会随着期刊中学术论文的质量而变化。此外，国内也有许多人因工程相关的学术期刊。详见人因百科网站。

人因工程相关的国内学术期刊举例：

《人类工效学》

《心理学报》

《心理科学进展》

《应用心理学》

《安全与环境学报》

《中国安全科学学报》

《劳动卫生职业病》

《管理学报》

《中国机械工程学报》

《工业工程与管理》

《系统工程理论与实践》

《环境与职业医学》

《工业工程》

《设计》

《中国公路学报》

《铁道学报》

《中国组织工程研究杂志》

在以上这些期刊中我们可以搜索到大量的人因相关的前沿学术研究作品，阅读和学习它们能够让我们更加深入地了解人因工程。

 课堂练习题 2-1

使用以上所述文献检索的方法和工具检索相关文献并下载阅读。分别在知网和 Web of Science 中寻找至少 10 篇和医疗人因相关的期刊文章。

2.5 把握人因工程的三大要素

学习人因工程首先需要掌握人因的三大要素：方法论、人的生理和心理特点、人的任务及其分析。

2.5.1 方法论

方法论主要指如何认识人因、利用人因的方法来研究和应用人因的理论，主要包括研究方法、设计方法和评测方法。掌握人因工程的方法论能够为自己搭建研究人因的框架。

1. 研究方法

人因工程中常用的研究方法包括实验法、问卷法、质性研究和计算建模。其中实验法和问卷法是我们获取人的因素数据最主要的实验方法，也是本书中重点讲述的部分。质性研究是在自然情境下采用多种资料收集手段如观察、互动、访谈等获取人的因素数据的一种方法。计算建模则是利用多种学科技术找到研究数据内容之间的关系和运行规律的一种方法。（研究方法的具体内容请阅读本书第 3 章）

2. 设计方法

人因的设计方法主要指基于人因的系统或产品的设计方法，例如人机界面架构的设计。（设计方法的具体内容请阅读本书第 7 章和第 8 章）

3. 评测方法

评测方法是对参与系统或产品的设计和运行中的人的绩效和其他因变量的测量、可用性评测和用户体验测评等。（评测方法的具体内容可阅读本书第 12 章和第 13 章）

2.5.2 人的生理和心理特点

人因工程中**人的生理和心理特点**一般认为是人的生理和心理所表现出来的行为和规律，也包括基于人的特点的系统设计（人机系统设计）。具体包括以下几个方面。

（1）针对人的生理和心理特点，研究人的感官和人机系统设计及其关联。例如基于人眼特性研究视觉和显示系统设计之间的关系，即运用人眼视觉特点，研究如何改进或设计出更加安全、健康和高效的显示系统。此外，这方面的研究内容还包括听觉和视觉系统设计及其关联、人的手指触感和遥控按键设计及其关联等。

（2）针对人的认知和特点，研究人的认知和人机系统设计及其关联，例如人的信息处理能力和核电站报警系统设计之间的关系。

（3）针对人的生理结构特点和动态习惯，研究人体测量和骨骼肌肉系统的特点与人机系统设计及其关联，例如研究人体腿部尺寸与肌肉的疲劳特性从而优化自行车脚踏板的设计。

2.5.3 人的任务及其分析

人的任务及其分析主要指人在人机系统运行中需要完成的工作，并对人的任务的目的、任务涉及的人和系统组件及两者之间的关联进行分析。人的任务分析方法具体有普通的任务分析方法、KLM、GOMS 模型及其变式、时间动作分析方法等。

2.6 人因工程研究的伦理学要点

由于人因工程是以人为核心的一门学科，其实验对象大多数是人，因此实验过程中的伦理问题一直以来都受到社会舆论的高度关注。1971 年来自斯坦福大学的心理学教授菲利普·津巴多为了研究人的感知权利的心理影响，做了一项社会心理学实验——**斯坦福监狱实验**，24 名被试①被要求在模拟真实的监狱环境中分别扮演狱警和囚犯[20]。视频 2-4 展示

---

① 在人因研究中，人作为实验对象时被称为被试。

视频 2-4
斯坦福监狱实验[21]

了被试在监狱实验中遇到的真实情景。由于在实验期间"狱警"可以对"囚犯"实施任何维持监狱秩序和法律的措施,例如辱骂和殴打"囚犯"、用灭火器喷射"囚犯",导致很多"囚犯"和"狱警"在实验期间就出现了严重的心理问题。最终,斯坦福监狱实验在仅实施 6 天后就由于伦理问题和社会舆论被迫中止。由于研究目的的多样化,被试可能会在实验中受到负面的心理暗示、被要求执行负面的行为如故意伤害他人或被要求举起过重的箱子等,这些都会对被试的心理、生理造成负面的影响。因此,如何保护被试心理和生理的健康和安全是人因研究过程中必须要特别注意的伦理问题。

伦理委员会(Institutional Review Boards,IRBs)是一个根据美国联邦法规运作的委员会,负责审查涉及人类被试的研究,以确保实验过程中被试受到伦理上的安全和公平对待。IRBs 和**人类被试委员会**(Human Subjects Committees)规定了人因工程研究中需要遵守的伦理学规定[22]:

(1)对被试无伤害。

(2)尊重隐私和数据安全。

(3)知情同意。

1. 对被试无伤害

要求针对被试的实验遵循心理风险最小化和生理风险最小化原则。

2. 尊重隐私和数据安全

实验结束后,实验者能够知道被试的身份信息,但需要采取措施保护被试的隐私。实验中获取的数据需要妥善存储,实验负责相关人员需要事先按要求规定实验数据的存储方式以及谁可以访问这些数据。此外,若实验数据需要公开发布,数据中所有个人身份信息都必须删除。

3. 知情同意

IBRs 规定在使用被试进行任何研究之前,必须首先获得被试的自愿、知情和同意[22]:

(1)**自愿**。自愿指被试自愿参加研究,并可随时自由退出而不受处罚。

(2)**知情**。知情指被试知道参与实验相关的任何风险(包括生理和心理风险)。

(3)**同意**。同意指必须要有被试的明确的同意签名,例如签署的许可表(类似"默认同意"的说法不符合"同意"标准)。

此外,被试需要同意并签署实验者提供的**知情同意书**之后才能参加实验,知情同意书中必须说明如下细节:

(1)实验研究内容。其中包括说明实验的目的和详细的实验程序,尤其是涉及被试需要参与的部分,以确保被试预先了解自己将要经历的流程。

(2)确保被试自愿参与的情况说明。被试同意自愿参与的情况中,首先需要严格向被试说明实验需要保密的内容、保密流程和方法以及保密程度,例如:被试的姓名或任何其他识别信息将不会出现在任何表格上;对于同意的被试,会保留一个将代码与个人姓名联系起来的文件,并且该文件是安全且有密码保护的,只有授权的研究人员才能访问;被试的联系方式(电话、邮箱等)不会直接链接到任何文档中的数据并在项目完成后加密保存至少

10年。

其次,需要说明被试参与实验可能会产生的心理和生理风险。

再次,需要说明实验研究对被试和社会产生的正面与负面影响,包括个人受益情况和给社会带来的福利。例如该实验的研究最终将会应用于社会某个领域并带来某些经济效益等。

最后,需要说明被试参与的费用和补偿。

(3)研究过程中的知情同意。需要说明在研究过程中可能会发生的实验目的、方案等变化,或出现新的文献资料、信息数据等影响被试知情同意态度的情况。

(4)被试的知情同意声明和签名。需要有明确的被试同意声明陈述以及被试签名。例如声明中可能会有"我是否同意在这项研究中被录像""我是否同意我的身份与这项研究产生的所有数据相关联"等条款。

课堂练习题 2-2

被试知情同意书撰写实践

假设你受雇于 A 公司,该公司设计了两种智能机器人,用于与人合作共同完成一些复杂工作,包括多任务操作决策任务、管理决策任务以及营销决策任务等,例如合作经营一家学校小卖部、合作管理小型农场等。A 公司需要有兴趣的志愿者现场参与和智能机器人互动,以此对两种智能机器人进行性能测试和可用性评估。请为被试(志愿者)撰写一份知情同意书,让他们参加 A 公司的智能机器人性能测试和可用性评估实验,测试他们在与智能机器人互动时的满意程度。

(测试需要收集参与者的面部表情、身体动作和满意度分数;知情同意书需要包括实验目的、实验程序、潜在风险、实验的好处以及实验者和被试的签名部分。)

答案

本章重点

- 人因工程的原理和主要思维方式:人因设计原则以人的安全健康为本,而不是美观;在系统设计、测试和运行过程中尽量提前考虑人的因素;针对人的生理和心理特点设计系统;要勇于突破,从学习者变成创造者。
- 学好人因工程的主要基础课程:人体生理学、心理学、工业工程、统计学等。
- 人因工程学研究报告的类别和文献引用方法:研究报告的类别、正文引用、参考文献格式。
- 人因工程中外文献检索:各大学术检索平台、关键词检索、人因工程相关学术期刊。
- 把握人因工程的三大要素:方法论(研究、设计和评测方法)、人的生理和心理特点、人的任务及其分析。
- 人因工程研究的伦理学注意点:对被试无伤害、尊重隐私和数据安全、知情同意。

作业

请查阅学术报告中文献引用的规则,并根据你的兴趣在人因领域中为某期刊写一篇综述。(评分标准:论文中综述的要点逻辑清晰,并以正确的格式完成论文的引用和参考。)

参考文献

[1] 搜狐. 电梯"急停按钮"在哪里？你一定得知道！关键时刻就靠它！[EB/OL] (2018-12-3)[2023-04-18]. https://www.sohu.com/a/279419430_99927547.
[2] 北京市新增 138 个电子眼[J]. 中国公共安全(综合版),2011(8)：122.
[3] 北京晚报. 波音 737 MAX 两起致命空难致 346 人遇难,美国会公布调查报告[N]. 北京晚报,2020-09-17.
[4] 刘轶松. 安全管理中人的不安全行为的探讨[J]. 西部探矿工程,2005(6)：226-228.
[5] 搜狐. 盘点史上最具毁灭性的 20 个软件 Bug![EB/OL]. (2019-01-24)[2023-04-18]. https://www.sohu.com/a/290944327_100264013.
[6] 诸彤宇,王家川,陈智宏. 车联网技术初探[J]. 公路交通科技(应用技术版),2011,7(5)：266-268.
[7] 任开明,李纪舟,刘玲艳,等. 车联网通信技术发展现状及趋势研究[J]. 通信技术,2015,48(5)：507-513.
[8] 余焊威. 基于车联网的车辆避撞算法及交通流跟驰模型研究[D]. 秦皇岛：燕山大学,2019.
[9] 宫媛娜. 触屏手机尺寸与用户手型尺寸匹配性的工效学研究[D]. 杭州：浙江理工大学,2013.
[10] 李伟. 应用人因工程学研究：人体数据分析处理及其应用研究[D]. 上海：东华大学,2006.
[11] 呼慧敏,晁储芝,赵朝义,等. 中国成年人人体尺寸数据相关性研究[J]. 人类工效学,2014,20(3)：49-53.
[12] 李付星,孙健. 人机工程中人体尺寸的修正与重建方法研究[J]. 机械设计,2015,32(4)：116-120.
[13] 路璐,田丰,戴国忠,等. 融合触、听、视觉的多通道认知和交互模型[J]. 计算机辅助设计与图形学学报,2014,26(4)：654-661.
[14] 郭伏,孙永丽,叶秋红. 国内外人因工程学研究的比较分析[J]. 工业工程与管理,2007(6)：118-122.
[15] 江志斌. 论新时期工业工程学科发展[J]. 工业工程与管理,2015,20(1)：1-7.
[16] 图书馆·情报与文献学名词审定委员会. 图书馆·情报与文献学名词[M]. 北京：科学出版社,2019.
[17] JIANG Y. Study on CNKI-DL knowledge service[J]. J China Soc Sci Tech Inf (China),2004,23(3)：265-274.
[18] 李贺,袁翠敏,李亚峰. 基于文献计量的大数据研究综述[J]. 情报科学,2014,32(6)：148-155.
[19] 北京大学图书馆. PsycINFO(心理学文摘)数据库[Z]. 2018.
[20] BARTELS J. Revisiting the Stanford prison experiment, again: Examining demand characteristics in the guard orientation[J]. Journal of Social Psychology,2019,159(6)：780-790.
[21] 脑洞大科普. 斯坦福监狱实验：科学家 6 天把人变成"魔鬼",科学实验系谎言？[EB/OL]. [2023-04-18]. https://baijiahao.baidu.com/s?id=1708139504465301816&wfr=spider&for=pc.
[22] ARTAL R,RUBENFELD S. Ethical issues in research[J]. Best Practice & Research Clinical Obstetrics & Gynaecology,2017,43：107-114.

第 3 章

人因工程研究方法

> **本章 概述**
>
> 本章首先概述人因工程的主要研究方法,然后介绍实验法和问卷法的相关概念、设计步骤和实际应用等。
> - 人因工程研究方法概述
> - 实验法
> - 问卷法

3.1 人因工程研究方法概述

3.1.1 人因工程研究方法简介

人因工程的研究方法特别能够反映其学科特点,侧重对人以及人-机-环系统的认识了解、分析、测量和预测。实际上本书中很多部分都和人因工程研究方法相关,但是受每一章的篇幅限制,本章主要介绍实验法和问卷法。人因工程主要的研究方法包括:

- 实验法(本章介绍)
- 问卷法(本章介绍)
- 人的任务分析方法(第 9 章)
- 人机系统设计方法(第 10 章)
- 人的行为测量方法(第 12 章)
- 人机系统可用性评测方法(第 13 章)
- 人的绩效建模方法(第 14 章)

除了以上的主要研究方法以外,人因工程的研究方法还包括人体测量方法、观察法、访谈法、焦点小组等。比如,研究者使用观察法了解儿童使用某款产品的感受,一方面儿童用户并不擅长语言表达;另一方面,被试在不知道自己被观测的情况下,可能会展现出最真实的行为表现。至于访谈法,不同于观察法的单方面观察,也不同于实验法对反应时间、错误率等行为指标的考察,也不同于问卷法相对简单的问答模式,它更加强调人与人的交互,随着交谈的深入,逐步获得有关研究对象的思想、态度、感受和观点等更为丰富且深刻的信息。

因本书篇幅有限,对这些方法不再详细介绍,读者可查阅相关参考书作进一步的了解(如阅读《心理与教育研究方法》[9]《人体测量学》,以及质性或者定性研究方面的参考书籍等)。

3.1.2 人因工程研究方法学习的要点

作为人因工程的初学者,我们一定要把这个学科的研究方法掌握透彻、融会贯通,包括其适用的场景,而且要用批判性的思维了解和分析每种研究方法的优缺点。

其中一个最主要的对方法的学习要点是学习者要身体力行地在条件允许的情况下去实践每一个重要的方法,而不是停留在阅读书本和PPT的理论知识上。比如,我们在本书的第12章中介绍了工作负荷的测量方法(如NASA-TLX),学习者就应该把这个NASA-TLX问卷打印出来,然后在完成某些实际操作和认知任务以后,实践性地回答这个问卷中的问题并计算工作负荷,在实践方法的过程中掌握它的使用方法,在使用方法的过程中体验其优点和缺点。学习完成以后,自己在作研究的时候,就可以根据不同方法各自的适用场景以及优缺点选择合适的研究方法。

3.2 实验法

如果一位老师向你咨询教室照明是否影响学生的考试成绩,或者一位设计师在某电子产品的开发阶段向你咨询用户使用哪种界面布局设计其绩效(比如任务完成时间)更好,或者一位患者问你某款药物是否安全有效,你该如何回答这些问题?

想要回答这些问题肯定要分别拿出令人信服的证据。证据当中最起码应当包括不同照明条件下学生的考试成绩,不同界面布局条件下用户的绩效水平,不同款药物的疗效。虽然仅拥有这些证据还远远不够,但它们却具有一个共同点——对因果关系的探究,即不同的前因会产生何种后果。那么究竟应当如何获得令人信服的证据,搞清楚问题背后的因果关系?本节介绍的实验法是一种非常有效且被广泛认可的方法。

3.2.1 实验的基本概念及核心逻辑

实验法是指在控制情境下,根据研究的目的,有计划地严格控制或操纵一个或多个变量(自变量),然后观察被试的反应(因变量),从而发现其因果关系以验证预定假设的研究方法[1]。

相关术语有:①**自变量**指由研究者操纵和改变的量(被测量事物的属性可发生变化)。例如:教室中的照明照度、告警的声音响度、键盘按键之间的距离等。②**被试**指参与实验、接受实验操作并被测量其行为的人、动物、材料、实体等。③**因变量**指研究者测量的被试的行为或者生理、心理指标的变化。例如:反应时间、任务完成时间、错误率、工作负荷等。④**处理**指需要被试完成的被操纵的自变量条件下的任务,它可以是单因素实验中的一个条件/水平(照明照度:高、低),也可以是多因素实验中的组合条件/水平(如同时研究照明和噪声对学生成绩的影响且二者均有两个条件/水平:明亮高噪声,明亮低噪声,黑暗高噪声,黑暗低噪声);被试/实体在实验中经历一次处理,也称为一个试次。⑤**其他相关术语**。**主试**指执行具体实验的人员,**研究员/设计者**是指负责设计实验的人员。

为什么实验可以证实或证伪因果关系？实验的核心逻辑主要是控制某些变量，然后操纵变化一些变量（自变量），看因变量是否随之改变，如果因变量有变化则说明是由自变量引起的，进而证明变量间存在因果关系。比如，医生想要测试一款新药物是否有效，自变量可以是药物类型（新药物、安慰剂），一组被试使用新药物，一组被试使用安慰剂（指与新药物相似但无任何药理成分的假药，如淀粉片），然后看疗效（因变量可以是某些生理指标的值）。经过数据统计以后，如果两组的疗效差异不显著，则新药的临床应用价值就不大。其中需要控制两组被试的病情不能差异太大，不能有其他相关药物的干扰等。

需要注意的是，实验可能存在除了自变量以外影响因变量的变量，比如药物实验中提到的不同组被试病情差异、其他药物的干扰等，统称为**混淆变量**。混淆变量的控制是实验设计成功与否的关键之一。如果无法有效地控制混淆变量，那么将无法有效地证实或证伪研究者期望探究的变量之间的**因果关系**（见图 3-1）。混淆变量的控制将在下一节进行详细介绍。

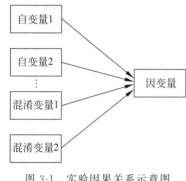

图 3-1 实验因果关系示意图

启发式教学思考题 3-1

前面提到的教室照明是否影响考试成绩的实验，可能存在哪些混淆变量？

答案

3.2.2 实验的主要步骤

1. 问题的提出和陈述

研究者想要提出一个好的问题，首先需要对要研究的系统加以理解，如果理解不到位，选择的变量不恰当，则其影响力很小，不仅解决不了问题，还会造成很多成本浪费。变量选择完以后，就需要研究者进行相应的实验设计去验证。比如，研究者认为教室照明和噪声影响考生成绩，并假设明亮安静的环境下考生的考试成绩更好，则需要制订详细的实验研究计划去求证问题的答案。

2. 自变量数量、水平和范围的选择：组内设计、组间设计和混合设计

实验设计首先要确定拟研究的变量，其中最重要的是自变量和因变量。变量的选择根据研究问题最终确定。一般而言，自变量的数量 1~4 个为宜。一个自变量的设计也称为**单因素实验设计**，前面提到的药物实验的例子就是单因素实验设计。但有时研究者需要同时探究多个变量与因变量之间是否存在因果关系，则需要进行**多因素实验设计**。多因素实验设计可考察多个变量之间的交互作用。如果仅进行多轮次的单因素实验设计，则效率较低且无法考察交互作用。多因素设计更符合实际情况。但是多因素设计中变量数目也不宜过多，过多则难以进行实验控制，且结果解释比较复杂。

每个自变量应至少有两个水平。根据研究目标和具体的现象，每个自变量必须有两个及以上的水平。比如前面提到的照明实验，可以设置亮和暗两种情况。因此应该设定一个范围，说明什么照度范围是亮，什么照度范围是暗，这便是自变量的取值范围。取值范围并非随意设定的，应该有一定的标准，比如前人的研究中提到的标准，或者通过预实验进行测评获得。值得注意的是,考虑范围的时候要注意天花板效应和地板效应。**天花板效应和地板效应**(见图 3-2)是指如果测试问题过于容易或过于困难,则大部分人的结果都集中在较高或较低的水平。比如考察题目难度对考试成绩的影响,结果难和易两组被试都得到了很低或很高的成绩,使得考试成绩没有区分度,则表明自变量设定出现了问题。

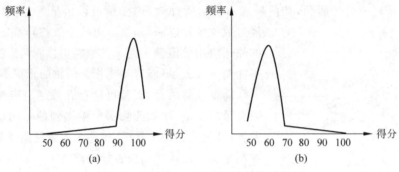

图 3-2　天花板(a)及地板(b)效应示意图

1) 被试内(组内)设计

根据不同的实验设计,自变量可分为被试内(组内)变量和被试间(组间)变量。**被试内变量**是指每个被试均接受自变量的所有水平的处理。被试内变量的水平可以在实验期间改变。比如前述照明实验,某一被试既要在亮的水平下进行考试,也要在暗的水平下进行考试,进而考察不同照明水平对考生成绩的影响。

启发式教学思考题 3-2

被试内设计有什么优缺点?(提示:可以从被试的数量、生理、心理等特性的角度思考这个问题。)

2) 被试间(组间)设计

如果变量的水平之间产生相互干扰(如练习效应),应该如何解决?这时就需要采用被试间设计。**被试间设计**是指每个被试只接受一种水平的处理。比如,一个被试在亮条件下考试,另一个被试在暗条件下考试。此外,有些变量也只能采用被试间设计,而不能使用被试内设计,比如考察性别对驾驶绩效的影响的实验研究,性别(男、女)只能是被试间变量,因为某人的性别是固定的。

启发式教学思考题 3-3

被试间设计有什么优缺点?(提示:可以从被试的数量、生理、心理等特性的角度思考这个问题。)

被试内设计与被试间设计的优缺点总结见表 3-1。

表 3-1　被试内设计与被试间设计的优缺点总结

被试内设计	被试间设计
优点 • 最小化群组效应 • 减少被试数量	优点 • 最小化顺序效应

续表

被试内设计	被试间设计
缺点 • 顺序效应(例如疲劳、练习)	缺点 • 有群组效应 • 需要更多的被试

3) 混合实验设计

当进行多因素实验设计时,若有些自变量是被试内变量,另外一些自变量是被试间变量,那么该设计则称为**混合实验设计**。比如研究照明(亮、暗)和噪声(噪声大、噪声小)对考试成绩的影响,照明可以是被试内变量,噪声可以是被试间变量,则一个**被试所接受的处理水平**见表 3-2。

表 3-2 被试所接受的处理水平示意表

噪 声 大		噪 声 小	
亮	暗	亮	暗
被试 1	被试 1	被试 2	被试 2

课堂练习题 3-1

以下变量属于被试内还是被试间变量(一个变量可以同时属于两类):年龄、性别、教育程度、个性、实验中任务的困难程度?

答案

4) 实验设计的选择

在进行实验设计的时候选择合适的设计方法,一般遵循以下思路:①如果一个变量(如性别)的水平在实验期间不能改变,那么选择被试间设计;②对于既可以进行被试间设计也可以进行被试内设计的自变量,当被试经历不同水平的变量时,如果存在不同水平(练习、学习或疲劳效应等)之间的干扰,则选择被试间设计,否则选择被试内设计;③如果被试数量非常有限且顺序效应影响非常小,则选择被试内设计。

如果研究者决定使用被试间设计,那么就要首先考虑如何克服群组效应。一般而言有两种方法:一是把被试尽量随机分组;二是尝试测量与因变量相关的群体特征(例如经验、个性),并在群体之间进行平衡。比如照明实验中,要确保被试组之间智力水平或者考试水平相仿,可通过前测进行筛选加以控制。

如果研究者决定使用被试内设计,那么如何克服顺序效应是一个重要问题。如果变量有两个水平,则可采用 ABBA 模式。比如,在照明实验中,假定照明为被试内变量,则一个被试接受先亮后暗顺序的处理,另一个被试接受先暗后亮顺序的处理。如果变量有三个及以上水平,一般采用两种方法:一是随机化被试所接受不同水平处理的顺序;二是拉丁方设计。**拉丁方设计**是为了减少实验顺序对实验结果的影响而采取的一种平衡实验顺序的技术。

比如,在照明实验中,自变量设定为四个照度水平(被试内变量),不同被试将接受不同顺序的四种水平的处理(见表 3-3),并保证每行每列都出现 ABCD。

表 3-3　拉丁方设计示意表

被试编号	照度（四个水平 A、B、C、D）			
被试 1	A	B	C	D
被试 2	B	C	D	A
被试 3	C	D	A	B
被试 4	D	A	B	C

这种设计是否存在问题呢？不妨尝试分析一下：被试在 B 水平下考试，然后移到 C 水平，C 水平下成绩变好可能不全是因为 C，而是因为学习效果。如果被试先在 B 水平下测试，再在 C 水平下测试，获得 75 分。但如果被试只独立在 C 水平下测试，可能获得 65 分。这种 B→C 效应在大多数被试中存在多次重复，可能会增加被试在 C 水平下的表现，混淆自变量的效果（随机化有时也会出现这种情况）。因此，我们需要进一步平衡不同被试的实验顺序。

第 1 步：先按顺序填写四个边，首尾衔接（见表 3-4）。

表 3-4　拉丁方设计修正版第 1 步

被试编号	照度（四个水平 A、B、C、D）			
被试 1	A	B	C	D
被试 2	B			C
被试 3	C			B
被试 4	D	C	B	A

第 2 步：问号 "?" 处可以填 A 也可以填 D，但是 B→A 已经存在，所以填 D（见表 3-5）。

表 3-5　拉丁方设计修正版第 2 步

被试编号	照度（四个水平 A、B、C、D）			
被试 1	A	B	C	D
被试 2	B	?		C
被试 3	C			B
被试 4	D	C	B	A

经过修正的拉丁方设计可以实现同一列或同一行中没有重复的字母，各行没有重复的字母组合。需要注意的是，修改后的拉丁方设计可能只适用于自变量水平为偶数的情况，如果自变量数是奇数，则不能使用修正版的倒序填写法（无法满足各行各列无重复的字母的条件）。

5）被试数量

如何确定被试的数量？设计完成以后需要招聘被试进行数据的收集工作。那么一个实验究竟需要多少被试？首先，我们需要了解一下实验的表示方法。比如考察照明和噪声对学生考试成绩的影响。如果照明为被试内变量且有两个水平（亮、暗），噪声为被试间变量且有两个水平（大、小），则此实验设计可表示为 2(照明：亮、暗)×2(噪声：大、小)的混合实验设计。此实验的被试数量可利用 N 公式进行计算。N 公式是指被试间变量的水平数与 N 的乘积。因为本实验只有一个被试间变量且为两水平，则被试数目为 $2N$。N（N 为非零自然数）为每组被试的具体数量，共两组，每组相同。值得注意的是，如果被试量太少，则结果的准确性会令人担忧。N 具体应该取值多少可以参考使用 G-Power 软件进行计算。

课堂练习题 3-2

设计一个实验：考察不同类型交通信号灯（传统及新型，见图 3-3）对驾驶员绩效的影响。

答案

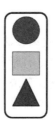

图 3-3　两种类型的交通信号灯

3. 因变量的选择与收集

因变量是指研究者观察到的被试对自变量操作的反应。实验可以有一个或多个因变量。作为因变量的主要标准：①因变量是可测量的；②因变量应该很好地体现目标问题的指标。例如反应时间、错误率等可以作为体现人的绩效的因变量指标。

测量和收集数据时经常会重复某些处理或试次。比如上述交通信号灯实验，驾驶员的绩效指标之一可以是信号灯变红时执行踩刹车指令的反应时间，一次测量称为一个试次，可能需要被试重复进行多轮次的操作，目的是避免一次操作的偶然性，进而减少测量偏差。

4. 预实验和变量调整

实验设计完成以后，并不适合立刻开展大规模的实验工作，因为一旦设计存在缺陷，就会得到很多无用数据，浪费大量的时间、人力和财力。一般而言，首先需要选取少量被试按照实验流程进行测量，再查看初步分析的数据趋势是否符合研究预期，同时查看自变量和因变量的选择是否合适，如果存在问题就可以及时调整。此外，预实验也可以帮助确定最佳的自变量水平和范围，进而避免天花板或地板效应。

5. 进行实验

开展实验需要遵循严格的流程，其中双盲实验是很重要的一种形式。所谓**双盲实验**，是指主试和被试均不知道实验目的的实验。主试如果知道实验目的，就会产生一种对结果的期待，可能会干扰被试的真实反应，这种现象被称为**皮格马利翁效应**。被试如果知道实验的目的，为了获得报酬或者单纯为了满足主试的愿望，也容易出现迎合主试期望的反应，这种情况被称为**"好被试"现象**。因此，为了保证实验结果的准确性，采取双盲实验是一种较好的实验方法[2]。

6. 统计分析

数据分析和实验设计是一个整体。根据不同的实验设计和变量的数据类型可以采用统计分析，如采用 t 检验、方差分析、逻辑回归等方法进行分析。此外，好的实验设计也可以获得高质量的数据（例如，较小的方差和噪声），进而保障结果的准确性。

7. 得出结论与建议

针对拟研究的理论与实际问题，经过科学的实验设计，遵守严格的实验操作流程，获得高质量的数据,选取合适的数据分析方法,最终得出可靠的研究结论。总的来说,相比于观察、相关等数据分析结果,实验可以发现并实证因果关系和效应,进而提出合理的建议。

3.3 问卷法

问卷法是一种常用的数据收集方法,常用于用户需求的数据采集或挖掘、现状调查、意见征询、趋势预测等方面。无论是科学研究还是商业调查,问卷法都是一种重要的数据收集手段。比如,在产品的可用性测评研究中常用的用户界面满意度调查问卷、软件可用性测量清单等;再比如,各个行业的市场调查、用户满意度调查等,也会用到大量的问卷。

需要注意的是,应对问卷(questionnaires)和量表(scale)进行区分。量表一般常用于心理学领域,比如,瑞文智力测验(智商)、SCL-90(心理健康量表)等。量表需要建立常模,通过大样本得出数据分布,然后判断某些个体得分在群体中的位置。比如SCL-90,1~5级评分,各因子平均分小于2分为心理健康,高于2分则考虑心理症状筛查阳性,得分越高其症状越重[3]。问卷则一般不需要常模。

3.3.1 问卷的信度和效度

问卷的**信度**是指使用同一问卷对同一对象重复进行测量时,其所得结果的一致性程度[9]。比如体重秤,多次测量同一人的体重时,在较短时间内的测量结果应该一致,而不能忽大忽小。

重测信度是一种常见的考察问卷信度的方法。**重测信度**是指用同样的方法,对同样的被试在不同的时间进行两次测验,然后计算两次测验分数的相关性(信度区间为0~1)。一般而言,信度反映了测验结果的可靠性、稳定性或一致性,其系数最好在0.8以上,0.7~0.8之间也可以接受。

问卷的**效度**是指问卷能够测量出所测内容的准确程度[8]。一般通过校标效度衡量问卷的准确性。**校标效度**是指所测目标的测量分数和校标之间的关系。**校标**是指衡量测验有效性的参照标准。比如,使用侵犯性驾驶的问卷研究驾驶员的侵犯性驾驶行为,校标可以是其一年内的交通违法扣分情况。获得两列数据之后求其相关系数即可。如表3-6所示为校标效度的数据库形式。

表3-6 校标效度的数据库形式

被 试 编 号	侵犯性驾驶问卷得分	交通违法扣分情况
被试1	90	7
被试2	80	5
被试3	70	3
⋮	⋮	⋮

3.3.2 问题的主要类型

根据设计者的需要,一般设置以下两种类型的问题。

1. 封闭式问题

封闭式问题是指有预设答案的问题。比如,想要调查用户的性别是男还是女,可以设置一个有固定答案的选择题。

2. 开放式问题

开放式问题是指没有预设答案的问题,一般用于更深入地探索用户的想法和需求。例如,"您对这款产品还有任何其他的需求和建议吗?"此处可设置一个填空题,由客户自行思考之后进行填写。

封闭式问题一般是选择题,后续的统计较为方便;开放式问题多是填空题,需要对文本进行进一步的加工处理,而且有些被调查者并不愿意填写,后续的数据处理相对麻烦,数据回收数量和质量也比封闭式问题略差。

启发式教学思考题 3-4

请评价图 3-4 中的问题设置是否合适。

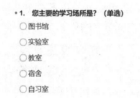

答案

图 3-4　问卷设计举例 1

3.3.3　确定问题的选项数量

如果确定为封闭式问题,下一步则要确定问题的选择数量。我们通过一个 20 世纪 30 年代在国外对工人的工作场所进行的真实调查例子进行分析。问题是:"请告诉我们,你在当前工作场所的舒适度",然后工人被要求根据自己的真实想法在下列选项中选择——"非常舒适、比较舒适、不知道、比较不舒适、非常不舒适"。调研结果为 65% 的工人选择"不知道"。原因是他们担心调研数据会影响他们福利的增加(如果他们报告舒适),或被视为对其雇主的投诉(如果他们报告不舒适)。因此,这次调研所获得的数据无法反映工人们的真实想法。

例子中,问题回答选项的数量为奇数,则涉及中立观点(不确定或不知道等)。被调查对象在选择时可能会左右为难,为了避免不必要的麻烦,大概率会选择中立的选项,研究人员将无法获得被调查对象的明确态度。当然,不排除被调查对象选择中立选项就是他们的自然反应的情况。如果将回答选项数量设置为偶数(如"非常舒适、舒适、比较舒适、比较不舒适、不舒适、非常不舒适"),被调查者就会呈现出明确的态度倾向,由于是强迫选择,可能会忽视被调查者中立态度的自然反应。在实际应用中,使用奇数选项还是偶数选项要根据研究目的具体确定。如果研究者希望消除人们选择时存在左右为难的可能性,或者在调查时可能有很多被调查者倾向于"隐藏"他们的观点,则使用偶数回答选项,否则使用奇数回答选项。此外,如果研究者希望收集用户的客观反馈,则应涵盖用户的所有可能答案,并且不要偏向任何方向以误导用户的答案。

启发式教学思考题 3-5

请评价图 3-5 中的问题设置是否合适。

1. 课程教授内容符合学生的预期
(1) 非常同意 (2) 同意 (3) 不同意

图 3-5 问卷设计举例 3

3.3.4 设计问卷的步骤

问卷的设计一般分为 6 个步骤：①设定目标。设定目标指研究者在进行问卷设计时，要明确应当收集哪些内容。例如，了解用户对某种产品的需求。②聚焦目标人群。问卷调查应聚焦被调查的主要人群（比如当前用户、未来用户等）。这决定研究者需要招募什么类型的用户参与问卷调查。③构建调查问卷。在使用问卷调查某问题时，有时业内存在现成的且受到广泛认可的问卷，可以直接使用；有时由于问题的特殊性并没有现成的问卷，则需要自行开发问卷。自行开发问卷有着严格的流程和要求，并不能想当然的设置各种问题，需要按照开发、验证流程标准执行并检验通过以后才可使用。④初步研究和改进。问卷初步开发完成以后，需要进行初测以便检验和改进，比如修改表述有歧义的题目、增删题目等。⑤问卷的发放。问卷也需要针对目标人群进行发放，发放数量要符合统计学要求。⑥数据分析。数据收集完成以后，需要构建相应的数据库，再利用相关软件（比如 Excel、SPSS 等）进行数据的清洗和分析等。

前文所述的构建调查问卷（第 3 步）一般分为以下几个步骤：首先，基于理论和/或实践**搭建问卷的层次结构**（见图 3-6）；其次，根据层次结构中的每个类别提出若干问题；再次，选择开放式和封闭式问题；最后，为封闭式问题选择正确数量的选项。重要的是，问卷设计要确保问题尽可能完全覆盖所调查的内容，比如调查用户对某品牌手机的使用满意度，如果只有涉及手机的系统、UI 设计等问题是不够的，还需要纳入硬件的相关问题。除了可用性测试等特别强调按照类别进行提问的问卷（如 QUIS[4]）不需要打乱之外，问卷设计完成以后一般要打乱问题的顺序。

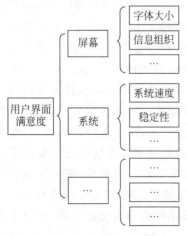

图 3-6 问卷的层次结构举例

以用户对手机的需求为例，基于手机使用的实际情况，用户需求可初步分为：①通话相关，收发消息、接打电话等；②工作相关，记录、邮件、日程等；③娱乐相关，听音乐、看视频、拍照等。在确定主要层次结构以后，针对主要层面可设置一系列问题，比如，工作相关的层面，你平常如何安排每周的行程？选择项为：①日历本；②手机日历；③便利贴；④其他。

假如研究者需要调查客户需求，由于客户的需求非常多，自下而上地构建框架难免会有所遗漏，此时可基于相关理论搭建问卷的层次结构。以**马斯洛需求层次理论**[7]为例（见图 3-7），旧版的马斯洛需求层次理论传播较为广泛，分为 5 个层次：生理的需求（如食物、空气、性的需求等)、安全的需求(人需求安全、稳定、有秩序的生活,如生命安全、工作安全等)、归属与爱的需求(建立与他人的感情,如寻求爱情、交朋友等)、尊重的需求(自我评价和他人对自己的尊重)、自我实现的需求(发挥自己的潜能,不断完善自己)。这些需求层次由低到高,在低层需求得到满足以后高级需求才会出现。新版的马斯洛需求层次理论在尊重和自我实现之间增加了求知需求(对知识、理解和意义等方面的需求)和审美需求(欣赏和发现美等)。

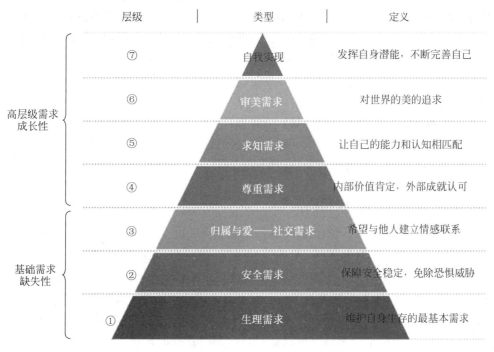

图 3-7 马斯洛需求层次理论示意图[7]

课堂练习题 3-3

设计一份简短的调查问卷,根据马斯洛需求层次理论调查用户对智能眼镜的需求(见图 3-8)。

图 3-8 智能眼镜[8]

答案

3.3.5 问卷的发放

关于问卷的发放,有以下注意事项:**首先**,样本的抽取要从目标人群中进行,考虑年龄、性别等人口学变量的分布,样本不能集中在某一种维度上(比如,只有男性用户而忽略女性用户),有偏样本会导致结果出现严重偏差。**其次**,需要告知被调查者明确的问卷指导语。指导语除了用来说明问卷如何作答外,在调查中还起到降低被调查者防备心理的作用(比如,声明匿名作答、数据保密、不与被调查者的薪酬绩效挂钩等)。**再次**,问卷发放形式也很重要。问卷的发放分为线上和线下两种形式。如果没有特殊情况,一般倾向于采取线下施测的方式,在施测人员监督下的问卷作答质量比较高。如果是大规模线下施测,还需要保证施测现场的秩序,防止被调查者之间的讨论等现象发生。线上施测虽然比线下施测操作更方便,但是很难保证作答的人一定是我们的目标群体(存在代答等情况),而且很可能出现被试不认真回答的现象。一般而言,线下收集问卷的数据质量高于线上收集问卷的数据质量。**最后**,问卷的回答时间需要有所控制,一般不超过 20min,否则可能会影响数据质量。

3.3.6 问卷调查法的优点和局限性

问卷调查法有很多优点。比如,研究者使用问卷调查可以在很短的时间内调查大量的样本,快速、简单地了解一些基本信息。另外,问卷调查实施起来比较方便,不需要复杂的设备。

问卷调查法也有局限性。问卷的信度和效度要求不如量表严格,设计、修订可能比较耗时,也不像访谈那样具有互动性和探索性。另外,因为问卷多以被试的自我报告为主,被试可能会不仔细答题或者为了维护自己的形象故意选择有利于自己的选项(比如,被试在作答侵犯性驾驶问卷时可能会全部选择可以显示自己文明驾驶的选项)。为了减少这些情况对问卷所收集数据质量的影响,一般要加入测谎题目来鉴别问卷的回答质量。常用的方法有:①规定某个题目必须选择某个指定选项;②所陈述的问题是大多数正常人都偶尔会犯,并且愿意承认的行为,如"我丢过东西";③加入和前面问题内容相似但表达形式不同的问题,如"我从未撒过谎"和"我撒过谎",选项可以是"非常不同意、不同意、不知道、同意、非常同意",如果被试认真作答,二者的答案应该是相反的。

本章重点

- **实验法**

(1) 实验的主要步骤;
(2) 自变量与因变量的选择;
(3) 自变量的两种实验设计及其优缺点;
(4) 混淆变量的控制;
(5) N 公式(如何确定被试样本量);
(6) 拉丁方设计。

- **问卷法**

(1) 问卷的信度和效度;

(2) 问卷的设计和编制；

(3) 问卷的发放。

作业 3-1

设计一个购物网站可用性实验：

考察某购物网站的两个不同的设计和三种不同年龄段的消费者（老中青）完成购买任务的时间和满意度。

参考文献

[1] 车文博. 当代西方心理学新词典[M]. 长春：吉林人民出版社，2001.

[2] 白学军. 实验心理学[M]. 北京：中国人民大学出版社，2012.

[3] 滕勇勇，王涛，陈伟，等. 珠海市医务人员心理症状自评量表(SCL-90)结果分析[J]. 职业卫生与病伤，2020，37(1)：29-34.

[4] CHIN J P, DIEHL V A, NORMAN K L. Development of an instrument measuring user satisfaction of the human-computer interface[C]//Proceedings of the SIGCHI conference on Human factors in computing systems. 1988：213-218.

[5] MASLOW A. Motivation and Personality[M]. New York：Harper & Row，1970.

[6] 简书. 马斯洛需求理论示意图[EB/OL]. (2021-07-07)[2022-04-20]. https://www.jianshu.com/p/7422102dab9e.

[7] 数码科技集锦. Google Glass 智能眼镜[EB/OL]. (2018-03-26)[2022-04-02]. https://www.sohu.com/a/226385986_617664.

[8] 戴海琦. 心理测量学[M]. 北京：高等教育出版社，2015.

[9] 董奇. 心理与教育研究方法[M]. 北京：北京师范大学出版社，2004.

第 4 章

人的视觉系统

在人机系统设计中的应用

> **本章 概述**
>
> 本章概要介绍人的视觉系统的生理结构及特性,并分析视觉在人机系统设计中的应用。
> - 视觉系统的结构与特性
>   (1) 视觉器官
>   (2) 感光细胞
>   (3) 视野
>   (4) 人眼最小可接受字符高度规则
>   (5) 视觉对比度
> - 视觉搜索
>   (1) 视觉搜索的特点
>   (2) 视觉搜索和人机系统设计
> - 照明
>   (1) 光源
>   (2) 各种任务所需照度
>   (3) 眩光

你是否遇到过以下情况:打开一个软件需要凑很近才能看清楚上面的字体;拿到一个产品花了很长时间才找到你要的功能;坐在书桌前使用笔记本电脑发现由于屏幕反光使眼睛看得很吃力。这些大多是因为人机系统的设计没有考虑人的视觉生理结构导致的。你知道人眼睛的生理结构及其功能吗?你知道要如何进行人机系统设计才能符合人的眼睛生理结构吗?本章将介绍人的视觉系统结构与特性及其在人机系统设计中的应用。

4.1 视觉系统的结构与特性

4.1.1 视觉器官:眼睛

人的**视觉器官眼睛**由角膜、睫状肌、瞳孔、虹膜、晶状体、玻璃体、视网膜、盲点、中央凹、视神经以及其他结构组成(见图 4-1)。其中,角膜负责聚焦光线和保护眼球。光线通过瞳孔进入眼睛,而虹膜内部肌肉的收缩和放松能控制瞳孔的大小,从而控制进入眼睛的光线量。**晶状体**通过改变厚度以使得进入眼睛的光线弯曲并聚焦于视网膜,而晶状体的厚(收缩)和薄(松弛)主要是由**睫状肌**控制实现的,从而对焦近距离和远距离的物体[1]。睫状肌的调节功能对于眼睛尤为重要。**近视**就是由于眼球过度劳累和长期近距离工作导致睫状肌调节功能下降,眼球前后轴变长,使得视觉成像聚焦于视网膜之前导致的[2-5]。玻璃体是存在于视网膜和晶状体之间的无色透明胶状液体,具有屈光和固定视网膜的作用[6]。视网膜为透明的薄膜,含有对光线作出反应的感光细胞,即视锥细胞和视杆细胞(将在后文中详细介绍)。视网膜上凹陷的区域称为中央凹。视神经负责将视网膜的信息传递到大脑。位于视网膜上视神经出入眼球的地方存在盲点,落在该点上的物体不会被人看见。

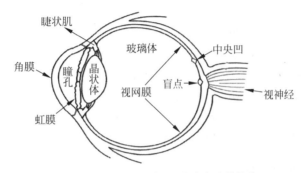

图 4-1 眼睛结构示意图(改编自文献[7])

启发式教学思考题 4-1

为什么你的视网膜上有盲点?为什么你在正常视力上看不到这个黑点?

4.1.2 感光细胞:视杆细胞和视锥细胞

视锥细胞和视杆细胞是分布在视网膜上的感光细胞(图 4-2)。

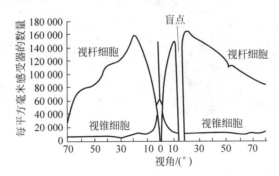

图 4-2 视杆细胞和视锥细胞的分布密度图[8]

视锥细胞(cone cell)集中分布于视网膜的中央凹处,约 2°视角处,形状呈锥形。视锥细胞对光敏感,在明视觉条件下起主要作用。视锥细胞存在视觉色素,对颜色敏感。此外,视锥细胞还负责视觉敏锐度,即辨别物体细节并将一个物体与另一个物体区分,视锥细胞数量越多的地方视敏度越大。

人的视觉能力取决于投射在眼睛里的图像大小,即视角。如图 4-3 所示,视角的大小由物体的高度以及物体和眼睛之间的距离共同决定。

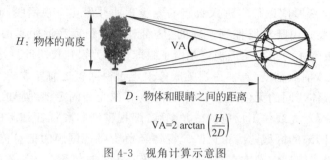

图 4-3　视角计算示意图

视杆细胞(rod cell)呈棒状,分布在中央凹外的视网膜上。视杆细胞对明暗变化敏感,负责弱光下的视觉(暗适)。此外,视杆细胞对运动的物体敏感,但视杆细胞的视觉敏锐度低,不支持色觉。

视杆细胞具有如下特性:①在位置上,视杆细胞在中央凹周围并对运动更为敏感。因此,人的周边视野主要由视杆细胞负责。②视杆细胞的敏感性。在暗视觉条件下,视杆细胞起主要作用,能提供夜视能力。③视杆细胞的颜色敏感性。视杆细胞是色盲的,在暗光下,对颜色不敏感。视杆细胞的另一个特性详见下面思考题。

 启发式教学思考题 4-2

为什么特殊行业操作人员(如消防员或飞行员)晚上在值班室或者在机舱里(见图 4-4)用红光照明比较好?

答案

图 4-4　夜间驾驶舱内照明图[9]

 启发式教学思考题 4-3

中央凹外的视杆细胞是色盲的,视锥细胞又主要集中在中央凹。

问题 1:为什么我们仍然可以看到我们面前的色彩世界?

问题 2:为什么我们的眼睛是这样构成的?(即视锥细胞在中央凹,视杆细胞分布于中央凹外)

答案

4.1.3 视野及人机系统设计

1. 视野

视野是指在固定头部和眼动并注视前方一点的情况下,人眼看到的空间范围。人的视野由人的视锥细胞和视杆细胞在视网膜上的分布、瞳距(两个眼睛瞳孔之间的距离)等因素决定。

如图 4-5 所示,视野分为中央视野(central visual field)和周边视野(periphery visual field),分别由视锥细胞和视杆细胞负责。中央视野可进一步分为严格定义的中央视野(即离视线中心约 2.5°视角的视野区域[11-13])和宽泛定义的基于视锥细胞分布的中央视野(即离视线中心约 8.5°视角的视野区域,类似眼球中的黄斑(macular)区域)[12,14-15]。周边视野则指除了中央视野外剩下的视野区域,分为近周边视野(near periphery visual field)(即离视线中心约 8°~30°视角的视野区域)[12]、中周边视野(mid periphery visual field)(即离视线中心约 30°~60°视角的视野区域)[12,16]和远周边视野(far periphery visual field)(即指离视线中心约 60°~90°视角的视野区域[12,16]。也有研究者提出单眼最大可见范围能超过 90°,达到约 105°[11,17])。

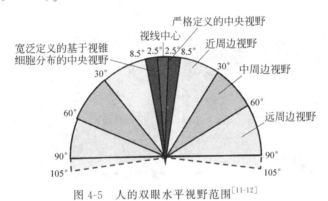

图 4-5 人的双眼水平视野范围[11-12]

如图 4-6 所示,视野范围还可以在人眼结构中体现。图中实线部分展现了白种人的眼

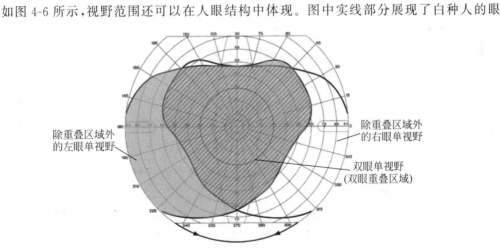

图 4-6 文献中报告的视野范围[18-19]

结构的视野范围,包括双眼单视野(binocular single vision field)和单眼单视野(monocular single vision field)。双眼单视野指双眼共同可以看到的区域(即斜线标注的重叠区域),单眼单视野则指左眼或右眼视野中不包含重叠区域的剩余视野[19]。

启发式教学思考题 4-4

图 4-6 中的视野图是如何测量得到的?

2. 视野和日常人机系统的设计

人的视野在人机系统中发挥着重要的作用,如果设计的产品使得人的视野不完整,将会影响人们的正常工作甚至是人身安全。例如,如图 4-7(a)所示,虽然设计的防护服可以使人们避免和病毒直接接触,但它无疑限制了驾驶员的视野,尤其是周边视野,而周边视野对于探测驾驶环境中运动的危险对象尤为重要,这在一定程度上威胁着驾驶安全。同样地,(b)图中的雨衣几乎挡住了骑行者的眼睛,大大减小了视野范围,会威胁骑行者的骑行安全。然而,我国相关服装设计的标准(《医用一次性防护服技术要求》(GB 19082—2009)[21]、《日用防雨品 雨披雨衣》(QB/T 4999—2016)[22])中主要考虑材质的液体阻隔性、抗静电性等,未充分考虑人的视野是否会受到限制。这是因为人因工程为新兴学科,尚未普及到各行各业,因此将基于人的生理特征的人机系统设计思维渗透于日常设计和生活中任重道远。

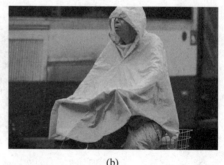

(a)　　　　　　　　　　(b)

图 4-7　防护服(a)[23]和雨衣(b)[24]的视野设计

4.1.4　人眼最小可接受字符高度规则

1. 人眼最小可接受字符高度规则

最小可接受字符高度规则也叫 007 规则,指字符高度应至少为 0.007 倍视距,才能够被人看清楚,即达到"易读性"[25]。最小可接受字符高度规则主要是由人的视锥细胞在人的视网膜上面的分布密度和范围,以及为了避免人眼睛的睫状肌疲劳决定的。

2. 最小可接受字符高度规则在日常人机系统设计中的应用

如图 4-8 所示,用户正在阅读显示屏上的文字,显示屏上的文字大小应如何设置?根据最小可接受字符高度规则,在比较舒服的显示屏(20in)①和人眼的距离(50.8cm)下,最小字符高度为 $50.8×0.007\text{cm}≈0.36\text{cm}$(大概是 12 号字)。因此,在约 51cm 视距情况下,应将

---

① 1in=2.54cm。

显示屏上的字符大小至少设置为 12 号,才能达到人眼对阅读材料的易读性。

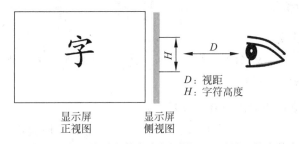

图 4-8　应用最小可接受字符高度规则设置显示屏上的字符大小

 课堂练习题 4-1

应用最小可接受字符高度规则判断字体大小的合理性

图 4-9 所示为手机客户端某软件的客服对话截图,对话框内的字体大小为 7 号(5.5 磅,1.94mm)。在视距为 30cm 的情况下,请你根据最小可接受字符高度规则判断该字体的大小设计是否合理。

图 4-9　客服对话字体大小的合理性

答案

4.1.5 视觉对比度

1. 人眼视觉对比度

视觉对比度指两个对象之间亮度的差异。视觉对比度基于人的视锥细胞的分布密度,和视锥细胞对颜色的区分度有关。

2. 和视觉对比度相关的人机系统设计应用

日常生活中,视觉对比度在人机系统中的应用十分普遍。例如,文字的呈现。白色背景上的黑色字体(或黑色背景上的白色字体)即体现了最大程度的对比度,保证了文字的易读性。然而,颜色的变化会显著降低视觉对比度,如白色背景和黄色或灰色字体(或黑色背景和深灰色字体)会降低文字的易读性。

课堂练习题 4-2

产品上的警告和说明的设计的合理性

图 4-10 所示为产品上的警告和说明,你认为阅读这些警告和说明容易吗?为什么会出现这种情况?

答案

图 4-10　警告和说明的设计的合理性(左为插排,右为电池)

4.2　视觉搜索

4.2.1　视觉搜索的特点

1. 人的视觉搜索受到两个驱动力的影响

人的视觉搜索行为会受到自上而下的驱动力或自下而上的驱动力或两个驱动力的同时影响。

1) 自上而下的驱动力

自上而下的驱动力是指个体根据大脑中长期累积的知识经验、习惯、兴趣和期望对事物进行加工的驱动力。

你在打开一个新界面时,眼睛是不是从上往下、从左到右搜索界面的?其实大多数人的搜索路径呈一个倒 L 形,这一视觉浏览的过程受到我们从小形成的阅读习惯的影响,即从左到右、从上到下进行阅读和写作。如果回到几百年前的中国古代,人们的阅读习惯是从右到左,例如,在阅读如图 4-11 所示的材料时就会从右往左看。人机系统设计中利用人的自上而下的视觉搜索特性十分常见,例如在网购界面布局中,商家会将高利润或新上线的产品放在左上角显眼的位置,以符合用户的浏览习惯,使用户的注意力很快地被这些产品吸引,从而增加产品被购买的概率。

2) 自下而上的驱动力

自下而上的驱动力是指直接依靠视觉器官眼睛看到的信息特点对事物进行加工的驱动力。该驱动力是对现实世界数据驱动的刺激的解释,和视觉器官眼睛的结构密切相关。如果一个目标非常显眼(移动、闪烁、标亮等)或者符合你要找的目标的特征,它可能就会先被看到,如空旷的道路上快速飞驰过的一辆跑车、下雨天撑红伞的人、系统控制界面上突然闪烁的红灯等。

图 4-11 视觉搜索自上而下驱动的例子——古代《论语》印刷[28]

人机系统设计中也常利用人的视觉搜索自下而上的驱动特性,如卸载软件界面中(见图 4-12),有些按钮故意用显眼的颜色标亮以和背景界面形成鲜明对比,用户就可能快速观察到这些按钮并单击它,即使单击这些显眼的按钮并不是用户原有的意图。

图 4-12 视觉搜索自下而上驱动的例子——卸载过程中的按钮凸显[29]

2. 感光细胞在视觉搜索过程中的协同工作

在视觉搜索的过程中,视锥细胞和视杆细胞是协同工作的。由于视杆细胞在视网膜上分布比较广,并且视杆细胞的特点是擅长探测移动的变化的物体,因此,如果物体在移动,视杆细胞会首先注意到这个物体。一旦物体的特征(形状、颜色等)符合搜索目标物体的特征,它会吸引人的眼球指向或者注意到该物体,所以这个过程是视锥细胞和视杆细胞在视觉搜索过程中的协同工作。

很多视觉搜索行为都可以用视锥细胞和视杆细胞的协同工作原理来解释。如图 4-13 所示为一款目标搜索的游戏,任务是在众多符号中找到所有的螺丝钉。在寻找螺丝钉的过程中,你的大脑可能先想象螺丝钉,提取螺丝钉的特征,然后视锥细胞和视杆细胞在视觉搜索过程中协同工作以迅速找到物体,而不是从左到右、从上到下地进行搜索。

3. 视觉搜索需要的时间是非线性的

视觉搜索过程中,对目标物体的检测概率随时间的变化是非线性的。如图 4-14 所示,目标的检测概率首先随时间增加而增加,但增加的速率会逐渐减小,并在到达某个时间拐点时不再增加。这说明成功检测目标需要一定的时间基础,但时间带来的检测概率增益会达到饱和。

图 4-13 视锥细胞和视杆细胞协同工作的例子——搜索螺丝钉[30]

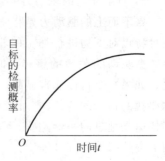

图 4-14 随时间变化的曲线

视频 4-1 马来西亚航空 MH17 航班空难飞机残骸搜索视频

启发式教学思考题 4-5

为什么很难在海洋中找到一架失踪的飞机残骸？

启发式教学思考题 4-6

高铁/地铁站和民航的安检哪个更安全？为什么？

4.2.2 视觉搜索和人机系统设计

综上所述，人机系统的设计符合人的视觉搜索特性，才能提升人机交互效率。那么，该如何利用人的视觉搜索特性进行人机系统设计呢？基于人的视觉搜索特性，我们为人机系统设计提出如下建议：

(1) 醒目的设计目标。从人的自下而上驱动的视觉搜索分析，为使得人们可以快速地搜索到目标，人机系统可以通过加大搜索目标的尺寸、提高目标亮度、加快目标的运动速度或将目标的颜色设计得具有高分辨性等方法提升目标的可探测性。

(2) 使用序列搜索原型(从左到右和从上到下)的知识来设计系统显示。从自上而下驱动的视觉搜索看，为符合人的从左到右、从上到下的阅读习惯，系统界面可以将重要及关键的信息首先呈现在左上方，或者将具有步骤流程类属性的信息从左到右、从上到下进行呈现。

（3）目标搜索区域与用户期望一致。用户在搜索目标时，会按照对目标期望的呈现位置进行搜索，对目标区域的期望可能是用户在长期使用类似的系统时自动形成的（如：订单支付的按钮应该在界面的右下方；阅读材料中的各个章节应该按顺序编号，这样用户可以按照标题编号快速搜索到目标章节），可能是由人对目标的区域特征的期望决定的（如在大型公共场所寻找出口，用户会在墙面上搜索与背景颜色不同的方形或凹陷区域），也可能由人的视觉搜索特征（如范围）确定（如在汽车左舵驾驶国家，驾驶员更容易观察的视野范围为右前方，因此交通信号灯或警示牌更适合放在视野右前方或右上方的位置）。

（4）利用人工智能辅助目标搜索。将人工智能技术应用于系统设计中，能加快目标搜索速度。例如，在复杂装配任务中添加智能的零件推荐技术，操作者在装配完上一个零件后，系统能根据上一个零件的特征推荐下一个要装配的备选零件，使得操作者能在备选零件中快速搜索到目标零件。

综上所述，基于人的视觉搜索特征，合理地利用和采纳上述建议可以提升人机系统效率，提高工作效率，进而增加商业利润，提升出行安全等。

  课堂练习题 4-3

如何使骑行者在道路上骑行更安全？

请思考使用多种方法，使骑车者在道路上骑行（见图 4-15）更安全，尤其是在晚上。（请考虑自上而下和自下而上的加工）

答案

图 4-15 公路上的骑行者照片[31]

4.3 照明

4.3.1 光源

光源包括自然光源和人工光源。**自然光源**如太阳光，正午的太阳照度达到 10 万 lx（勒克斯）。**人工光源**是由人为技术制造的用于模拟太阳光的光源，包括火把、烛光、油灯、电灯等各类照明器具，人工光源的产生途径包括荧光、固态（如发光二极管，LED）、气体（等离子体等）等。光源还可以分为冷光和暖光，暖光的波长较长，而冷光的波长较短。

4.3.2 各种任务所需照度

照度一般指光照度,指单位面积上所接受可见光的光通量。单位一般使用 lx。照度常用照度计(见图 4-16)来测量。

图 4-16　照度计示意图[26]

不同的任务所需照度不同,例如细致的装配任务所需照度就比公路行走所需灯光的照度要高。表 4-1 列举了不同的视觉任务类别和任务所需的照度范围。总体而言,视觉任务所需照度范围随视觉任务要求的增加而增加。

表 4-1　不同视觉任务和照度范围(摘自照明手册)

类别	空间和任务类型	举 例	照度/lx 最低-正常-最高
定向与简单视觉任务			
A	黑暗环境下的公共空间	停车场	20-30-50
B	短时间的简单定向	储物间	50-75-100
C	临时的视觉任务	走廊、楼梯、洗手间	100-150-200
常见视觉任务			
D	具有高对比度和大尺寸的视觉任务	简单组装、粗加工、阅读文本	200-300-500
E	高对比度、小尺寸或低对比度、大尺寸的视觉任务	办公室、图书馆、超市、厨房	500-750-1000
F	低对比度或非常小尺寸的视觉任务	装配困难、阅读印刷不好的文本、手术室	1000-1500-2000
高要求视觉任务			
G	长时间低对比度或非常小尺寸的视觉任务	有难度的装配	2000-3000-5000
H	在很长的一段时间内完成繁重的任务	精密装配	5000-7500-10 000
I	接近知觉阈值的视觉任务——非常小或对比度非常低	涂料检验、医院手术台	10 000-15 000-20 000

4.3.3 眩光

眩光通常指亮度超出眼睛适应范围的不良视觉环境,它会降低视觉对象的可见度,造成不舒适感觉。如图 4-17 所示,根据眩光光线产生的原因,眩光可分为直接眩光和间接眩光。**直接眩光**指光线直接进入眼中。**间接眩光**指光线通过物体表面反射进入人的眼睛,如反射眩光和光幕眩光。直接眩光比间接眩光对人眼的损害更大,但无论是直接眩光还是间接眩光,长时间的眩光都会引起眼睛疲劳和视力受损。

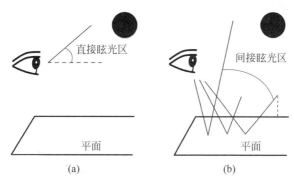

图 4-17 直接眩光(a)和间接眩光(b)示意图

人机系统中的眩光可能会带来安全问题。例如,若汽车仪表盘屏幕发生眩光,司机就需要耗费更多的时间和注意力来识别相关信息,这样有可能会干扰驾驶,进而损害驾驶绩效、威胁驾驶安全。因此,需要防止眩光对人机系统的影响。通过添加挡光设施、调整光源位置、降低光照强度等途径可以有效地防止光源直接进入眼中或通过物体表面反射间接进入人眼。如图 4-18 所示为某款汽车的防眩光设计,在仪表盘上方添加挡光板,能很好地降低光源直接和间接射入人眼的比例,防止直接和间接眩光。

图 4-18 汽车仪表盘上方的防眩光设计[27]

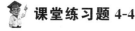 **课堂练习题 4-4**

布置计算机工作台的照明

根据上述的眩光相关知识,请思考如何合理地布置你的计算机工作台的照明。

答案

本章重点

- 视觉系统的结构与特性：眼睛的生理结构、视锥细胞、视杆细胞、视角、视野、最小可接受字符高度、视觉对比度以及它们在人机系统设计中的应用。
- 视觉搜索：视觉搜索的特点（视觉搜索的自上而下和自下而上的驱动力、感光细胞在视觉搜索过程中的协同工作、视觉搜索需要的时间是非线性的）、人机系统设计需要考虑视觉搜索特性。
- 照明：光源、照度、眩光、不同空间和任务类型下的照度要求，如何设计一个平台的照明。

作业 4-1

当前手机等移动终端已成为人们阅读的重要的媒介，其中影响用户使用手机终端阅读体验的因素有哪些？请选择其中 2~3 个因素，结合本章内容，设计一个实验研究方案。

推荐实验 1. 真实视觉显示系统设计（以某车床的视觉显示器为例），详见本书附录。

参考文献

[1] Toronto. SickKids[EB/OL].[2021-03-02]. https://www.aboutkidshealth.ca/article?contentid=1941&language=chinesesimplified.

[2] 李文丰. A+医学百科-近视[EB/OL].(2013-11-26)[2023-04-18]. http://www.a-hospital.com/w/%E8%BF%91%E8%A7%86.

[3] MORGAN I G, OHNO-MATSUI K, SAW S-M. Myopia[J]. The Lancet, 2012, 379(9827): 1739-1748.

[4] SIVAK J. The cause(s) of myopia and the efforts that have been made to prevent it[J]. Clinical and Experimental Optometry, 2012, 95(6): 572-582.

[5] VON HELMHOLTZ H. Treatise on physiological optics[M]. Massachusetts: Courier Corporation, 2013.

[6] 李文丰. A+医学百科-玻璃体[EB/OL].(2013-11-26)[2023-04-18]. http://www.a-hospital.com/w/%E7%8E%BB%E7%92%83%E4%BD%93.

[7] ClipArt Best[EB/OL].[2023-04-18]. http://www.clipartbest.com/clipart-9iRLxLnLT.

[8] 彭聃龄. 普通心理学[M]. 5版. 北京：北京师范大学出版社，2019.

[9] HARNDEN A F T S R. Cockpit Colors[EB-OL].[2023-04-18]. https://www.defense.gov/Multimedia/Photos/igphoto/2002744755/.

[10] RASH C E, MANNING S D. HUMAN FACTORS & AVIATION MEDICINE[J]. AVIATION MEDICINE, 2003, 50(1): 12-23.

[11] LOSCHKY L C, SZAFFARCZYK S, BEUGNET C, et al. The contributions of central and peripheral vision to scene-gist recognition with a 180 visual field[J]. Journal of Vision, 2019, 19(5): 15.

[12] WIKIPEDIA. Peripheral vision[EB/OL].[2023-04-18]. https://en.wikipedia.org/wiki/Peripheral_vision.

[13] QUINN N, CSINCSIK L, FLYNN E, et al. The clinical relevance of visualizing the peripheral retina[J]. Progress in retinal and eye research, 2019, 68: 83-109.

[14] GUPTA A M, et al. Practical Approach to Ophthalmoscopic Retinal Diagnosis[M]. New Delhi:

Jaypee Brothers Medical Publishers,2010.

[15] POLYAK S L. The retina[Z]. 1941.

[16] WALSH T. Visual fields: examination and interpretation [M]. London: Oxford University Press,2010.

[17] ROENNE H. Zur Theorie und Technik der Bjerrumschen Gesichtsfelduntersuchung. [J]. Archiv für Augenheilkunde,1915,78(4): 284-301.

[18] FEIBEL R M, ROPER-HALL G. Evaluation of the field of binocular single vision in incomitant strabismus[J]. American journal of ophthalmology,1974,78(5): 800-805.

[19] KAKIZAKI H, UMEZAWA N, TAKAHASHI Y, et al. Binocular single vision field [J]. Ophthalmology,2009,116(2): 364.

[20] CARROLL JN J C. Visual Field Testing: From One Medical Student to Another. [EB/OL]. [2023-04-18]. http://EyeRounds. org/tutorials/VF-testing/.

[21] 全国医用临床检验实验室和体外诊断系统标准化技术委员会. 医用一次性防护服技术要求: GB 19082—2023[SL]. 北京: 中国标准出版社,2010.

[22] 全国日用杂品标准化中心. 日用防雨品 雨披雨衣: QB/T 4999—2016[SL]. 北京: 中国轻工业出版社,2016.

[23] 钱江晚报. 新春走基层: 穿防护服一天值守16小时记杭州火车东站战"疫"司机[EB/OL]. (2021-01-25)[2023-04-18]. http://www. workercn. cn/34224/202101/25/210125161309739. shtml.

[24] 央广网文化传媒有限公司. 央广网[EB/OL]. [2023-04-18]. http://www. cnr. cn/.

[25] SMITH S L. Letter size and legibility[J]. Human factors,1979,21(6): 661-670.

[26] 胜利数字照度计测光仪高精度照度仪流明测光仪光照度计 VC1010C/D[EB/OL]. [2023-04-18]. http://www. defanli. com/show/567590533931. html.

[27] 中央广电总台国际在线. 鲜衣怒马试驾全新奥迪 A4L[EB/OL]. (2020-06-10)[2023-04-18]. http://auto. cri. cn/20200610/85836b12-dfa3-4c0f-b070-1a082168c01f. html.

[28] 绍古斋. 论语点睛 论语集解 论语集注 论语原经[EB/OL]. (2020-03-05)[2023-04-18]. https://www. shaoguzhai. com/882. html.

[29] 珠海海鸟科技有限公司. 金山毒霸[EB/OL]. (2021-11-15)[2023-04-18]. https://www. ijinshan. com/.

[30] CHENGDU LANFEI HUYU TECHNOLOGY CO. L. 手机游戏[Z]. 2020.

[31] 蔡晓素. 广州多个路口设置"人车分离"斑马线,居民过马路更快更安全[EB/OL]. (2021-09-30)[2023-04-18]. https://baijiahao. baidu. com/s?id=1712328289641221302.

第 5 章

人的听觉系统

在人机系统设计中的应用

> **本章概述**
>
> 本章将具体介绍人的听觉系统结构,并说明听觉在告警系统设计中的应用。
> - 声音很重要的原因
> - 人的听觉系统结构
> - 听觉告警和提示系统的设计
> - 噪声及其防控

5.1 声音很重要的原因

声音在我们的日常生活中具有十分重要的作用。声音是信息传递的载体之一[1],我们可以通过接收外界不同事物发出的不同声音来获取信息,也可以发出声音向外界传递自己的信息。例如:我们可以通过听雨滴落在地面的声音、风吹树叶的声音来判断室外的天气状态;人和人之间通过对话来沟通或表达观点;蝙蝠和海豚使用超声波来判断障碍物和食物的位置;学校可以通过播放不同的铃声来让学生和老师判断上课和下课时间;路上行驶的救护车通过发出鸣笛声表示有紧急情况并提醒过路行人或车辆注意避让(见图 5-1);工厂的设备运行出现故障则通过发出报警声提醒员工需要进行故障检修等。因此,我们可以通过声音提供有效的告警和其他有用信息。此外,声音还可以传递能量[2]。例如,超声波可以清理精密零件的表面污垢或者在医疗领域用于洗牙、击碎人体内的细小结石,一些高强度的聚焦超声波甚至还能杀死特定的癌细胞[3]。

声音能够对人的生理和心理产生影响,悦耳动听的音乐可以舒缓人的心情,但是当声音的振幅、频率或持续时间超过一定范围后将可能形成噪声进而给人们带来安全和健康问题。例如:如图 5-2 所示,马路上行驶的大货车给周边环境带来巨大的噪声;工厂的工作环境中如果设备运行的噪声过大,可能会盖过故障告警声,导致操作员无法准确获取告警信息,耽误维修,进而可能造成安全事故;人长时间处于过高或过低频率的噪声环境中还会感到烦躁焦虑,出现神经衰弱等疾病,甚至影响听觉系统、神经系统、心血管系统等生理健康等。

图 5-1 紧急情境中救护车发出鸣笛声提醒前方车辆避让[4]

图 5-2 噪声带来安全和健康危害[5]

5.2 人的听觉系统结构

人的耳朵是接收声音的听觉器官。如图 5-3 所示为人的听觉系统结构，即人的耳朵结构。人的听觉系统分为外耳、中耳和内耳三个部位。我们平时能够直接看见的耳朵部分称为耳郭，耳郭的中间与耳道相连，耳郭和耳道共同构成外耳。外耳的结构形似不太规则的漏斗，耳郭的形状有利于收集声音，使声音最有效地在耳道内聚集，耳道则是声波传递的通道。此外，耳郭还有助于人对声源的定位。人通过感觉外界的声音到达两边耳朵上的强度差和时间差来判断声源方向，同时，由于耳郭的外形结构，前方的声音将几乎无阻挡地经过耳郭传入耳道中，而耳郭的背面会减弱从后方传来的声音，进而与前方声音形成强度差，辅助人感觉声源的前后位置。由此可见，外耳能够收集声音并提供位置信息。

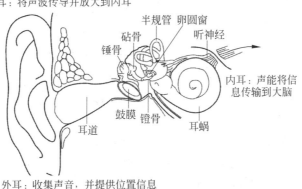

图 5-3 人的听觉系统结构

中耳主要由鼓膜、锤骨、镫骨、砧骨、半规管、卵圆窗等结构组成，用于将声波放大并传导到内耳中。中耳的鼓膜与外耳的耳道连接，耳道中传导的声音将使鼓膜产生振动，将声能转化为振动的机械能。鼓膜是弧形的，形似一颗图钉的帽子，具有增压作用，鼓膜与锤骨、镫骨和砧骨组成的听小骨连接,听小骨形似一颗图钉的针尖,鼓膜将声音的能量集中在一点上并通过听小骨传导到卵圆窗,而卵圆窗的面积为鼓膜的 1/17 左右,声音从大面积的鼓膜经过听小骨传导至小面积的卵圆窗后,其压力和强度将被放大许多倍。此外,由于听小骨中锤骨的长度比镫骨的长,由锤骨连接砧骨再连接镫骨构成的杠杆结构也能够起到放大声音的作用。十分有趣的是,听小骨是人体骨骼系统中最小的骨骼。并且,镫骨是听小骨结构中最小、最轻的骨骼,人类的镫骨平均质量约为 3mg。整个听小骨的质量平均不超过 50mg。

外耳和中耳能够放大声音能量的原理与钱塘江大潮形成的原理之一非常相似。除了天体引力和地球自转以及风向作用等原因引发钱塘江大潮,钱塘江口与东海连接的河口的地形,即杭州湾的地形也是助长钱塘江大潮的主要原因之一。如图 5-4 所示,杭州湾东连接东海,西连接钱塘江,杭州湾的地形就像一个大喇叭口。虽然杭州湾离东海很远,但这个喇叭地形很容易将东海的海水汇集到钱塘江中,因此相较于其他河流,每年阴历八月十五日左右钱塘江的涌潮都非常大,潮头可高达数米。杭州湾的喇叭地形在此起到了将涌潮放大的作用[6]。与此相同,由耳道、鼓膜和听小骨构成的喇叭结构可以将外界传入的声音放大数倍。

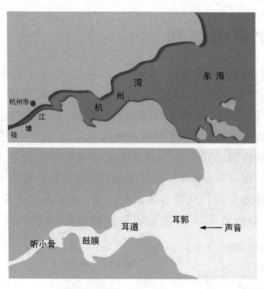

图 5-4　杭州湾与听觉系统的结构类比

内耳包括半规管、耳蜗、听神经等结构,半规管和耳蜗与中耳的镫骨相连,镫骨将声音信号(机械能)传递到内耳后,内耳能够将机械能转化为电神经能,即神经信号,并通过听神经传输到大脑中。

因此,如图 5-5 所示,在听觉系统中,声音首先以声能即声波的形式传播到外耳,声波经过耳郭和耳道传导至中耳的鼓膜,使鼓膜产生振动,声能转换为机械能,再经过听小骨(锤骨、砧骨和镫骨)传导到卵圆窗,卵圆窗与内耳的耳蜗相连,内耳将机械能转换为电神经能,引起耳蜗内感觉细胞的兴奋,最后经过听神经向大脑皮层听觉区输送听觉神经信号。

人的大脑将收到左耳和右耳分别传输来的听觉神经信号,通过分析左右耳传输的强度差和时间差来判断声源的大致方位。了解人的听觉系统结构和接收声音信息的原理能够为我们研究如何利用声音做一些有益于人类生活的事情(如提高各种告警系统的使用效率和准确度、保护人的听力健康等)提供思路。

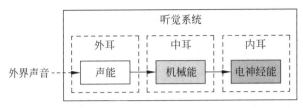

图 5-5　听觉系统中声音传导的能量转换过程

5.3　听觉告警和提示系统的设计

告警系统不仅存在于复杂的机械工业装备中,如载人航天器、飞机、各种武器装备(如坦克、潜水艇等)、车床等,还普遍存在于我们的日常生活中,如道路交通上的红灯、小轿车里的超速告警或停车距离提示、识别家用煤气泄漏的告警装置、教学区或住宅区起火警铃、医院里的重症监护危险告警、手机电量不足提示等。告警系统设计的好坏直接影响到人是否能够及时、准确地获取告警或提示信息,并结合当前情境做出正确的决策。

5.3.1　听觉与视觉显示

告警系统需要向人们发送能够让人识别的告警信号,告警信号可以通过视觉(如光照、仪表显示)、听觉(如语音、非语音的声音刺激)、嗅觉(如煤气中添加硫醇)、触觉(如振动)等方式的刺激向人传递危险或其他紧急情况的信息。视觉告警是常见的告警方式,例如人行横道对面的红灯向行人发出不能通行的提示信息,或者汽车仪表盘上表示燃油量不足的红灯。但是视觉告警的方式在某些情境下无法及时、准确地让人获取,例如:驾驶员在夜间行驶过程中如果出现超速(见图 5-6),由于其视线一直保持在前方道路上,并且夜间道路旁的灯光可能会与车辆室内的灯光混淆,驾驶员将很容易错过视觉告警(如不同频率闪烁的指示灯)。如果此时换成听觉或语音告警,如发出滴滴声提示超速,或直接采用语音提示"您已超速""您即将超速",将会比视觉告警更容易引起驾驶员的注意[13]。

图 5-6　夜间汽车超速行驶[14]

在以下情境中,采用听觉告警将会比视觉告警更加及时和有效。

1. 当人的视觉通道被占用时

例如驾驶车辆、飞机、潜艇,或医生给患者进行手术等需要长时间将视线保持在给定目标上的情境。

2. 当警报需要立即被注意时

相比于视觉告警,听觉告警更适合危险信息需要被立即注意到的紧急情况,如汽车超速、飞机急速下降时提示拉起动作、军机被导弹锁定时的紧急告警、倒车时的距离警报等。

3. 当照明或可见性受到限制时

显而易见,如果照明或可见性受到限制,人将很难准确接收视觉信息,而此时听觉信息的接收并不受限制。

5.3.2 听觉告警和提示系统的设计原则

1. 总原则

听觉告警和提示是指利用声音刺激人的听觉系统向人传递危险或紧急情况等信息的告警或提示方式。例如,学校通过响铃声或短音乐提示学生上课时间,现代军用战斗机的导弹逼近告警系统通过语音警告飞行员所驾驶的战机被敌方导弹锁定。听觉告警和提示主要分为非语音和语音两种,如图 5-7 所示。

图 5-7　听觉告警分类

基于人的短时记忆容量(将在第 7 章具体学习),听觉告警和提示系统的设计需要遵循以下原则:

(1)要注意提前时间,如果可能的话;

(2)保证在高于背景噪声(30dB)的情况下被听到;

(3)不超过听力危害值(小于 85dB);

(4)不使人感到惊吓(音量逐渐上升,从小到大)。

分贝数较高的语音告警信息如果突然出现则很容易使人受到惊吓。如果声音的分贝数随着时间从小到大,即有一定的上升时间,将使人有一个适应和准备时间。

2. 非语音告警和提示系统的设计原则

非语音告警和提示是指采用非语音声音向人传递危险、紧急情况或其他信息的告警方式。非语音声音可以是"滴滴""嘟嘟""哔哔"等短促声,一段不同音调(频率)、节奏组成的短音乐,或者拟物声(如下雨、刮风、关门声)。非语音告警和提示系统的设计需要考虑到不同特征(频率、振幅、节奏等)的声音及其组合如何影响人接收信息的有效性、准确性和完整性。有效的非语音告警和提示系统的设计需要遵循以下原则:

(1)应该是具有信息性的,而不是令人困惑的;

(2)不超过 4 种不同的警报声;

(3)尽量使声音信息越简单越好,但不要产生混淆。

首先，非语音告警和提示应该能够向人传递有效且不会令人感到困惑的信息。例如开始驾驶任务时车门未关紧，告警系统若发出关门声可能会使人产生困惑，若发出与未系安全带一样的"滴滴"告警声则会使人混淆。其次，一个告警系统里面不能有 4 种类型以上的警报声，否则人容易遗忘或混淆每个警报声对应的紧急情况。最后，复杂的声音例如多个不同音调组成的一段短音乐将使人耗费过多的精力进行识别，从而影响告警信息的接收效率。

非语音告警和提示包括简单的非语音（如"嘟嘟""哔哔"声等）和较复杂的音标告警和提示，如视频 5-1 所示。

视频 5-1　微软视窗系统中的音标设计

我们玩游戏时单击按键命令发出的声音、收到邮件时的声音、手机接收短信的声音、使用完汽车后遥控锁车成功的声音都称为**音标**。与简单的"滴滴"声等不同，音标是指专门制作而成的用于告警或提示的声音，如专门录制或经过调制修改而成的敲门声、下雨声、短音乐等。音标设计的好坏直接影响人对信息接收的准确性，因此，音标的设计应该遵循如下原则：

能够触发人的长期记忆中的信息，即和真实的事件或者比喻事件的声音一致。

例如在网页中关闭一个页面的按钮可以使用关门的声音。

启发式教学思考题 5-1
为电子邮件的操作界面设计一套音标

请为电子邮件的操作界面设计一套音标，包括：①发送邮件；②删除邮件；③分别接收到重要和不重要的人的邮件；④撤回发送的邮件。

答案

3. 语音告警和提示系统的设计原则

与非语音告警和提示不同，**语音告警和提示**是指采用语音向人传递危险、紧急情况或其他信息的告警方式。例如驾驶汽车超速时很多告警系统会直接向人提示"您已超速"等语音信息。语音告警和提示使用的是人类的语言，很多情况下，相比于非语音信息，语音信息更容易让人理解。有效的语音告警设计需要遵循以下原则：

（1）告警提前时间不能太早也不能太晚；

（2）语音分贝数不能太高也不能太低；

（3）精心设计的语音信息（使用词语或者短句）比不同类型告警音（一些简单的"嘟嘟"声、口哨声或音调）传达的信息要更准确。

告警时间的设定直接关系到人是否能够在正确的时间内接收信息并做出正确的决策，而语音的分贝数也会影响人对信息接收的有效程度，太低分贝数的语音消息很容易被其他声音掩盖或难以直接被人听到。

5.3.3 驾驶中的语音告警和提示设计

我们以驾驶环境中的语音告警和提示为案例进行分析,具体说明语音告警和提示系统的设计需要注意的关键问题。

随着科学技术的发展,**车联网**技术逐渐被改进和扩展并运用在提高道路交通中,以提高交通安全性、高效性和智能性。

未来的车联网系统可以在监测危险和预防事故方面做得更好。基于车联网技术,我们可以实时探测驾驶环境中潜在的危险,并向人传递危险情境信息。针对语音告警和提示设计,应该如何设计语音信息来告知司机这些危险情境信息呢?

图 5-8 所示为一种驾驶模拟器。为了研究如何设计出有效的语音告警或提示系统,许多实验室开发了驾驶模拟器用于测量和记录人在驾驶过程中遇到某一危险情境时针对不同类型和时间的语音告警或提示信息的反应情况。驾驶模拟器可以模拟多种危险情境,但不会像在真实交通环境中那样让被试面临真正的危险。

图 5-8　本书作者的研究团体搭建的驾驶模拟器

以下列举两个语音告警设计在驾驶环境中的实验研究案例。

1. 语音告警的前置时间对驾驶行为的影响

前置时间是指我们需要提前多少时间向司机传递危险信息。如图 5-9 所示,在该实验研究中[15],如果驾驶员在运用车联网技术的驾驶环境里即将面临车辆碰撞的危险情境,语音告警提前 0~3s 左右传递信息将无法让驾驶员获得足够的时间理解信息并做出决策,事故碰撞概率会提高;3.5~7s 左右是最佳的告警前置时间,这个区域内车辆的事故碰撞概率最小。

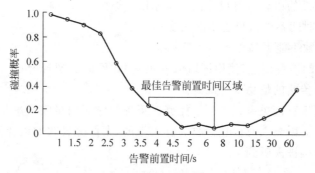

图 5-9　有人驾驶情况下告警前置时间对碰撞概率的影响[15-16]

此外,告警时间提前 60s 左右时,碰撞概率也会增加。因此,**语音告警的前置时间不能太早也不能太晚。**

启发式教学思考题 5-2

为何前置时间为 60s 左右时撞车概率提高?

为什么告警前置时间为 60s 左右时所引起的事故碰撞概率比最佳告警前置时间区域(3.5~7s 左右)的碰撞概率更高?

答案

2. 惊吓效应对驾驶行为的影响

惊吓效应是指人在正常状态下突然受到某种强烈的刺激而出现的行为反应。如图 5-10 所示,在该实验研究中[16],驾驶员在面临车辆碰撞的危险情境时,与人们的固有印象不同,语音告警为 85dB 时反而比 70dB 时的事故碰撞概率更高。这是由于在该实验中,设计的告警分贝数并不是缓慢持续上升的,并且使用告警频率在日常驾驶中非常低,突然的高分贝的告警将导致司机产生惊吓反应,而 85dB 远比 70dB 声音更响,司机更容易受到惊吓,进而引起反应时间的延长。因此,告警的设计要注意避免引起人的惊吓反应,比如采用缓慢上升的音量,而不是突然播放高响度的告警声音。

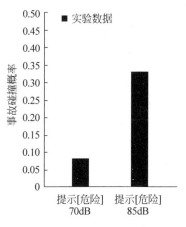

图 5-10 惊吓效应对事故碰撞概率的影响[16]

5.4 噪声及其防控

噪声是指对人们的生活造成干扰或危害,或者对人们所要听的声音产生干扰的声音。例如,教室旁边施工的"嗡嗡"声对于正在上课的学生就是一种噪声,这些声音将干扰学生在课堂上的思考,甚至掩盖教师的讲话,若施工声音的振幅和频率达到一定的范围时还会损害学生的听力并使人产生焦虑和烦躁的心理感觉。但是,一种声音是否可以被看作噪声,与声音的频率、振幅等属性没有固定的关联,例如当人们夜间休息时,即使是白天听上去响度小且悦耳的鸟叫声或钢琴音乐声,只要它们打扰到了人的睡眠,也会被看作一种噪声。此外,如果带有有用信息的声音被某种声音掩盖了,这种声音也可以被看作噪声,例如驾驶过程中外界的车流、广播、人的交谈等环境声音的大小在没有超过可以对人体造成伤害的等级时,若掩盖住了汽车发生故障或遇到危险时发出的告警声,驾驶员则无法及时获取告警信息,情况严重时还容易导致安全事故,因此,在这种情况下这些车流等环境声音也是噪声。

5.4.1 噪声伤害人体的原理

噪声会对人体造成伤害,尤其当声音的频率和振幅超过人体承受范围时。根据上文介绍的人的听觉系统结构,我们知道,由外耳和中耳组成的耳道像喇叭一样,其空间从外到内是由大到小的。此外,由锤骨、砧骨和镫骨组成的听小骨结构类似一个杠杆,靠外部的锤骨相较于靠内部的镫骨长,且听小骨连接鼓膜,将横截面面积大的鼓膜上的声音聚集在横截面面积小的杠杆上,具有显著的机械放大作用。因此,对于人的耳朵来说,微弱的声音能够被显著放大,而稍微大一点的声音就可能会对人的听觉器官和神经系统造成损害。

5.4.2 常见声音的分贝等级

一般情况下,我们常用"分贝"(decibel,dB)度量声音的强度。声音的强度是根据人们给声音定义的自然属性即振幅、频率、声压、声音能量等来确定的,而分贝则是描述声强级的一种计量单位[7]。需要注意的是,分贝所描述的声强级是一种比率参数值,并不是等比例增加的绝对参数值,例如,假设我们定义在最佳条件下可以被人们听到的一个最微弱的声音的强度为 Q_0,若此时小华跳起后的落地声音强度是 Q_0 的 18 倍,假设表示为 Q_{18},则分贝是根据 Q_0 与 Q_{18} 的比值(具体为 10 倍或 20 倍的 Q_0 与 Q_{18} 的比值的常用对数)来定义的,表示的是一种声音基于基础声音的强度比值[7]。表 5-1 列出了我们日常生活中常见声音的分贝等级。

表 5-1 常见声音的分贝等级

分贝等级/dB	相 关 描 述
140	喷气式飞机起飞(耳朵可能受损)
120	螺旋桨,飞机起飞
110	很近的雷声
100	很近的火车
90	很近的卡车或者公共汽车
80	大声的收音机
60	正常对话
50	餐厅
40	办公室、家庭的声音
20	耳语
10	正常呼吸
0	听阈,标准零级

若长期暴露在 85dB 以上的声音环境中,人的听力系统将会受到损伤,因此,世界上已经有多个国家将 85dB 的声音(噪声)定义为职业接触限值。若工作环境中的声音超过 85dB,则需要对工作人员采取听力保护措施,如要求佩戴耳塞或限制工作时长等[8]。实际上,日常生活中我们经常接触到或处于声音超过 85dB 的环境中,例如图 5-11 所示春节时在家门口近距离响起的鞭炮声,或者在电影院里的电影声。

市面上有很多可以测量声音分贝等级的仪器设备，例如分贝测量仪、声级计、频谱分析器等。如图 5-12 所示为使用一种分贝测量仪测量室外道路交通噪声，可以看出分贝测量仪测量后将给出当前环境下的声音分贝等级数值。多数分贝测量仪的测量原理是采用传声器将声音信号转换为模拟电压信号，并利用计权网络，通过放大器、衰减器、检波器等输出数字信号，最终在屏幕上显示声音分贝值[10]。

图 5-11　春节时近距离听见鞭炮声[9]　　　　图 5-12　使用分贝测量仪测量室外噪声[11]

随着科技的进步，智能手机也能测量声音的分贝，目前人们已经开发了具备各种功能的分贝测量 APP，其采用的原理与分贝测量仪相同，都是利用手机将声音信号变成电信号再变成数字信号后显示在屏幕上的。但是，由于不同的手机采用的硬件及麦克风质量和性能不一，且普遍精度较低，并且不同的 APP 提供的信号转换和分贝计算的算法也不一样，无法很好地收集并转换环境中的声音信号，因此，智能手机的分贝测量精度远不如专业的分贝测量仪。

5.4.3　噪声危害管理

为了减少噪声对人造成的伤害和可能带来的危险，需要对噪声进行管控，尤其是当环境中的声音大于 85dB 或 90dB 时，我们要求管理者必须对噪声源有一个能够解决声源、环境和听众的噪声防控计划[12]。针对声源的管控，我们可以从人的任务、产生声音的设备以及工具的选择三个角度进行考虑。例如，小区凌晨收垃圾的环卫车，其停停走走时发动机的声音总是影响居民的休息，从任务角度可以改变环卫工人的任务内容，使其换一个非休息的时间来处理垃圾；从设备角度可以优化环卫车的发动机设计以降低噪声的分贝值；从工具选择的角度可以换一台噪声不大的车辆作为环卫车使用；针对环境的管控，例如建在马路旁边的住宅区会受到交通噪声的影响，我们可以在道路上建立防护罩或隔声墙来减弱道路交通噪声的扩散；针对听众的管控，如长期处于噪声环境中工作，可以选择佩戴降噪耳机来保护其听觉器官。由于一个噪声声源可以影响周围多个环境场景和波及人，并且从声源角度可以直接减少噪声的产生，不用耗费更多的成本在减少噪声扩散以及缓解和治疗人的听力损伤上,因此,从声源角度解决噪声危害是最好的方式,而从听众角度解决是最坏的方式。

启发式教学思考题 5-3

如何对噪声进行防控管理?

假设某小区每天晚上都有噪声很大的货车运送快件,由你来解决这个问题,如何从声源进行管理?

本章重点

- 人的听觉系统及其主要构成。
- 听觉告警和提示系统的设计。
  - 听觉与视觉显示对比。
  - 听觉告警和提示系统的设计原则:总原则;非语音告警和提示设计原则,音标设计原则;语音告警和提示设计原则。
  - 驾驶中的语音告警和提示设计:车联网的应用;告警前置时间、惊吓效应对驾驶行为的影响。
- 噪声及其防控:噪声伤害人体的原理;声音的分贝测量;噪声危害管理——声源、环境、听众。

作业 5-1

作为泊车辅助装置,倒车防撞雷达应用广泛,搜索并了解这些装置的设计。此类设备告警信息呈现中需要考虑的人因问题有哪些?有没有进一步提升空间?结合本章知识设计一个优化改进方案。

参考文献

[1] 郭东强. 现代管理信息系统[M]. 北京:清华大学出版社,2006.
[2] KLEPPNER D, KOLENKOW R. An introduction to mechanics[M]. The United Kingdom:Cambridge University Press,2014.
[3] 陈坚,裴峰,徐周敏. 高强度聚焦超声波通过调控 miR-1297/PTEN 分子轴抑制胰腺癌细胞的增殖与迁移[J]. 中国肿瘤生物治疗杂志,2018,25(10):1034-1041.
[4] 深圳商报. 请给急救车让让道[EB/OL]. (2007-11-29)[2023-04-18]. http://news. sina. com. cn/c/2007-11-29/044012988183s. shtml.
[5] 作者真实姓名不详. 交通噪音对人体带来严重损害[EB/OL]. (2021-02-27)[2023-04-18]. https://www. sohu. com/a/453063667_120328272.
[6] 张海泉. 钱塘江大潮与离心边界层[J]. 现代物理知识,1992(3):31-32.
[7] POZAR D M. Microwave engineering[M]. New York:John wiley & sons,2011.
[8] OSHA. Hearing Conservation Program:OSHA 3074[S]. Monash:Occupational Health and Environmental Control,2008.
[9] 百家号. 春节:怀念小时候在农村奶奶家过春节[EB/OL]. (2021-12-12)[2023-04-18]. https://baijiahao. baidu. com/s?id=1718908662444881383.

[10] HOW DOES A SOUND LEVEL METER WORK[EB/OL]. [2023-04-18]. https://www.bksv.com/en/knowledge/blog/sound/what-is-a-sound-level-meter.

[11] HABOTEST. 分贝仪[EB/OL]. [2022-04-18]. https://chinese.alibaba.com/product-detail/digital-sound-level-meter-habotest-noise-measuring-instrument-db-meter-logger-ht622a-decibel-monitor-diagnostic-tool-30-130db-1600144129558.html.

[12] OSHA. OSHA Technical Manual[EB/OL]. [2023-04-18]. https://www.osha.gov/enforcement/directives/ted-115-ch-1.

[13] PETERMEIJER S, DOUBEK F, DE WINTER J. Driver response times to auditory, visual, and tactile take-over requests: A simulator study with 101 participants[C]//Proceedings of the 2017 IEEE International Conference on Systems, Man, and Cybernetics (SMC), 2017.

[14] 百家号. 晚上开车上高速, 开远光还是近光?[EB/OL]. (2022-01-22)[2023-04-18]. https://baijiahao.baidu.com/s?id=1722637403337691914.

[15] WAN J, WU C, ZHANG Y. Effects of lead time of verbal collision warning messages on driving behavior in connected vehicle settings[J]. Journal of safety research, 2016, 58: 89-98.

[16] ZHANG Y, WU C, WAN J. Mathematical modeling of the effects of speech warning characteristics on human performance and its application in transportation cyber-physical systems[J]. IEEE Transactions on Intelligent Transportation Systems, 2016, 17(11): 3062-3074.

第 6 章

触觉、前庭感觉和振动

在人机系统设计中的应用

> **本章概述**
>
> 本章将概要介绍人的触觉、前庭感觉和振动的相关知识及其在人机系统设计中的应用。重点为触觉、振动和盲操作等相关内容。
> ◆ 触觉、前庭感觉、振动介绍
> ◆ 触觉、前庭感觉、振动相关的人机系统设计

6.1 触觉、前庭感觉、振动简介

6.1.1 触觉

在日常生活中,当我们摸到过热、过冷或带刺的物体时会不自觉地往后缩手;当手机在口袋里振动时,我们知道可能有消息传递过来;当人烦闷时,亲人的抚摸会让其感到安慰与放松。以上种种感觉都是人们的触觉系统在起作用,它可以让人们远离危险、获得信息和表达情感等,以便让我们和这个世界进行较好的交互。

一般而言,狭义的**触觉**是指皮肤受到机械(包括振动)、热、电等刺激所体验到的感觉。除了狭义定义外,部分学者认为触觉还包括身体的**运动觉**,主要是指整个身体或者身体部位的位置和方向的变化以及它们在受力下人的感觉。

人是如何产生触觉的呢?人的皮肤深层存在很多**触觉感受器**(迈斯纳小体、梅克尔触盘和 Pinkus 小体等,见图 6-1),当这些感受器感受到触摸带来的压迫,就会马上发出一个微小的神经冲动,神经冲动就会随神经纤维传递到大脑,进而产生相关反应。

人有了视觉和听觉以后,为什么还需要触觉?相比于视觉、听觉,触觉又具有哪些独特的性质?触觉的特性主要包括以下 5 点:

图 6-1 触觉感受器[1]

（1）人对触觉和听觉的反应都明显比视觉反应要快,触觉比听觉也稍快。此外,触觉、视觉和听觉的复合刺激的反应时间不但较各单一刺激快,而且较两种信号的复合刺激也快[2]。

（2）人的身体可以接受一定程度的振动,可作为另一个信息来源。比如,智能手环通过振动发出提示消息,但是要考虑振动在实际环境下的可鉴别程度,振动强度太弱会使人漏掉信息,振动太强会使人受到干扰、惊吓或其他损害。

（3）触觉传递信息有一定的隐秘性。触觉传递的隐秘性在于用户能够感受到振动信号,但是周围的人不一定能够感受到。在某些场合下,触觉传递信息可以做到不干扰他人的同时也不漏掉任何提醒。

（4）触觉不占用信息较多的视、听觉通道(对于多资源理论知识,后面的章节会详细介绍),是传递信息的较好通道。比如,现在很多汽车都配备了智能辅助驾驶功能,在日常驾驶中,人们需要集中精力关注路况信息,辅助驾驶的告警装置除了使用常规的指示灯、声音、语言告警外,使用触觉告警往往效果会比较好。因为有些时候驾驶员会看不到指示灯(比如安装在后视镜边缘的盲点检测指示灯)或者被声音告警吓一跳。

（5）人手的皮肤非常敏感,不同的手控装置设计可以给人带来不同的触觉感受,从而相对比较有效地传递信息。

6.1.2 前庭感觉

在生活中经常遇到的晕车、晕船等情况,与我们的前庭反应有直接的关系。具体来说就是当我们的大脑接收到的前庭信息和视觉信息不一致时,我们就会出现信息错乱,进而出现眩晕、呕吐等症状。**前庭器官**(见图 6-2)主要由 3 个半规管、前庭囊(包括椭圆囊和球囊)组成,它们传递有关线性和角加速度的信息,帮助人们感受身体速度的变化,保持直立姿势/平衡,感受整个身体的振动,并控制眼睛相对于头部的位置。

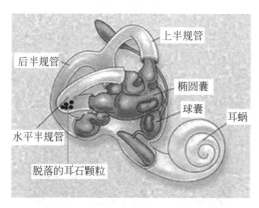

图 6-2 前庭器官[3]

对于飞行员来说有一个专业术语,叫**飞行空间定向障碍**,是指飞行员由于接收到不一致的前庭信息和视觉信息而导致的对所处位置、运动状态的不正确判断,也称为飞行错觉(例如,飞行员将实际的上升知觉为下降)。飞行空间定向障碍一般在缺乏视觉线索、加速度低于感觉阈值或身体没有察觉的情况下旋转到一个新的方向等情况下发生。飞行员应该如何克服飞行空间定向障碍?一般来讲,飞行员要熟知各种飞行错觉发生的条件、机理及情景意识；要相信仪表的指示，不要混用仪表和目视信息飞行；再就是加强前庭器官的锻炼。

6.1.3 振动与触觉的关系

振动是一种物理刺激。当振动只发生在身体局部部位（比如手、背部、臀部）时，那么主要与皮肤的触觉感受小体有关（触动觉的狭义定义）；当人的身体（包括整体）受到大幅度的振动时，那么就与皮肤触觉感受小体和运动感受（如前庭）都有关系。如果人在生产劳动中长期受到振动影响还会出现振动性疾病。局部振动会引起末梢循环障碍，严重的也会影响肢体神经及运动功能，主要表现为发作性的振动性白指（白指症）。全身振动可以刺激前庭器官，使人出现如眩晕、恶心、心率加快等症状。脱离振动一段时间后，大多能自行恢复。

6.2 触觉、前庭感觉、振动相关的人机系统设计

6.2.1 触觉相关的设计原则

（1）在人知晓其功能和告警含义的情况下，提供振动反馈或者触觉反馈，一般对人的操作绩效（时间或/和正确率）是有益处的。

（2）振动告警强度要大于背景振动强度，一般也需要一定的前置时间，这两点类似于听觉告警的设计。

（3）振动告警一般只能传递比较简单的信息，如果需要传递比较复杂的信息，那么要考虑通过视觉和语音通道。

（4）在人的双眼进行其他操作或者夜间光线不佳等条件下，装置的触觉反馈非常重要。要设计好的控制装置的外形，实现人的盲操作，即不用眼睛看，仅通过触觉就可以进行操作。

6.2.2 触觉和人机系统设计1——振动反馈

目前的很多人机交互界面是触摸屏，但是有一些普通的液晶显示屏，按下去的时候没有振动反馈。其中存在的问题是用户不知道有没有按到这个按钮，使工作绩效大打折扣。如果**显示器附有振动反馈装置**（见图6-3），在按的时候有振动反馈，就会降低一部分的错误并提高工作效率。

图6-3 附有振动反馈装置的显示器[4]

除了简单的振动反馈以外，不同的振动模式对工作绩效的影响也有所不同。有研究者探索了接管请求的6种座椅振动模式对自动驾驶车辆接管控制的影响。结果发现，在6种振动模式中（模式1：座板左侧-座板右侧-背板左侧-背板右侧；模式2：背板左侧-背板右侧-

座板左侧-座板右侧；模式3：座板-背板-座板-背板；模式4：背板-座板-背板-座板；**模式5：背板-背板-座板-座板**；模式6：座板-座板-背板-背板）(座椅振动告警系统见图6-4)，振动模式5条件下驾驶员的接管操作反应时间最短[5]。

图6-4　座椅振动告警系统[5]

启发式教学思考题 6-1

请设计一个告警装置（针对汽车或道路），以避免车辆出现偏离车道的事故（见图6-5）。首先考虑哪个感觉通道呈现最好，或者感觉通道如何组合呈现更好。

图6-5　在路上行驶的汽车[6]

答案

启发式教学思考题 6-2

设计一个人机系统，帮助特种部队队员在执行任务时（见图6-6）进行交流。（有时他们无法通过步话机或者手势交流）

图6-6　特种部队队员在执行任务[8]

答案

6.2.3 触觉和人机系统设计2——盲操作

在日常生活中,你是否曾好奇计算机键盘上的"F"键和"J"键(见图6-7)上面为什么都有小凸起?答案是为了方便人实现盲操作打字时的快速定位。除此之外,生活中常用的头戴式降噪耳机(见图6-8)也需要进行盲操作,比如某品牌耳机为了将播放键和上下音量调节键进行区分,播放键要比上下音量调节键的高度低,成为一个凹字形设计,以方便进行盲操作。

图6-7 计算机键盘上的"F"键和"J"键[9]　　图6-8 头戴式降噪耳机

为什么用户需要进行盲操作?首先,人在执行某些任务的时候,双眼视觉可能需要放在主要的任务上。比如在驾驶过程中,驾驶员须时刻注意道路信息,但同时也需要操作一些次要任务比如打转向、按喇叭等,这些次要任务大多需要进行盲操作。其次,有些特定的操作空间、环境或使用场景中需要进行盲操作,比如光线较差或者夜间执行军事任务时使用某些设备,以及前面提到的降噪耳机使用场景。最后,有视觉生理障碍的人群需要依赖盲操作使用某些设备,这种针对特殊人群的产品设计需要格外重视盲操作的相关问题。

基于以上需要盲操作的情况,所需操作装置的触觉反馈就显得格外重要。好的装置或者人机系统设计可以支持人的盲操作,是触觉研究对设计的最重要的帮助之一。此时如果设计便于实现用户盲操作的控制装置的外形,则可以大大提高用户的工作绩效、减少误操作并降低工作的危险性等。

 启发式教学思考题6-3

盲操作情况下能区分出图6-9所示电灯开关中这4个按钮的差异吗?

图6-9 电灯开关[10]

答案

那么，我们应该如何进行盲操作设计呢？除了前面所讲例子中进行区别标记以外，盲操作控制装置的外形设计要符合人对这个被控制部件的长时记忆中的形状。比如，图 6-10 中所示飞机起落架控制旋钮的形状和人的长时记忆中飞机起落架包括轮子的形状一致。

图 6-10 所示为经典的**飞控系统中支持盲操作的控制装置设计**：襟翼控制旋钮（flap control knob）、起落架控制旋钮（landing gear control knob）、混合器控制旋钮（mixture control knob）、增压器控制旋钮（supercharger control knob）、动力或推力控制旋钮（power or thrust control knob）、螺旋桨控制旋钮（propeller control knob）。这些控制旋钮的设计都比较符合人对这个被控制物体的长时记忆中的形状。

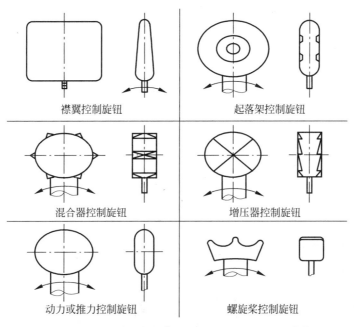

图 6-10 飞控系统中支持盲操作的控制装置设计[11]

6.2.4 广义的触觉和人机系统设计举例：身体较大幅度的振动

低频率的垂直振动是造成晕动病的原因之一。**晕动病**是指由各种原因引起的摇摆、颠簸、旋转、加速运动等所致疾病的统称，常使人出现眩晕、前额剧痛、恶心、呕吐，甚至虚脱、休克等症状。强烈的全身振动可能导致内脏器官的损伤或移位，还可使前庭器官出现功能障碍，甚至造成腰椎损伤等疾病。

由振动造成的晕动病的发生率（motion sickness incidence，MSI）可以被量化成呕吐的人所占百分比。MSI 与振动的加速度、频率和人在振动环境下的暴露时间等因素有关。相关实验结果表明（见图 6-11），在 0.083～0.7Hz 的频率范围内，对由垂直振动引起的晕动病的敏感性在 0.2Hz 左右最大，即 0.2Hz 左右呕吐的人最多[12]。

我国神舟五号飞船首次载人发射时，在助推器分离的过程中发生了上文描述的低频振动（图 6-12），宇航员杨利伟当时感到非常难受，已经想到自己可能会牺牲。幸运的是他强忍着挺了过来，圆满地完成了本次航天任务。读者如想详细了解当时的情况，可扫描下一页的二维码。

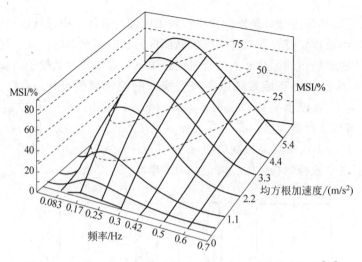

图 6-11　持续运动 2h 后晕动病发生率与频率和加速度有关[12]

视频 6-1　神舟五号飞船发射过程中火箭出现低频振动现象[13]

启发式教学思考题 6-4

为什么我们在首次载人航天（神舟五号飞船）发射之前没有发现这个振动问题？

图 6-12　神舟五号飞船发射过程中火箭出现低频振动现象[13]

本章重点

- 触觉、前庭感觉的生理机制
- 触觉的特性
- 触觉在人机系统中的应用
  - 触觉相关的设计原则
  - 振动反馈
  - 盲操作
  - 身体振动和 MSI

作业 6-1

盲文显示器是视障人群的重要辅助装备,搜索并了解盲文显示器,其中需要考虑的人因问题有哪些?结合本章知识设计一个优化改进方案。

参考文献

[1] 维基学院.触觉感受器[EB/OL].[2023-04-18].https://en.wikiversity.org/wiki/WikiJournal_of_Medicine/Medical_gallery_of_Blausen_Medical_2014.

[2] 陈静析.视觉、触觉、听觉的简单反应时测定[J].上海体育学院学报,1980(1):49-55.

[3] 百度百科.前庭器官[EB/OL].[2023-04-18].https://baike.baidu.com/item/%E5%8D%8A%E8%A7%84%E7%AE%A1/1295295.

[4] 58汽车.附有振动反馈装置的显示器[EB/OL].(2014-09-25)[2023-04-18].https://news.58che.com/reviews/1002178.html.

[5] WAN J,WU C. The Effects of Vibration Patterns of Take-Over Request and Non-Driving Tasks on Taking-Over Control of Automated Vehicles[J]. International Journal of Human-Computer Interaction,2017,34(1):1-12.

[6] 搜狐.在路上行驶的汽车[EB/OL].(2019-09-29)[2023-04-18].https://www.sohu.com/a/344169050_120003709?referid=001cxzs00020008.

[7] 百度知道.隆声带[EB/OL].(2013-08-14)[2023-04-18].https://zhidao.baidu.com/question/579843922.html.

[8] 苏州新闻网.特种兵在执行任务[EB/OL].(2015-12-20)[2023-04-18].https://www.sohu.com/a/49521830_119690.

[9] 百度经验.电脑键盘上的"F"键和"J"键[EB/OL].(2018-01-20)[2023-04-18].https://jingyan.baidu.com/article/647f0115cc10947f2048a87b.html.

[10] 电工网.电灯开关[EB/OL].(2019-01-30)[2023-04-18].http://www.jhjmzs.org/kuaibao/yunying/11319.html.

[11] NORMAN D A. The Design of Everyday Things: Revised and Expanded Edition[M]. Cambridge: MIT Press,2013.

[12] MCCAULEY M E,ROYAL J W,WYLIE C D,et al. Motion sickness incidence: exploratory studies of habituation,pitch and roll,and the refinement of a mathematical model[R/OL].(1976-04)[2022-06-08]. http://dx.doi.org/10.21236/ada024709.

[13] 奇幻科学城.神舟五号发射过程中火箭出现低频振动现象[EB/OL].[2023-04-18].https://v.qq.com/x/cover/mzc001002wusewc/m08873y38rz.html.

第 7 章

人 的 认 知

在人机系统设计中的应用

> **本章概述**
>
> 本章将概要介绍人的注意和记忆两大重要的认知系统,并分析基于认知系统特点的人机系统设计原则。
> - 人的注意
>   (1) 选择性注意和人机系统设计
>   (2) 注意分配和人机系统设计
> - 人的记忆
>   (1) 记忆概述
>   (2) 工作记忆和人机系统设计
>   (3) 长时记忆和人机系统设计
>   (4) 其他人机系统设计准则

在日常生活中,你是否有过如下经历:你在认真思考某个问题时,完全没有听到旁边同学正在和自己说话,直到他推了推你?上课听讲的过程中突然被手机收到的消息提示吸引,等你把消息浏览完后却发现自己错过了老师讲的核心知识?有些同学可以边听歌边写作业,有些同学却在听歌时写不了作业?边走路边看手机差点摔倒?又或者是有过以下经历:在使用某款新软件或产品时你花了很长时间才找到自己要的功能,而有些产品你第一次使用就能立刻找到目标功能。你知道为什么会出现以上情形吗?这些情形和人的认知系统有什么样的关系?如何利用人的认知系统去解释生活和人机系统中的诸多现象?如何在人机系统设计中考虑和利用人的认知特性?

以上现象和人的注意及记忆系统密切相关。注意和记忆系统是人类重要的认知系统,人们利用这一认知系统了解和识记周围环境中的刺激。为回答上述问题,本章将介绍认知系统中的注意和记忆系统及其在人机系统设计中的应用。

7.1 人的注意

7.1.1 选择性注意和人机系统设计

选择性注意即有选择地注意某些信息而忽视另一些信息,是指人处理和区分感官同时收到的诸多信息的能力。选择性注意和视觉搜索在概念上有部分重叠,都体现了对某些刺激或特征的关注。两者的主要区别在于,视觉搜索通常只涉及眼部运动,依赖人的视觉感受器官;而选择性注意的范畴更广,除了视觉系统,还包括听觉系统中的选择性注意,并且选择性注意有时并不涉及眼部的运动。

选择性注意在人机系统设计中十分常见。例如,发电厂、飞机驾驶舱、核电站等重要领域的操作界面十分复杂,操作人员往往不能关注到所有的信息,但他们能有选择性地注意系统的关键显示屏幕,以避免漏掉重要的信息。

启发式教学思考题 7-1

扫码观看视频并思考,这段视频告诉了我们什么?

答案

视频 7-1　选择性注意短片——数一数传球次数[1-2]

选择性注意模型(SEEV)是一个描述人类在视觉工作场所中如何将注意力分配到指定的通道或兴趣区的模型[3-4],该模型能预测人会注意哪里和注意什么。SEEV 模型包括四个重要的成分:"S"为信息的**显著性**(Salience),指视觉信息的明显程度或容易引起人注意的属性;第一个"E"为**努力**(Effort),指人的注意在不同视觉信息间切换所付出的努力程度;第二个"E"为**期望**(Expectancy),指人对注意的区域即将呈现的信息或即将发生的改变的预期;"V"为**价值**(Value),指在某个任务所在的位置或手头的任务中所获信息的价值。其中,期望和价值是自上而下驱动的(即受到人脑长期积累的经验的影响),信息的显著性为自下而上驱动的(即由信息的客观属性决定)。

人的选择性注意和知觉加工能为人机系统设计带来如下启示:①显示信息要尽可能地**最大化人的自下而上驱动处理**,即改变明显度等信息的客观属性,以提高信息的易读性并最大限度地减少不同信息之间的混淆;②使用**人们熟悉的知觉表征方法**,如使用熟悉的图标、字体、完整的单词而不是缩写,以最大限度地提高信息加工速度;③**通过 SEEV 模型中的元素**(即信息的显著性、努力、期望和价值)来引导注意力并避免分心,例如,通过提高关键信息的显著性并降低不重要的信息的显著性,来引导人们的注意力去关注重要的信息。

启发式教学思考题 7-2

请思考,在行李安全检查(见图 7-1)过程中:

(1) 如何通过自下而上的机制增强行李安全检查的绩效?
(2) 如何通过自上而下的机制增强行李安全检查的绩效?

图 7-1　行李安全检查示意图[5]

7.1.2　注意分配和人机系统设计

注意分配是指一个人同时关注多个任务的认知过程。人的注意分配在日常生活中十分常见,边骑车边看手机、边走路边打电话、边阅读边听音乐等都是注意分配的典型例子。你是否发现有些情况下同时做多个任务比较容易,而在有些情况下却十分困难?你知道为什么会出现这种情况吗?

多重资源理论可以用于解释多个任务同时进行时人的资源分配和任务绩效,该理论由Wickens[6]提出,如图 7-2 中的立方体所示,人的资源分配主要分为阶段、编码和通道三个维度。其中,**阶段维度**包含人的感知和认知以及动作反应,感知、认知活动和动作反应分别占用人不同的注意资源;**通道维度**主要包括视觉和听觉通道,两者占用不同的资源且都属于感知层面,不包含在认知和反应中;**编码维度**包括空间和言语编码,两者无论在感知觉和认知加工阶段还是反应阶段都占用不同的资源,其中,在反应阶段,手动操作一般被视为在空间上的反应,发音(如说话)一般被视为言语上的反应。此外,模型后续又添加了第四个维度——**视觉通道**,该维度嵌在通道维度中,包括中央视野(即几乎是中央凹,常用于细节和模式识别)和周边视野(用于感知方向和自我运动),两者占用不同的资源。例如,驾驶员驾驶

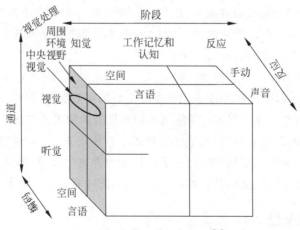

图 7-2　多重资源理论模型[6]

车辆保持在道路中央向前开(中央视野)的同时能阅读路标、看后视镜或识别道路中的危险物品(周边视野)。

多重资源理论认为在其他条件(即资源需求或任务难度)相同的情况下,两个占用同一维度同一水平的任务相互之间的干扰要大于两个占用同一维度但不同水平的任务,而干扰越大越会降低人的任务绩效。表7-1示出了两种双任务时人的资源分配的不同情况。当你边做作业边和朋友说话时,在通道维度上,做作业主要占用视觉通道,而和朋友说话主要占用听觉通道,两者的冲突较小;在编码维度上,做作业和说话都属于言语编码,两者冲突较大;在阶段维度上,做作业和说话都需要用到感知和动作反应,两者冲突较大;在视觉通道维度上,做作业主要占用人的中央视野,而说话并不占用视觉资源,冲突较小。由上述分析可知,边做作业边和朋友说话任务在两个维度上有冲突,不建议同时进行。又比如边骑自行车边唱歌,在通道维度上,骑自行车主要占用视觉通道,而唱歌占用听觉通道,两者冲突小;在编码维度上,骑自行车是空间编码而唱歌为言语编码,冲突小;在阶段维度上,骑自行车和唱歌都需要感知和反应,冲突大;在视觉通道维度上,骑自行车占用中央视野和周边视野而唱歌不占用视觉通道,冲突小。综上,边骑车边唱歌的冲突总体较小,可以同时进行。

表 7-1 用多重资源理论分析双任务

维　度	做作业			和一个朋友说话			冲突情况
通道	视觉			听觉			冲突小
阶段	感觉	知觉	反应	感觉	知觉	反应	冲突大
编码	言语	言语	空间	言语			冲突大
视觉通道	中央视野						冲突小
总体							冲突大,不建议同时进行
维　度	骑自行车			唱歌			冲突情况
通道	视觉			听觉			冲突小
阶段	感觉	知觉	反应	感觉	知觉	反应	冲突大
编码	空间			言语			冲突小
视觉通道	中央视野和周边视野						冲突小
总体							冲突小,可以同时进行

启发式教学思考题 7-3

基于多重资源理论分析,为什么开车时使用"滴滴"来获取新订单是危险的?

答案

由于人的注意资源是有限的[7],基于人的注意分配特点和多重资源理论,在执行某一任务(尤其是十分重要或失败后会带来严重后果的任务)时,我们要尽量避免其他任务与该任务同时进行。但有些情况下操作员必须在一段时间内同时处理多个任务,对于这种多任务情况,我们提出如下建议:①在这段时间内将多个任务变成**串行的任务**而不是同时进行的任务,以减少操作者的工作记忆负荷;②使用 SEEV 模型技术,使得操作员能直接关注**高优先级的任务**;③对操作人员进行大量的**训练**,使得他们能自动进行某些任务的操作,以最大限度降低该任务上注意资源的占用;④**选择注意分配能力强的操作人员**,由于注意分配能力存在个体差异,因此,可以通过选拔及雇用能有效地分配注意资源于多任务中且不降低任务绩效或任务绩效损害更小的操作者。

7.2 人的记忆

7.2.1 记忆概述

人的记忆是心理学的主要核心之一,包括三种记忆系统,即感觉记忆、工作记忆和长时记忆。三种记忆系统的容量、加工存储和衰退时间都不同。如图 7-3 所示是人的认知过程,外界刺激在人脑中会首先形成感觉记忆(sensory memory),其中,被注意到的信息会进入工作记忆(working memory)系统,通过复述、复习等编码方式将信息进一步存储于人的长时记忆(long-term memory)系统,而在需要时,长时记忆系统中的相关信息又可以被提取到工作记忆中,其余没有被注意到或进一步加工的信息会逐渐衰退和遗忘[8]。

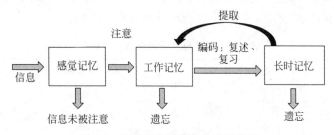

图 7-3 三个记忆系统的关系示意图

三种记忆系统中,感觉记忆是存储时间最短的记忆,其信息存储完全按照信息原来的形式,未进行类别改变,即脑海中直接存储看到的图像刺激和听到的声音刺激等。其中,感觉记忆中声音刺激和图像刺激的容量与衰退时间均不同。声音记忆的容量平均为 5 个,而图像记忆的容量能达到 17 个[8],但两者的记忆保持时间却呈相反的趋势,即声音记忆的衰退平均时间为 1.5s,而图像记忆的衰退平均时间为 200ms[8]。

7.2.2 工作记忆和人机系统设计

1. 工作记忆

工作记忆是处于感觉记忆和长时记忆过渡阶段的记忆系统,其存储方式为分类存储,即对声音和图片刺激分开存储。工作记忆的容量为(7±2)个组块[9]。存储在工作记忆中的信息保持时间平均为 7s[10],信息越多,遗忘得越快。

组块:与零碎的信息相对,组块化是指将外界输入的刺激组织或分类成熟悉的单元或组块的过程,基于先前已有的大量的学习组成这些熟悉的单元[9]。虽然记忆中组块的容量是有限的,但小的组块可以不断增大成大的组块,使得每个组块包含的信息量不断增多(例如,早期人们在学习无线电报时,最初只能将听到的莫尔斯电码"dit"和"dah"识别为不同的组块,随着不断学习能将这些声音组织成字母组块,继而再将字母组块形成词语组块,最后就能听整个短语)[9]。

2. 考虑工作记忆的人机系统设计准则

由于工作记忆的容量有限,信息过量会导致溢出。因此,在人机系统设计中应考虑人的工作记忆特性。以下为考虑工作记忆的两大人机系统设计原则:

(1) **不必要信息的不呈现或者灰化**。当系统或界面信息较多时,可以选择不呈现或者灰化某些与目标无关的信息,该方法可以减少人脑同时加工处理的信息,使得人们只关注呈现的与目标相关的信息。如图 7-4 所示,阅读软件的导航栏目存在多个工具按钮,每个工具按钮下又存在多个子功能按钮,当没有打开文件时,相比呈现所有按钮下的信息,只呈现可用的按钮可以有效地避免信息过多而超出人的工作记忆的容量。

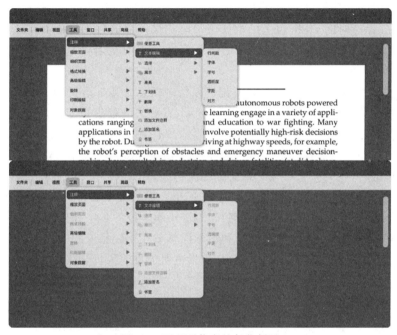

图 7-4 不必要信息的灰化例子

(2) **及时而精练的反馈**。系统的及时反馈在日常工作和生活中十分重要,当用户在使用系统忙于工作时,他们的工作记忆可能本身就几乎满载,而如果不能及时获得有效的系统反馈,他们可能会忘记他们刚刚做了什么或者接下来要做什么。例如图 7-5 的弹窗提示,(a)图弹窗提示用户在阅读真正的关键信息("如果您有足够的空间,请按'是';否则请按'否'。")前需要阅读一系列文本("请在执行操作之前检查磁盘空间。如果您没有 214MB 磁

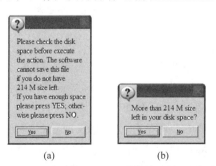

图 7-5 不及时反馈(a)和及时精练反馈(b)的例子

盘空间,则软件无法保存此文件。"),这些文本信息会占用他们的工作记忆容量。由于工作记忆容量有限,这会使得他们暂时存储在脑海中的原有其他工作相关信息溢出,因而出现了突然不记得自己做了什么或者要做什么的现象,这就是不及时反馈导致的。相反,图7-5(b)弹窗用更少的文字直接呈现关键信息(磁盘剩余空间是否超过214MB?),用户能更及时地做出选择而不至于使得先前存储在工作记忆中的信息溢出。

7.2.3 长时记忆和人机系统设计

1. 长时记忆

工作记忆中的信息经过不断复述和复习后存储于长时记忆系统中,**长时记忆**是保留时间最长的记忆,保持时间1min以上的都属于长时记忆。存储方式为分类存储,信息在脑海中以网络化的形式存在。不同于前两种记忆系统,长时记忆的容量是无限的,并且有的信息的存储时间可达人的一生。

语义网络(semantic network)是长时记忆系统中信息尤其是语义知识的表征方式,信息以网络的结构存储在人的脑海中。如图7-6所示,有意义的信息以节点的方式存在,节点之间的连线代表了它们之间的关联关系,个体能以一种有意义的方法将各个信息联系起来[11]。语义网络与时间和距离都有关,信息之间的距离越远,表示两者相关性越低,并且当要提取某个信息概念时,相关概念与该信息概念距离越远,回忆所需要的时间就越长。我们可以做一个小测试,请试着回忆你三个小学同学的长相。你脑海中会首先浮现小学同学的名字和外貌,也可能会浮现你的堂兄妹的名字和外貌、小学学校的名字和校园、同学的家长、家长的名字、老师的名字等,而这些信息就是和小学同学节点比较相近的节点;但你不太可能想到名人如尼古拉·特斯拉(Nikola Tesla)交流发电机的发明人,因此特斯拉的信息节点就离得远。

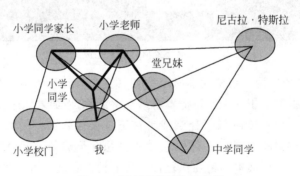

图 7-6 语义网络结构示意图

2. 考虑长时记忆的人机系统设计准则

考虑人的长时记忆是人机系统设计中的重要环节。人机系统设计如果不符合人的长时记忆特征与规律,就可能会引起认知冲突,造成不必要的麻烦,降低系统效率。基于人的认知中的长时记忆及其特征,我们提出了如下六点考虑长时记忆的人机系统设计原则。

(1) 利用人的**再认**优于回忆。再认和回忆是长时记忆中信息再现的两种重要方式。再认是指个体对于过去呈现过的信息再次出现时仍能识别的过程。在人机系统中,再认即向用户直接提供系统相关信息,用户对这些信息进行识别。回忆则是指个体直接回忆事物的相关概念或细节信息。在人机系统中,回忆即用户在不被提供信息线索的情况下,直接在系统中输入信息。由于再认比回忆更加容易,在人机系统设计中,当需要用户提取长时记忆系统中的信息时应尽量避免个体对信息的回忆,而尽可能地采用再认的方式,以提高系统的可用性。例如,磁盘操作系统(disk operation system,DOS)就是一种典型的回忆呈现方式,DOS以黑屏白字的方式呈现给用户,不提供任何线索刺激来激活用户长时记忆中的节点,而需要用户直接回忆输入,这就对人的知识储备和回忆能力具有较高的要求。

(2)进行必要的**可视化**。可视化是指以视觉图形、图像或动画呈现信息的过程,是一种最常见的信息表征方式。信息可视化能快速地帮助用户将系统状态和存储在长时记忆中的知识经验联系起来,以辅助人的视觉信息加工过程。

视频 7-2　用人工智能方法辅助人的视觉信息加工过程短片[12]

试思考,将所有的信息都可视化是一个好的方案吗?答案是否定的。一方面,由于人的工作记忆容量有限,将所有信息都可视化会增加人们的工作负荷,导致他们难以快速找到目标信息,从而降低操作系统的效率;另一方面,有些系统可能存在大量信息,将所有的信息可视化可能会导致界面十分拥挤和复杂,不利于人的视觉搜索。因此,在进行系统设计时,只需要可视化和任务相关的信息,而不需要冗余地显示与任务无关的系统信息。

(3)保持设计的**一致性**以及设计与用户长时记忆的一致性。为避免混淆,在人机系统设计中很重要的一个原则是保持设计在系统中的一致性。例如,在某一款软件界面中,默认用户在屏幕左侧向左滑动为后退操作,这个功能需要在该软件的所有界面上保持一致,不能在有些界面中表示后退,而在有些界面中表示直接退出软件。其次,设计也应与用户的长时记忆保持一致。例如,微软 Office 办公软件中的快捷键功能中,"Ctrl + M"在 PPT 中默认为新增幻灯片,而在 Word 中为段落的缩进,而对于经常使用这两个软件的用户来说,用户可能会期望两者在功能上的一致,以减少混淆和记忆负荷。

(4)产品或系统的**功能可供性**。功能可供性是指物品或环境的性质/外观(形状、颜色等)能为用户提供某些线索,允许用户根据这些线索执行某项操作。功能可供性的基础是人的长时记忆,即人的长时记忆系统中需要存储相关功能及线索,才能在见到设计时联想到对应的功能。在让用户了解产品功能和如何操作方面,功能可供性十分重要。如图 7-7 所示的门把手设计就是功能可供性的经典例子,第一扇门上有凹陷的长方形的部件展现了人可以借助该部件左右移动的功能,第二扇门采用突出的横向把手体现了上下旋转的功能,第三扇门采用垂直的竖向把手体现了握住把手前后推拉的功能。因此,用户在看到这些门把手的设计时,往往就知道如何开门了。

(5)**设计要遵从人的长期行为习惯**。人类在社会生活中会不断积累经验和习惯,人机系统中的设计要符合人的长期行为习惯,否则可能会降低人机系统的效率。例如,在疫情防控期间,建筑的入口应尽量设置在建筑的右侧而不是左侧,以符合中国人习惯靠右行走的习惯。

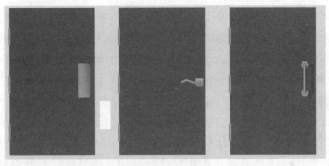

图 7-7　门把手功能可供性

启发式教学思考题 7-4

请扫码观看视频，并思考从视频中我们可以学到什么。

视频 7-3　银行抢劫犯的视频短片

　　如图 7-8 所示为汽车和飞机上的安全带设计，汽车上的安全带采用按压式的卡扣方式，而飞机上的安全带则采用搭扣的方式。虽然飞机上的安全带设计是出于成本和重量考虑的，但两者不一样的设计可能会和用户的长期习惯冲突，甚至带来严重后果。在 1992 年一起全美航空 405 号班机空难中，飞机从拉瓜迪亚机场起飞后不久即由于恶劣天气坠毁于纽约法拉盛湾，包括机长及乘务员在内共 27 人罹难[13-14]，而很大一部分罹难乘客没能得以生还的原因是他们无法及时释放安全带而溺亡。由于大部分乘客习惯了汽车上的按压式安全带，在紧急的情况下，他们本能地用按压的方式去打开安全带，但这显然是无效的。

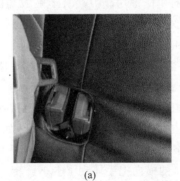
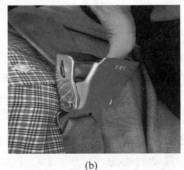

(a)　　　　　　　　　　　　(b)

图 7-8　汽车上的安全带(a)和飞机上的安全带(b)示意图

视频 7-4　飞机上的安全带设计与人的长期行为习惯短片

（6）**直接操作**。产品或界面的直接操作特性有助于用户使用其在物理对象方面的先验知识/技能来操作用户界面。许多智能设备上的手势交互就是直接操作的典型例子，如人们在阅读完某页书籍或报纸时是将该页从右往左翻，当阅读材料搬到电子设备上时，从右往左滑动的手势符合人们在真实物理环境下积累的经验，更容易直接操作。

视频 7-5　iPhone 10 设计中的直接操作

7.2.4　其他人机系统设计准则

除了上述提到的人机设计准则外，Shneiderman 曾提出了八大设计的黄金准则[15]，除前文提到的信息反馈外，还有如下七条设计准则：

（1）**努力做到一致性**。设计中的一致性可以体现在用语、颜色、布局、字体等方面。例如，在网站页面顶部的导航栏使用具有相同字体、大小和颜色的功能按钮。然而，努力做到一致性是最常被违反的一条设计原则。

（2）**允许经常使用的用户使用快捷键**。在设计时有必要识别不同用户群体的需求，促进内容的转换。例如，为新手增加解释（游戏的新手教程），为专家或经常使用的用户设置快捷键以方便他们更快地实现目的，常见的快捷键如办公软件里"Ctrl＋C""Ctrl＋V""Ctrl＋X"等复制粘贴剪切功能，或 Excel 中的"宏"功能。

（3）**设计对话体现操作结束**。设计中的操作流程要明确开始、中间和结束，让用户知晓操作的结束，使他们能够获得完成的满足感，放弃为目标无法完成所准备的其他计划，准备好执行下一组操作，这一设计准则与反馈相似。

（4）**支持错误预防和管理**。在系统设计层面要尽量避免用户犯严重的错误。一旦用户犯了错误，系统或界面应该能够探测错误并提供简单、建设性和详细的指导以恢复系统原样。

（5）**允许简单的回退操作**。系统中的操作要尽量能回退，即具备一定的容错性。用户在知道他们犯错后的行为是可以撤回的情况下，更有利于他们对系统或界面的探索，否则他们只会小心翼翼以避免犯错。

（6）**让用户有掌控感**。有经验的操作者强烈地希望他们能够掌控界面以及界面能够响应他们的操作，因此，系统设计要让用户成为动作的发起者，而非响应者。此外，要避免用户对系统的行为感到惊讶或难以获取信息的情况发生。如图 7-9 所示，界面显示系统正在关闭，并且给出非常少的时间容用户保存信息，用户在这种情况下对系统几乎失去了掌控。

（7）**减少工作记忆负荷**。由于人的工作记忆容量有限，系统的界面设计应尽量保持简洁，多页的界面可以适当压缩，并减少不必要的信息。

此外，刺激-反应相容性也是人机系统设计中需要遵循的重要原则。**刺激-反应相容性**是指刺激和反应之间的一致性、相似性，该原则能简化人的信息加工过程，提高加工效率[16]，在人机系统中常体现在显示器上的刺激信号和操作反应的控制器在空间布局上一致

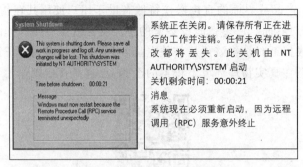

图 7-9　让用户失去掌控的例子

或相近。如图 7-10 所示的两款真实存在的灶台就是刺激反应相容和不相容的典型例子，(a)图中的灶台开关与四个灶台的空间布局一致，用户在使用时能很快知道点燃其中一个灶台需要对应开哪个开关；而(b)图中四个灶台的空间布局和开关布局并不一致，用户一眼难以确定第一个开关属于哪个灶台，也无法确定开关排布和灶台的空间关系，他们需要尝试才能知道，并且在一段时间未使用后需要重新尝试，十分不便。

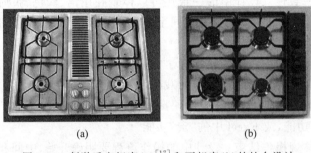

图 7-10　刺激反应相容(a)[17]和不相容(b)的灶台设计

📖 课堂练习题

使用设计准则评价一个产品

用户任务：

新建一个电子表格；

将一个单元格在本列中复制成 10 个；

检查英文拼写。

请其他同学思考并回答：该界面设计违反了哪些设计准则？

🎓 批判性思维

答案

重新考虑银行抢劫犯的视频案例：这个关于开门的设计真的不好吗？为什么有时候坏的设计会产生好的效果？

你知道还有哪些情况下，一些看似坏的设计其实是好的呢？①当需要避免产品被用于错误或危险的操作/用途时。如红酒开瓶器的设计，一些人在刚拿到开瓶器时不知道怎么使用，需要经过摸索或看教程才知道，红酒开瓶器在**功能可供性**上可能设计得并不好，但其稍有隐晦的设计在一定程度上能避免人们在一些情况下（如愤怒、无知）使用开瓶器执行危险操作。②对于某些特定的工作类型，为了保护商家自身的利益（例如运行不同的培训/认证项目来盈利），可以故意将 UI 界面设置得不容易使用，这样只有经过训练的人员才可以操作。对于大众来说，不易使用的界面是一个不好的设计，但是对于商家利益来说，这可能就是一个好的设计。因此，在不断强调提升可用性的今天，也许我们可以换个角度思考如何让一个设计"变坏"。

本章重点

- 人的注意：选择性注意和人机系统设计（SEEV 模型）、注意分配和人机系统设计（多资源理论）。
- 工作记忆：工作记忆的概念、考虑工作记忆的人机系统设计准则（不必要信息的不呈现或者灰化、及时反馈）。
- 长时记忆：长时记忆的概念、考虑长时记忆的人机系统设计准则（再认而非回忆、可视化、一致性、功能可供性、人的长期行为习惯、直接操作）。

作业 7-1

请选择一款智能电视的遥控器，结合本章内容，指出其可能存在的人因工程问题，设计出研究方案，并给出可能的改进设计方案。

推荐实验 2. 车载行人告警系统的设计：综合考虑人的视听和认知特点，详见本书附录。

参考文献

[1] SIMONS D. The Inattentional Blindness Collection[EB/OL].[2023-04-18]. http://www.viscog.com/ordering/product/the-inattentional-blindness-collection/.

[2] SIMONS D J,CHABRIS C F. Gorillas in our midst：Sustained inattentional blindness for dynamic events[J]. Perception,1999,28(9)：1059-1074.

[3] WICKENS C D. Noticing events in the visual workplace：The SEEV and NSEEV models[J/OL].[2023-04-08]. https://www.researchgate.net/publication/303107878_Noticing_events_in_the_visual_workplace_The_SEEV_and_NSEEV_models.

[4] WICKENS C D,GOH J,HELLEBERG J,et al. Attentional Models of Multitask Pilot Performance Using Advanced Display Technology[J]. Human Factors：The Journal of the Human Factors and Ergonomics Society,2003,45(3)：360-380.

[5] 军中是朵绿花. 男子过安检时被查出携带"儿童骨架"，打开箱子后，不淡定了[EB/OL].(2019-06-21)[2023-04-18]. https://www.163.com/dy/article/EI72T9740515ONS1.html.

[6] WICKENS C D. Multiple resources and performance prediction[J]. Theoretical issues in ergonomics science,2002,3(2)：159-177.

[7] EGETH H,KAHNEMAN D. Attention and Effort[J]. The American Journal of Psychology,1975：339.

[8] ATKINSON R C,SHIFFRIN R M. Human memory：A proposed system and its control processes

[M]. New York：Academic Press，1968.
[9] MILLER G A. The magical number seven, plus or minus two: Some limits on our capacity for processing information[J]. Psychological review, 1956, 63(2): 81.
[10] BADDELEY A. Working memory[J]. Science, 1992, 255(5044): 556-559.
[11] COLLINS A M, QUILLIAN M R. Retrieval time from semantic memory[J]. Journal of verbal learning and verbal behavior, 1969, 8(2): 240-247.
[12] 中国中央电视台[EB/OL]. [2023-04-18]. https://tv.cctv.com/live/cctv13/.
[13] NTSB. Aircraft Accident Report: Takeoff Stall in Icing Conditions USAIR Flight 405[EB/OL]. (1992-03-22)[2023-04-18]. https://aviation-safety.net/database/record.php?id=19920322-1.
[14] WIKIPEDIA. USAir Flight 405[EB/OL]. [2021-03-02]. https://en.wikipedia.org/wiki/USAir_Flight_405.
[15] SHNEIDERMAN B, PLAISANT C, COHEN M S, et al. Designing the user interface: strategies for effective human-computer interaction[M]. London: Pearson, 2016.
[16] 刘艳芳,张侃. 工效学原则与刺激反应相容性原理[J]. 人类工效学, 1999, 5(2): 38-41.
[17] Dirty Stove Top[EB/OL]. [2023-04-18]. https://www.dreamstime.com/royalty-free-stock-photo-dirty-stove-top-image503875.

第 8 章

人的典型生理结构特征

在人机系统设计中的应用

> **本章概述**
>
> 本章将详细介绍人的生理结构特征和基于这些特征的总体设计原则,并说明这些生理结构特征在人机系统设计中的应用方法,以帮助人们健康的工作和生活,减少与职业相关的疾病发生。
> - 动作控制和人的身体主要结构
>   (1) 人的动作控制的生理和心理机制
>   (2) 人体的主要骨骼和肌肉组织及其人因防护
> - 动作以及人体机制的健康人因应用
>   (1) NIOSH 公式
>   (2) 几种典型的人-机-环系统的人因设计

8.1 动作控制和人的身体主要结构

人-机-环系统中,人处于首要地位,因此,科学合理的人-机-环系统设计,首先离不开对人这一首要要素的全面了解,即对人的心理、生理等结构特征的把握。本章主要介绍人的生理结构特点及基于此的人机系统设计。

人机系统的运行过程中,人机交互中人向机的输出控制中,虽然随着高新技术的日益发展,脑机交互、语音交互、眼动追踪控制等自然人机交互日益增多,但传统的动作控制目前仍是其中最为主要的组成部分(即使是语音交互、眼控交互,其实质也是一种动作控制)。对动作控制的了解离不开对人体主要结构的认识,因而本节对人的动作控制的生理心理机制、肌肉骨骼系统、人体形态结构测量等内容予以简要介绍。

8.1.1 人的动作控制的生理心理机制

人的运动可以简单分为随意运动与非随意运动两大类。人机交互中人对机器系统的输出控制基本多为随意运动,即是一种受意志所控制的有意识、有目的的躯体运动形式。随意运动还受人的思维、情感等高级心理过程的影响。人的各类运动意念经由复杂的运动控制系统转变为运动程序进而指挥肌肉骨骼系统完成操作动作,在此过程之中,大脑皮质运动区作为运动控制的最高中枢起着关键作用。如图 8-1 所示,大脑皮质运动区主要包括初级运动皮质(primary motor cortex)、前运动皮质(premotor cortex)和辅助运动皮质(supplementary motor area)三大部分。此外,扣带沟背侧和后顶叶等部分皮质以及大脑皮质功能区之间的皮质联合区(cortical association area)也与运动功能有关。

其中运动启动源于皮质联合区,运动的程序设计则依赖于前运动皮质、基底神经节以及小脑外侧皮质,程序的执行则由初级运动皮质发出运动指令给脑干和脊髓的运动神经元。如图 8-2 所示,这一运动指令传输过程中,源自初级运动皮质、投射到脊髓运动控制环路的皮质脊髓束(因其下行传导纤维在延髓形成椎形体而亦称椎体束)起到重要作用[2]。

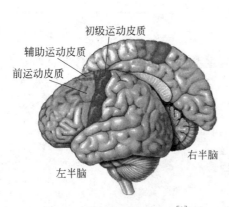

图 8-1 人大脑皮质运动区[1]

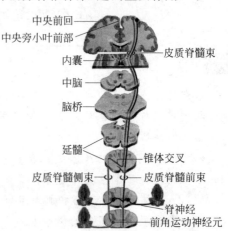

图 8-2 椎体系统运动控制通路[3]

除椎体系统之外,与躯体运动相关的传导通路统称为椎体外系。椎体外系的联络区涉及中脑顶盖、脑桥核、小脑、脑干网状结构等众多脑内结构,可以对运动控制指令进行调节修正,最终指挥控制躯体肌肉系统的收缩舒张活动,确保人体精细随意运动的正常执行。

8.1.2 人体的主要骨骼和肌肉组织及其人因防护

人体的各类运动及动作姿势的维持均是由肌肉骨骼系统实现的,因而了解肌肉骨骼系统的主要结构及其活动规律对于设计科学合理的人机系统控制器以及优化人员作业活动、提高人机系统整体工效就显得尤为必要。

人体肌肉骨骼系统主要由骨骼、肌肉及结缔组织三部分组成。其中结缔组织主要包括韧带、肌腱、筋膜、软骨等。人体肌肉骨骼系统的主要功能为:一是实现人体运动和姿势控制,二是产生热量并保持体温(如人体遇冷时打寒战即是肌肉在收缩产热)。

如图 8-3 所示,成人的骨骼共有 206 块,通过关节连接组成人体整体骨骼结构[4]。关节可以分为滑液性关节、纤维性关节(如颅骨)和软骨(如椎间盘),其中滑液性关节又可进一步分为铰链关节(例如肘部)、车轴关节(例如手腕)和球窝关节(例如臀部和肩部)。腰椎间盘由纤维软骨环和胶状髓核构成,坚韧并富有弹性,因而既能承受较大压力又具备一定活动灵活性。

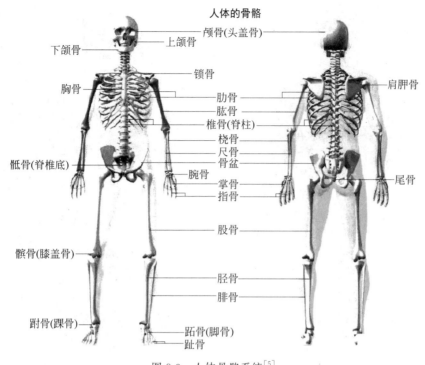

图 8-3 人体骨骼系统[5]

按照形状,骨又可分为长骨、短骨和扁骨。长骨如四肢骨附着在关节之上在运动中起杠杆作用,可以维持静态姿势或做出动态动作;短骨如腕骨等较为短小,分布在既能灵活运动又能起牢固支持作用的部位。

人体肌肉共分骨骼肌、平滑肌和心肌三大类。三类肌肉中,人体骨骼肌数量最多,有700余块,平均占体重的40%～45%。人体的随意运动控制动作主要是由骨骼肌收缩和舒张来实现的,其分布如图 8-4 所示。

骨骼肌按其组成肌纤维类型又可分为慢肌纤维和快肌纤维两类:慢肌纤维又称红肌纤维或 I 型纤维,其收缩速度慢,力量小,但却能够持续很长时间不疲劳;快肌纤维又称白肌纤维或 II 型纤维,其收缩速度快,收缩力量大,但抗疲劳能力弱,很容易疲劳而不能持久。快肌纤维和慢肌纤维在一块肌肉中所占的比例因肌肉功能、性别、年龄、遗传等因素而异。在肌肉功能方面,以维持姿势紧张(静力性工作)为主的肌肉中,慢肌纤维比例较高,如在维持人体直立的主要肌肉之一比目鱼肌中,慢肌纤维约占 87%;而以动力性工作为主的肌肉中,慢肌纤维比例则相对较低,如肱三头肌中慢肌纤维只占大约 43%[6]。

按骨骼肌的收缩类型又可将骨骼肌运动分为向心收缩(缩短,如手臂弯举抬起过程)、离心收缩(拉长,如手臂弯举下落过程)和等长收缩(静态,如提举重物保持一定姿势固定不动)。不同类型的工作中,肌肉收缩形式不同,在动力性工作中主要是向心收缩和离心收缩形式,而在一定时间内维持特定姿势相对静止的静力性工作中,则主要是等长收缩。

无论是静态肌力还是动态肌力,肌力大小均是人机作业中的重要因素,肌肉收缩力的大小与其收缩速度、收缩长度等因素密切相关。实际应用中,常用最大自主收缩力(maximum voluntary contraction,MVC)来衡量工作者的最大肌肉力量。MVC 的测定多为静态施力

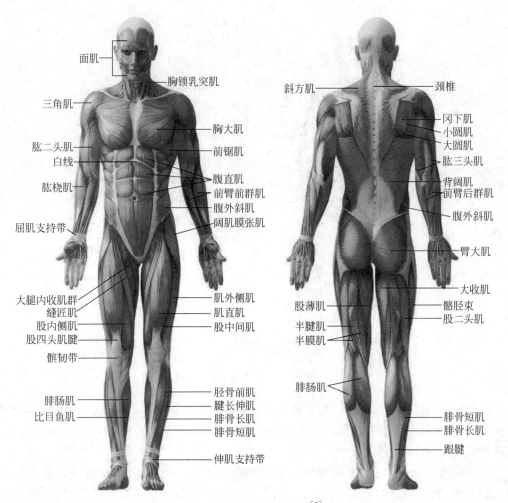

图 8-4 人体肌肉分布图[7]

测定,以肱二头肌 MVC 测定为例,上臂和前臂保持 90°固定姿势用最大拉力拉传感器,最大收缩用力时间需要超过 1~2s,通常总共需要保持 4~6s,此时的最大力即为 MVC;若要进行多次测试,则各测试间休息时间通常应在 1~2min 之间。

资料 8-1 补充知识——用于了解人体结构的 APP

3Dbody 解剖 APP 提供了人体全三维的数字模型,2000 多个人体结构,涵盖了人体所有解剖系统,同时提供了骨性标志图、肌肉动作动画、肌肉起止点、针灸穴位、断层解剖、英文发音、注释等信息。该 APP 能支持用户随时使用手机查看人体的各种系统,了解人体的身体构造,支持随时截图查看。

根据人体的肌肉骨骼系统结构特性,我们在对人机系统和工作场所进行设计时需要遵循以下总体设计原则:

(1) 人的身体并不是为了工作而设计的,因此,各种人机系统和工作场所应该从适应人的身体的角度去设计,而不是让人来适应人机系统或工作场所。

(2) 在设计工作场所、人机系统或作业工具时要考虑人如果参与其中,需要能够维持身体的自然姿势而不是身体的非自然即变形或扭曲姿势。

（3）需要考虑工作台或作业工具的高度，例如办公室的桌子、椅子以及桌面上的计算机显示器等，如果工作台或作业工具太高或太低都可能会发生各种肌肉损伤和健康问题。

（4）尽量使用工具或机器来减少人的重复性体力劳动。

（5）尽量减少工作场所和作业环境中的各种可能的伤害或者职业影响。例如振动伤害，许多高速运转的设备会产生高频或低频的振动，这些振动会对人体的骨骼肌肉、神经系统、血管功能等造成不同程度的损伤。我国神舟五号载人飞船在上升过程中就出现了低频共振现象，对航天员的生命健康造成了巨大的威胁。因此，在神舟五号之后，我国的航天技术研究人员找到了产生共振的原因并将这个问题彻底解决。

在实际作业中，颈部、肩部、腰部、腕部、腿部等处是相对较易出现劳损的部位，因而这几个部位的人因防护设计也一直备受关注。

如图 8-5 所示，颈肩部肌肉骨骼系统主要由颈椎（C1～C8）、斜方肌、肩胛提肌、胸锁乳突肌、头夹肌、冈上肌等肌肉群构成。

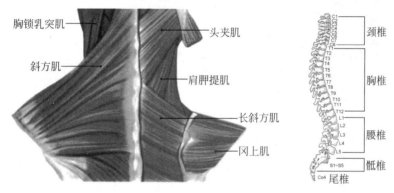

图 8-5 颈肩部肌肉骨骼系统[8-9]

颈肩部肌肉骨骼系统对于躯体上部姿势维持具有重要作用。颈椎的每节椎骨（C1～C8）之间有半透明的白色软骨，称为椎间盘。椎间盘随着颈椎的运动会不断发生形变以增大颈椎运动幅度、承受压力、缓冲震动以及保护大脑和脊髓，但是当颈椎长期处于不自然的姿势时，会导致每节椎骨对椎间盘的压力分布不均匀，压迫椎间盘使其发生退变或不可逆的变形，进而损伤神经，严重时甚至导致肢体麻木或瘫痪。随着当今社会长期伏案或久坐工作人数的增加，各类颈肩部的劳损现象日益增多，各类颈椎病发病率日益升高，严重影响工作群体的健康水平。此类颈肩部疾病或劳损的缓解，一方面需要工作者在锻炼及工作时间上的合理安排（如长期伏案工作者应定时改变头部位置，按时进行颈肩部肌肉的锻炼），另一方面，对于工作工位的工效学设计及相关人因防护产品的设计开发亦是重要解决途径。

例如，驾驶员在驾驶过程中，由于要一直维持固定的驾驶姿势，颈肩腰部肌肉长期维持特定姿势导致肌肉劳损，使得驾驶员的颈肩部疾患和腰部疾患远较一般人群为高，此时可通过颈托等人因防护产品的设计开发来缓解颈部的肌肉疲劳，如图 8-6 所示。各类伏案工作中，计算机显示器的高度设置不合理会导致工作者颈部长期处于不合理的角度，增加颈部肌肉骨骼负荷，诱发颈椎疾病；此时可通过对工作工位进行调整优化，如图 8-7 所示，通过各类人因工效产品调高计算机显示屏幕的高度，使人眼的水平视线落在屏幕中间位置，则可预防或缓解伏案工作带来的颈部劳损风险。

图 8-6　驾驶员的颈部疲劳及颈部人因防护产品[10-11]

图 8-7　伏案工作者的颈部疲劳及其预防缓解[12-13]

腰部作为人体的中间部位,起着承上启下的关键作用,无论是躯体姿势的维持还是各类肢体大动作都离不开腰部的支撑。同时腰部也是人体力劳动尤其是重体力劳动中最容易受伤的部位,即使是在非重体力劳动中,慢性腰背痛(chronic low back pain,CLBP)的发病率亦居高不下。如图8-8所示,腰部肌肉骨骼系统主要由腰椎(L1~L5)、腰大肌、腰小肌、髂肌等肌肉群构成。

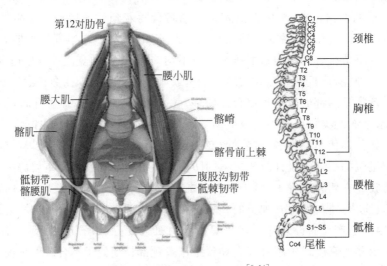

图 8-8　腰部肌肉骨骼系统[9,14]

与颈椎部分的椎间盘相似,腰椎椎骨之间由髓核、纤维环和软骨板三部分构成的一种具有流体力学特性的结构称为腰椎间盘。当腰椎长期处于不自然的姿势并受到过重或分布不均的压力(如弯腰、弯腰搬运重物、震动颠簸等)时,容易诱发腰椎间盘突出,进而挤压神经导致腰痛、腿脚麻木,严重时甚至使人下肢瘫痪。

启发式教学思考题 8-1

请从有利于腰部保护的合理作业姿势角度思考图 8-9 和图 8-10 所示的工作有什么问题。

图 8-9 田间作业[15]

图 8-10 搬箱子[16]

腰部肌肉疲劳、劳损或腰椎间盘突出的出现,一方面受作业负荷(受力)大小、时长等因素的影响,另一方面还受作业姿势的影响。因此,腰部肌肉疲劳和损伤以及腰椎间盘突出的预防或缓解,除合理设定工作负荷水平、时间之外,还需要采取科学合理的作业姿势。例如对于常见的搬运提举重物作业,搬举姿势可以分为 3 种:弯腰直腿式、弯腿直腰式(见图 8-11)以及自由式。这三种姿势中,弯腰直腿式条件下,物体的重力的作用方向与腰椎成近垂直方向,对于腰椎的影响最大;而直腰弯腿情况下,重力的作用方向与腰椎方向基本同向,在此方向上腰椎耐受的力最大,因而对腰椎的影响最小,故而这种方式最利于保护腰椎安全,在重物提举作业中应采用直腰弯腿的方式,即先下蹲,核心收紧,腰背尽量挺直,依靠腿部力量将重物搬起。同时从安全与健康的角度考虑,还需充分考虑个体搬运物品重量的界限,利用美国国家职业安全和健康研究所(National Institute for Occupational Safety and Health, NIOSH)的计算公式来计算建议重量上限(recommended weight limit, RWL),此方法将在后文中予以介绍。

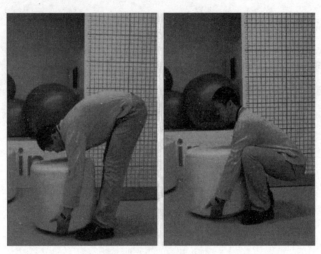

图 8-11　提举重物姿势(弯腰直腿式与弯腿直腰式)[17]

手部的肌肉骨骼系统由诸多短骨及小肌肉群、肌腱组成(见图 8-12)。手部动作多为动作幅度相对较小的动力性肌肉活动,灵活性强。人机交互中的动作控制主要由手部动作完成,不合理地操作控制器就容易导致一些因长期不合理控制操作而产生的手腕部疾患,如鼠标手、腕管炎、扳机指、肌腱炎等,因而手部相关控制装置的人因工程设计就显得尤为重要。

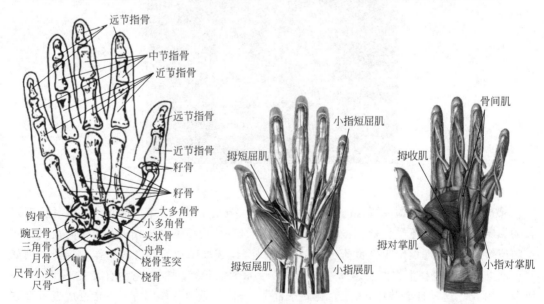

图 8-12　手腕部肌肉骨骼系统[18-19]

手部控制器人因工程设计的一个基本原则就是应让手部骨骼肌肉系统保持在自然姿势,例如图 8-13 所示的手术器具手柄设计,尽量使手部关节没有任何扭曲或旋转,这样才能保证手部即使长期工作仍不易产生疲劳及进一步的劳损。

图 8-14 所示的工效学剪刀相对于传统剪刀将原拇指操作区域改进扩大,这样就可以增大使用者的抓握部位面积,便于增大操作力度;同时还在手柄上增加了一定曲度,可以使操作者在使用剪刀时手腕姿势更为自然;此外,中间增加的弹簧助力装置使得在张开剪刀时更为便捷和省力。

图 8-13　人因工程手术器具手柄设计[20]

图 8-14　传统剪刀与人因工程学剪刀对比[21-22]

图 8-15(a)所示为手在工作台上最自然的摆放姿势,手臂和手掌之间成最自然的一条直线;图 8-15(b)所示为当需要手掌向下时手在工作台上最自然的摆放姿势,虽然手腕处有旋转,但是手臂和手掌之间仍能够保持最自然的直线状态;图 8-15(c)所示为手在使用普通键盘时的摆放姿势,手臂和手掌之间呈一定弯折角度,长期处于这种姿势将会损伤手腕处的骨骼和肌肉。

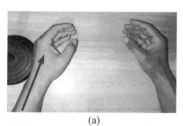 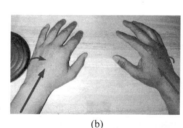 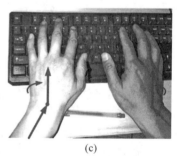

(a)　　　　　　　　　　　　(b)　　　　　　　　　　　　(c)

图 8-15　手在工作台上的三种摆放姿势

(a) 手最自然的姿势;(b) 手掌向下时最自然的姿势;(c) 手在常规键盘上的姿势

图 8-16 所示的工效学键盘相对于传统键盘左右双手操作区域成一定角度,且具有一定曲面倾斜角度,使得双手输入操作时双手腕部的角度更接近自然,可以减少关节肌肉扭曲及拉伤风险;而操作传统键盘时,双手腕部角度扭曲,且缺乏腕部依托,长期使用容易导致腕管炎等手部劳损或疾患的产生。

腿部相关人因工程设计中,一方面,需要考虑腿部的动静脉血管分布,这一点主要在坐姿作业设计中影响较大,因为腿部大动静脉血管主要分布在后部,即坐姿时椅面压迫的主要是

图 8-16　传统键盘与人因工程学键盘对比[23-24]

这部分区域。因此座椅设计还需要充分考虑人体腿部血管分布及血液循环,比如椅面材料、椅面边缘形状等。相对于硬的椅面,柔软的椅面更不易对腿部血管造成压迫;相对于直角的椅面前部边缘,圆润有倒角的边缘也不易对腿部血管造成压迫,从而缓解腿部疲劳。

座椅的设计需要考虑人的颈椎、腰椎、腿部和手部的生理结构特征(例如腰椎的自然弯曲弧度)及其最舒适健康的摆放姿势。如图 8-17 所示为各种造型设计不同的座椅。从人因工程学的角度分析,图 8-17 的座椅(h)缺少对人体整个背部的支撑;座椅(a)、(c)、(d)、(f)虽然有座椅靠背,但是椅背垂直水平面,且在底部缺少对腰椎的支撑,无法维持人体的腰椎自然弧度。其次,这些座椅的椅面平整坚硬,在腿弯处缺少一定弧度,容易对腿部血管造成压迫。座椅(b)的靠背虽然有对内支撑弧度,但是支撑点过高,无法在垂直方向匹配腰椎的弯曲弧度,存在一定的设计缺陷。座椅(e)在腰椎和腿弯处都有较合适的支撑弧度,但是没有考虑对颈椎的支撑。

图 8-17 造型设计不同的座椅[25-32]

在以上 8 种座椅设计中,座椅(g)最符合人因工程学设计原则。如图 8-18 所示,座椅(g)的椅背在对应人体的腰椎和颈椎位置都具有一定的凸起弧度,能够起到支撑作用,可以缓解长期坐姿下腰椎和颈椎受到的压力;其次,椅面前部的弧度也有利于腿部支撑,减少对血管的压力;最后,座椅具有可调节高度的扶手,可以动态适应不同人或人在不同状态时的手臂摆放姿势。

此外,座椅的人因工程学设计还应考虑人体坐姿、考虑人体尺寸的座椅坐宽与坐深等,尽量做到大腿承托(分散久坐挤压对脊椎的压迫)、贴护腰椎(分散背部重力对腰椎的压迫)、舒缓手臂(分散上肢重力对腰椎的压迫)以及舒护颈椎(分散头部重力对颈椎的压迫)等全方位工效学设计,如图 8-19 所示。具体的人因工效设计原则可以参见《工作座椅一般人类工效学要求》(GB/T 14774—1993)[34]。

另一方面,在腿部相关人因工程设计中,也要考虑对站立姿势维持以及行走跑跳骑行等动作涉及的肌肉骨骼系统的保护,尤其是膝关节的保护。行走方面,若是为了地面光洁或便于清洁而大量使用大理石地板的话,对于长期行走于其上的行人的膝盖可能会造成损伤,除潜在的滑跌风险之外,还因为大理石地板的硬度远远超过沥青或者其他的地面材料,所以

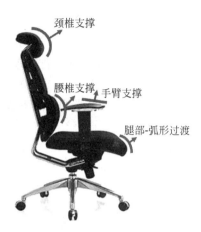 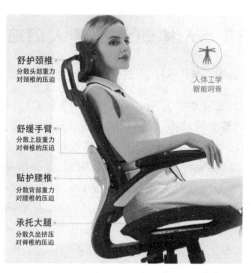

图 8-18　符合人因工程学设计原则的座椅举例[33]　　　图 8-19　座椅设计人因工程学原则[35]

我们并不建议大量采用大理石去铺设大面积的室内外地面,这也反映了人因工程的设计思维,安全和健康高于美观。骑行方面,如果一辆自行车或者其他骑行的车辆的座椅太低或太高,人长期用力骑行这样的自行车可能会由于弯曲过度或超伸过度而引起膝关节的损伤。适合的自行车的座椅高度应该是一个人坐在上面骑行,当骑行者的脚跟踩到踏板的最低位置的时候,其膝盖能够蹬直;而以脚掌踩脚蹬时,则腿部可稍稍弯曲,大小腿间约成20°～30°角度,如图 8-20 所示,这一姿势既可以兼顾踩踏时的出力,也不会让膝关节在踩踏时由于角度太小而过度超伸造成磨损受伤。

图 8-20　自行车坐垫适宜高度示意[36-37]

8.2 人体动作及其人因应用

8.2.1 NIOSH 公式

工业生产过程中存在众多的手工提举作业,这类作业中需要搬运者频繁进行弯腰、蹲起、搬举等动作,极容易造成腰背部肌肉疲劳,诱发腰(下背)痛(low back pain,LBP)。腰背痛已经是典型的搬举类作业多发职业病。搬举作业中,搬举重物的重量是影响搬运者腰部压力及腰部损伤的最重要因素,因此,搬举作业的设计中,首先必须确定合理的搬举重物重量。

为尽量避免或者减少搬举重物对于工作者腰部的损伤,NIOSH 提出了一个用于计算搬举物体建议重量上限(recommended weight limit,RWL)的公式。NIOSH 的建议重量上限标准(RWL)不重于99%的男性工人可承受的重量,不重于75%的女性工人可承受的重量,对于男女工人各半的工作场景,这个重量标准可以涵盖大约90%工人的可承受重量范围。根据生物力学标准、生理学标准以及心理物理学标准,用于计算 RWL 的修正版举重物公式(英制单位制)如下:

$$RWL = LC \times H_M \times V_M \times D_M \times A_M \times F_M \times C_M$$

该公式基于乘法模型,该模型为六个任务变量赋予权重。权重表示为系数,LC 为重量常数,该常数表示理想条件下举重物时最大建议重量(单位为磅,lb)[①]。公式中其他参数含义如下:

(1) H_M 为水平因子(horizontal multiplier)。H 为举物体的手到踝关节中点的水平距离,如图 8-21 所示。H 一般最小值为 10in(25.4cm)[②],最大值为 25in(63.5cm)。在无法测量 H 值的情况下,可根据表 8-1 中方程近似计算。

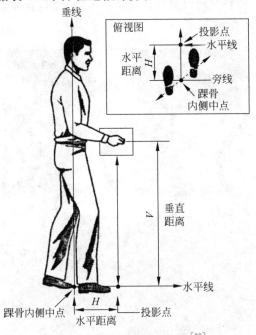

图 8-21 水平因子 H_M 图示[38]

---

① 1lb≈0.454kg。
② 1in≈2.54cm。

表 8-1 RWL 公式中 H 取值方程

条件	公式
$V \geqslant 25\text{cm}$	$H = 20 + W/2$
$V < 25\text{cm}$	$H = 25 + W/2$

其中,W 为容器在矢状面内的宽度,V 为手与地面的垂直距离,单位为 cm。再用 $H_M = 10/H$ 计算 H_M 值。这里 H 均取英制单位 in。

(2) V_M 为竖直因子(vertical multiplier)。V 是手与地板的垂直距离,其取值范围为 $0 \sim 70\text{in}(177.8\text{cm})$。$V_M$ 的计算公式为 $V_M = 1 - 0.0075 \times |V - 30|$,此处单位为英制单位,30 的单位为 in。

(3) D_M 为距离因子(distance multiplier)。D 为物体从起始点到目的地所移动的垂直距离,即重物提举高度,如图 8-22 所示,其取值范围为 $10 \sim 70\text{in}(25.4 \sim 177.8\text{cm})$。$D_M$ 的计算公式为 $D_M = 0.82 + 1.8/D$。此处单位为英制单位。

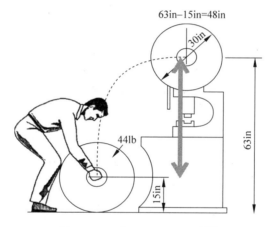

图 8-22 距离因子 D_M 图示[38]

(4) A_M 为不对称因子(asymmetric multiplier)。当待提举的重物不在身体正前方时,人的身体需要扭转一定的角度来搬运重物,躯体扭转时由于用力不对称容易损伤脊柱,因而计算搬举重量上限时也将这一因素考虑在内。A 为不对称的角度(采用度数测量),这个角度是指当物体不在身体的正前方时,举起物体时躯体扭转的角度,如图 8-23 所示。A_M 的计算公式为 $A_M = 1 - 0.0032A$。

(5) F_M 为频率因子(frequency multiplier)。它主要反映提举重物频率对于提举重量上限的影响,该因子数值大小既受举重物频率 F 的影响,也受工作时间长度以及手与地板的垂直距离 V 的影响,具体取值如表 8-2 所示。其中举重物频率 F 即为每分钟举起次数,其取值范围为 $0.2 \sim 15$,即 5min 1 次(0.2 次/min)到每分钟 15 次。例如,对于提举频率 F 为每分钟 5 次、手与地板的垂直距离 V 小于 75cm 的作业,工作时长小于 1h 时 F_M 取值为 0.8,工作时长小于 2h 时 F_M 取值为 0.6。

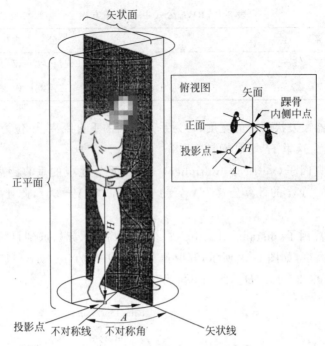

图 8-23 不对称因子 A_M 图示[38]

表 8-2 频率因子 F_M

频率/ (次/min)	工作时间					
	≤1h		≤2h		≤8h	
	V<75cm	V≥75cm	V<75cm	V≥75cm	V<75cm	V≥75cm
0.2	1.00	1.00	0.95	0.95	0.85	0.85
0.5	0.97	0.97	0.92	0.92	0.81	0.81
1	0.94	0.94	0.88	0.88	0.75	0.75
2	0.91	0.91	0.84	0.84	0.65	0.65
3	0.88	0.88	0.79	0.79	0.55	0.55
4	0.84	0.84	0.72	0.72	0.45	0.45
5	0.80	0.80	0.60	0.60	0.35	0.35
6	0.75	0.75	0.50	0.50	0.27	0.27
7	0.70	0.70	0.42	0.42	0.22	0.22
8	0.60	0.60	0.35	0.35	0.18	0.18
9	0.52	0.52	0.30	0.30	0.00	0.15
10	0.45	0.45	0.26	0.26	0.00	0.13
11	0.41	0.41	0.00	0.23	0.00	0.00
12	0.37	0.37	0.00	0.21	0.00	0.00
13	0.00	0.34	0.00	0.00	0.00	0.00
14	0.00	0.31	0.00	0.00	0.00	0.00
15	0.00	0.28	0.00	0.00	0.00	0.00
>15	0.00	0.00	0.00	0.00	0.00	0.00

注：75cm≈30in。

(6) C_M 为连接因子（coupling multiplier）。C 是指重物抓握和举起的难易程度，一般分为三个水平：好，表示物体有恰当的手柄适于抓握和举起，可以牢牢地抓握；一般，表示物体没有适于抓握和举起的手柄，但体积、重量不大或者形状较为规则、表面也不是很光滑，进行抓握、搬举这些操作也不难；差，表示物体很难抓握和举起，比如形状太怪、表面太光滑、体积或重量太大等。C_M 的取值同样也受到手与地板的垂直距离 V 的影响，具体取值详见表 8-3。

表 8-3 连接因子 C_M

连接程度	连接因子	
	V<75cm	V≥75cm
好	1.00	1.00
一般	0.95	1.00
差	0.90	0.90

NIOSH 公式中上述 7 个因子的取值及单位如表 8-4 所示。

表 8-4 NIOSH 公式中 7 个因子的取值及单位

因 子	公 制	英 制
LC	23kg	51lb
H_M	25/H	10/H
V_M	$1-0.003|V-75|$	$1-0.0075|V-30|$
D_M	$0.82+4.5/D$	$0.82+1.8/D$
A_M	$1-0.0032A$	$1-0.0032A$
F_M	见表 8-2	见表 8-2
C_M	见表 8-3	见表 8-3

为了评估实际工作中提举重物的重量与建议提举重量上限之间的关系，并基于此估计提举重物造成工人腰部疼痛与损伤的可能性，NIOSH 在 1991 年给出的公式中提出了举重物指数（lifting index，LI）。LI 是实际提举重物重量与建议提举重量上限的比值。即举重物指数=实际提举重物重量/建议提举重量。研究表明，当 LI>1 时，会增加工人患工伤的可能性；当 LI>3 时，大多数工人极可能患腰部疼痛和损伤；当 LI 在 2 和 3 之间时，腰部疼痛的发病率比较高。

NIOSH 的公式对于指导重物搬运作业负荷设计具有重要意义，但在实际应用过程中仍有其不适用的工作情况，如只能分析工人静止在原地不做水平移动的举重物的作业，对于如单手举重物、坐着或跪着举重物、举不稳定的物体、搬运/推/拉时举重物、高速提升（速度大于 30in/s）的作业以及在湿滑的地板上的工作等就无法分析。

另外，为更便捷地计算 RWL，美国疾病控制与预防中心（Center for Disease Control and Preventio，CDC）开发出了 NIOSH 公式提举计算（NLE Calc）APP（可以在手机的应用商店搜索栏输入"NIOSH Lift"，找到 NLE Calc 这个 APP 并下载使用），可以较为便捷地进行提举作业的各参数计算与评估[39]。

如图 8-24 所示，搬运工人需要将手提箱从流水线传送带上搬下然后挂到"J"形挂钩上再通过传送带运走。该项工作的搬运频率是每分钟 3 次,工作时间长度为每天 8h,每个手提箱重 15lb,手提箱上有合适的把手,很方便抓取搬运。

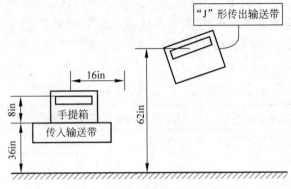

图 8-24　手提箱提举作业示意图

如图 8-24 所示,手到踝关节中点的水平距离为 16in,在搬运起始点,手到地面的距离 V 为 44in(36in+8in),在搬运终点("J"形挂钩处),手到地面的距离 V 为 62in,因而举高高度(距离 D)则为 18in(62in−44in)。假定工人在将手提箱从传送带挂上挂钩时躯体扭转角度 A 为 80°。

因此,按照英制来算,$H=16\text{in}, V=44\text{in}, D=18\text{in}, A=80°$,$F_M$ 为搬运 3 次/min,工作 8h,$V<30\text{in}(75\text{cm})$,查表 8-2 可知 F_M 为 0.55;C_M 若为好的连接,查表 8-3 可知 C_M 为 1。

$H_M = 10/H = 10/16 = 0.625$

$V_M = 1 - 0.0075 \times |V-30| = 1 - 0.0075 \times |44-30| = 0.895$

$D_M = 0.82 + 1.8/D = 0.82 + 1.8/18 = 0.92$

$A_M = 1 - 0.0032A = 1 - 0.0032 \times 80 = 0.744$

LC 为重量常数,代表理想情况下最大建议重量上限,取值 51lb,故而建议提举重物上限为

$$\begin{aligned} RWL &= LC \times H_M \times V_M \times D_M \times A_M \times F_M \times C_M \\ &= 51 \times 0.625 \times 0.895 \times 0.92 \times 0.744 \times 0.55 \times 1 \text{lb} \\ &\approx 10.74 \text{lb} \end{aligned}$$

进一步计算举重物指数(lifting index, LI):

$$\begin{aligned} LI &= 实际提举重物重量/建议提举重量 \\ &= 15/10.74 \\ &\approx 1.4 \end{aligned}$$

LI=1.4>1,说明就当前的重物负荷水平,有些工人会有较大可能产生腰部疼痛或受伤,为避免可能导致工人的腰部疼痛或损伤,该提举作业应进行重新设计以降低提举重物指数。

8.2.2　几种典型的人-机-环系统的人因设计

1. 工作操作平台的设计

工作操作平台的设计,从人因工程的角度出发,需要考虑以下多个因素。

首先,操作平台及器具的设计应该使人体的各个部位(包括手臂等)尽量保持自然的姿

势或状态,尽量不要扭曲,尤其在施力时候不要扭曲关节。

例如图8-25(a)中所示的工作操作台设计中,工人需要先搬着操作目标物从右侧传送带左转放到中间的小桌上,然后再左转转到左侧的传送带上,这期间工人躯体需要进行180°的旋转扭曲,增加了劳动负荷及躯体劳损的风险,并影响了工作效率。在图8-25(b)所示的改进设计中,在左右两条传送带之间增加一张滚转机,操作工人仅需保持正常躯体姿态对传送带所传递来的目标重物进行规定的常规操作即可,不需要原来设计中所需的180°躯体扭转或转向,将举起和扭转降至最低,大大降低了工人的操作负荷,提高了工作效率与安全性。

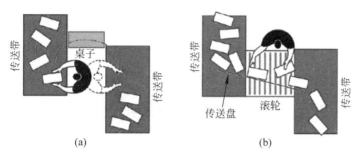

图 8-25 重物搬运流程示意

另外,对于工作台面高度和倾斜角度的设计,同样也是尽可能使工人保持较为自然的工作姿势,减少弯腰、下蹲的动作姿势。如图8-26所示,最好将工作台面的高度及倾斜角度都设成可调的,或者使用可调升降台以避免工人弯腰举起重物,减少工人的腰肌疲劳和腰肌劳损,若是用到各类工具或者装配配件等,也应尽可能置于工人触手可及的位置,避免工人频繁走动或者下蹲弯腰捡拾工具及配件造成腰背肌的疲劳与损伤。

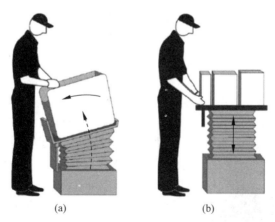

图 8-26 使用可调升降台以避免弯腰举起重物
(a) 升降台和倾斜台;(b) 托盘升降台

此外,工作操作平台的设计还应考虑工作空间尺度问题,即在保证各工作者舒适工作姿势的同时,还应在各工位之间留出充分的活动通行空间。

2. 办公室计算机操作的人因设计

办公室计算机操作是现代社会典型的伏案工作形式,其工位人因设计的水平对工作人员的健康有着重要影响。在这类人群中,颈椎病和腰背部疾病是最为常见的两类职业疾病,这两类职业病患均是由不良工作姿势导致,而不良工作姿势又多是由不良的工位设计所导致。在工位设计中涉及显示器高度、桌面高度、椅面高度、座椅扶手高度、容膝容脚空间等设计要素,分别对应于人眼高度、手操作高度、坐姿小腿高度、坐姿肘高等人体测量参数。如图 8-27 所示,科学合理的办公室计算机操作工位应该满足以下几点:

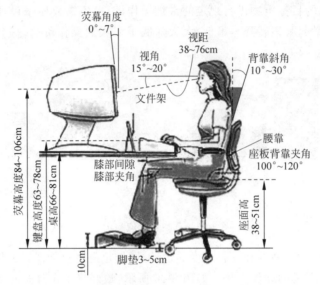

图 8-27　计算机操作工位设计基本要素(但缺少头托)[40]

（1）显示器的高度应使显示屏中心处于人眼水平视线向下 15°～20°的高度,这样才能避免颈椎的不自然的弯曲,降低患颈椎病的风险。

（2）桌面高度应与工人上臂自然下垂前臂水平时高度一致,此时对于键盘操作应配有腕托。

（3）椅面高度应不高于小腿高,以免工人坐下时脚部不着地造成坐姿不稳或者椅面对大腿下面压力过大。

（4）座椅扶手高度应与上臂下垂高度相吻合,这样才能为双肘提供舒服的托靠。

（5）桌面下应有充足的容膝容脚空间,必要时可配备脚垫。

此外,还应考虑工作座椅的颈部支撑(图 8-27 中的椅背缺少对人颈部的支撑)、腰部托靠弧度、椅背高度及倾角等因素以确保座椅的座靠舒适性。

（6）最好要有头托,具体见图 8-19。

当前办公室计算机操作工位人因设计的重要性日益被重视,市场上也出现了众多相关产品来解决这类问题,比如高度和角度都可调整的显示器或笔记本电脑支架等,如图 8-28 所示。

这些产品也为工作姿势在坐姿与站姿之间的切换提供了方便,站坐姿工作姿势的切换有利于缓解腰背部及肩颈部的局部肌肉疲劳,对于避免各类颈椎及腰

图 8-28　显示器升降调节装置[41]

椎劳损具有很好的帮助作用。

3. 智能手机操作姿势和操作平台设计

现代社会中,随着计算信息技术的发展,平板电脑、智能手机等各类移动办公设备日益普及,尤其是智能手机的使用可以说是随时随地,占据了人们工作及闲暇时间的相当大比例,由此也带来了人们的一些身心健康问题。除各类电子产品使用带来的一些心理上的影响之外,在生理健康上也带来一些影响,比如手机使用姿势不当带来的颈椎问题(如图 8-29 所示)。因此,智能手机等各类移动电子设备的操作姿势等也应借鉴办公室计算机操作空间设计的相关原则,使用户保持自然姿势。

图 8-29　不良及合理的手机操作姿势[42-43]

4. 汽车驾驶座舱的人因设计

汽车驾驶座舱也是典型的人-机-环系统,其人因设计水平的高低对于驾驶安全和驾驶员身体健康有着重要影响。驾驶座舱的空间尺寸、显示装置和控制装置的设计及布局等都是座舱人因设计中需要考虑的关键方面。

首先,座舱空间必须满足驾乘人员的人体结构尺寸和功能尺寸要求,为驾乘人员提供足够的操作空间,保障操作者能在工作空间中采取合理的工作姿势,进而安全、舒适、高效地工作,减少疲劳和提高工作效率。因此,汽车驾驶座舱人因设计除了要考虑人体骨骼肌肉系统生理特性之外,对于人体的物理尺寸等形态学特征也应该予以充分考虑,这就要求座舱空间设计必须基于人体测量数据进行。比如,如图 8-30 所示,座舱内部的高度至少应允许人体测量高于 95% 的男性的驾驶员坐进去以后,其头顶离驾驶室顶部内面还有一定空余距离(大约是一个手掌宽度的空间)。座舱空间布局设计还应考虑驾驶员的视野,即驾驶员的座椅位置及高度等必须保证驾驶员具有良好的视野,无论是前方视野还是侧方视野,尽量减少视觉死角。

图 8-30　汽车驾驶座舱头顶空间示意图[44]

其次,在显示装置布局方面,汽车中控台、仪表盘等显示部件的设置位置应能使驾驶员自然舒适地坐在座椅上时方便、准确地看到并快速、准确判读,即应该尽可能使头部及眼睛在放松的状态下就能看到显示屏,以免头颈及眼睛长时间处于比较紧张的状态导致颈肩疲劳及视觉疲劳。仪表盘的平面与铅垂平面的夹角应以 10°左右为宜,驾驶员观察仪表盘时的视线与水平线的夹角同办公计算机操作工位设计中的指导原则一致,最好在 15°~20°之间，不宜超过 30°[45]。

再次，在控制装置布局方面，各类开关、控制按钮、刹车、油门、离合等的位置和空间分布都必须考虑驾驶员的手脚可达范围。手的可达范围指当驾驶员以正常姿势扣好安全带坐在座椅上，一只手掌握方向盘时，另一只手伸展所能触及的最大空间范围。各类控制器的位置布置应考虑其使用频次及重要性，对于使用频次最高的或最重要的应设置在最方便驾驶员的位置。脚控制器的设置位置会直接影响脚的施力和操纵效率，若是对蹬踩力要求较大的控制器，其左右位置应在人体中线两侧各 10°～15°范围内，大腿与小腿之间的夹角以在 135°～155°间为宜；若是对蹬踩力要求相对较小的控制器，为了方便坐着操作时的施力，大腿与小腿之间的夹角最好在 110°～120°范围内（见图 8-31）。

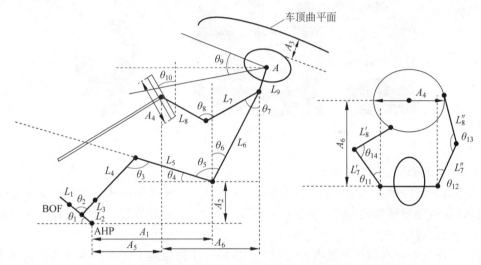

图 8-31　汽车驾驶座舱设计中的垂直面内主要设计角度示意图

5. 通道设计

通道是各类大型工作空间中的必要组成部分，其设计合理性关系到工作空间中人群流动及物品转运等的畅通性，进而影响整体工作效率与安全，因而通道的尺寸设计也必须基于人体测量数据以及实际工作性质来确定。比如对于一般通道设计尺寸，需要基于第 95 百分位的人体肩宽数据再加上衣着装备调整值等调整量进行设计，而对于应急疏散通道等特殊用途通道，则需要选择第 99 百分位的人体肩宽数据。另外，对于各类通道的设计，各行业领域多有相关的国家标准或行业标准予以规范要求，例如《机械安全 工业楼梯、工作平台和通道的安全设计规范》(GB/T 31255—2014)[46]、《满足残疾人需求的建筑物及其通道的设计、实施规程》(BS 8300—2009)(英国标准)。此外还有各建筑设计规范，比如《住宅设计规范》(GB 50096—2011)、《建筑设计防火规范(2018 年版)》(GB 50016—2014)[47]等都对通道的设计提出了较为详细的标准要求。

本章重点

- 动作控制和人的身体主要结构
  - 人的动作控制生理机制：人的大脑皮质的三大运动区。

- 人体的主要骨骼和肌肉组织：颈肩部肌肉骨骼系统、腰部肌肉骨骼系统、手腕部肌肉骨骼系统。
  - 人机系统和工作场所的总体设计原则。
  - 相关人因防护产品的设计。
- 动作以及人体机制的健康人因应用
  - NIOSH 公式及其应用。
  - 几种典型的人-机-环系统的人因设计：工作操作平台的设计、办公室计算机操作的人因设计、智能手机操作姿势和操作平台设计、汽车驾驶座舱的人因设计、通道设计。

作业 8-1

结合本章的内容，选择一个劳动群体（如建筑工人、货运司机、学校内的维修人员、清洁工或者快递人员），并调研该群体主要的肌肉骨骼劳损疾病的类型、成因及相应的缓解对抗措施。

参考文献

[1] 上海科技馆. 金庸武侠里的"脑回路"[EB/OL]. (2018-11-02)[2023-04-18]. https://www.sohu.com/a/272960998_616649.

[2] 张华,白金柱. 脊髓损伤后皮质脊髓束的相关研究进展[C]//第三届全国脊髓损伤治疗与康复研讨会论文集. 宁夏：中国康复医学会,2012.

[3] 解剖生理学网络课程. 脑干[EB/OL]. [2023-04-18]. http://www.gxyixue.com/h-nd-71.html.

[4] 衣淳植,郭浩,丁振,等. 下肢外骨骼研究进展及关节运动学解算综述[J]. 智能系统学报,2018,13(6)：878-888.

[5] 无忧文档. 人体骨骼图（全身）-骨骼结构图[EB/OL]. [2023-04-18]. https://www.51wendang.com/doc/4c9cdef3bd6eb3aa2b6baed2.

[6] 王步标,华明,邓树勋. 人体生理学[M]. 北京：高等教育出版社,1994.

[7] 图行天下. 肌肉图图片[EB/OL]. [2023-04-18]. https://www.photophoto.cn/pic/25458402.html.

[8] 功能解剖知识分享灶台. 最详细肌肉拉伸教程一：颈部拉伸[EB/OL]. (2018-10-02)[2023-04-18]. https://zhuanlan.zhihu.com/p/45837894.

[9] 中舞网. 你真的知道在芭蕾训练中应该怎么去"站"吗？[EB/OL]. (2018-09-27)[2023-04-18]. https://www.sohu.com/a/256530231_555965.

[10] 你的春节假期余额还可以来一场自驾游[EB/OL]. (2021-02-16)[2023-04-18]. https://www.sohu.com/a/450972404_397276.

[11] 清远市盛飞家居用品有限公司. U 型枕头记忆棉慢回弹便携趴睡枕头飞机旅行护颈椎枕便携车载头枕[EB/OL]. [2023-04-18]. https://detail.1688.com/offer/613237374445.html?spm=a261b.12436309.ul20190116.282.407bb6459JcGF.

[12] 知乎用户 XB5RER. 有哪些不良习惯经年累月后会导致颈椎疾病的发生？[EB/OL]. (2019-01-03)[2023-04-18]. https://zhuanlan.zhihu.com/p/53943906.

[13] 提高办公室效率,这些工具可以有！！[EB/OL]. (2016-10-09)[2023-04-18]. https://tieba.baidu.com/p/4814649345?red_tag=2217729089.

[14] 陪你跑. 照顾好你的腰[EB/OL]. (2017-07-26)[2023-04-18]. http://peinipao.cn/bbs/topic?id=1303930.

[15] 宁德城市生活. 宁德人的童年记忆割稻谷如今只能在记忆中[EB/OL]. (2017-10-07)[2023-04-18].

[16] 运动康复翁.坐靠垫是否能够有效缓解腰肌劳损或者是腰间盘突出？[EB/OL].(2019-10-01)[2023-04-18].https://www.zhihu.com/question/23132035/answer/841713570?from=singlemessage.

[17] 腰肌劳损让你苦不堪言,支撑护腰可以拯救你的腰关节！[EB/OL].(2020-11-13)[2023-04-18].https://www.sohu.com/a/431636840_188003.

[18] 佚名.素描教程 手的画法及结构图[EB/OL].(2017-12-30)[2023-04-18].https://www.sohu.com/a/213768865_658710.

[19] 解剖生理学网络课程.骨骼肌[EB/OL].[2023-04-18].http://www.gxyixue.com/h-por-j-12-5_12.html.

[20] Ergonomic Handle Design and Branding for Surgical Handle Platform[EB/OL].(2018-06-27)[2023-04-18].https://huaban.com/pins/1723029371.

[21] 蒲城教育文学网.剪刀剪纸箱[EB/OL].[2023-04-18].https://www.puchedu.cn/jianzhi/2bb52850a2a2a9eb.html.

[22] 马丁的星期天.园林剪刀改良设计[EB/OL].[2023-04-18].https://www.zcool.com.cn/work/ZMTI2NjY2NzY=.html.

[23] 佚名.人体工程学键盘是否只有卖相[EB/OL].(2019-04-28)[2023-04-18].https://www.sohu.com/a/310519150_539062?sec=wd.

[24] 盖得排行.操控便捷又舒服的无线键盘,长时间打字不会累[EB/OL].(2021-04-10)[2023-04-18].https://www.163.com/dy/article/G76451SF05259S6O.html.

[25] 匡大办公家具实木办公椅写字台阅览椅 KD10176[EB/OL].[2023-04-18].http://product.suning.com/0000000000/12166330408.html.

[26] Bag Well/贝格威尔电脑椅[EB/OL].[2023-04-18].https://www.jia.com/product/list_a/cate_277/b_9819/.

[27] 凯迪家具.新中式八仙椅[EB/OL].[2023-04-18].http://m.kaidijiaju.com/product/xzsjj/161.html.

[28] 杭州优达家具有限公司.实木餐椅[EB/OL].[2023-04-18].http://www.zk71.com/products/u755317/cyyljj_5933_52864147.html.

[29] GRACEWU0324.人体工学椅页面素材[EB/OL].[2023-04-18].https://huaban.com/boards/56150147.

[30] 苏宁放心购简约学生写字椅书房实木椅子咖啡椅办公椅桌椅餐椅现代简约家用简约新款[EB/OL].[2023-04-18].http://product.suning.com/0071060521/11719506024.html.

[31] 什么值得买.SIHOO 西昊 M35 人体工学电脑椅[J/OL].(2020-09-09)[2023-04-18].https://www.smzdm.com/p/24664428/.

[32] 麦鸿秋.美容椅美容美发转椅手术实验室吧台靠背升降圆纹身椅技师大工椅 加大靠背高质款＋铝合金脚 官方标配[EB/OL].[2023-04-18].https://item.jd.com/10030224503008.html#crumb-wrap.

[33] 佛山市艾芬家具有限公司.批发人体工学护腰办公老板椅 特价网布升降转椅可躺椅子[EB/OL].[2023-04-18].https://shunde.1688.com/offer/568498458288.html.

[34] 全国人类工效学标准化技术委员会.工作座椅一般人类工效学要求：GB/T 14774—1993[S].北京：中国标准出版社,1993.

[35] 精选好货.评论使用一下习格 900AH 评测怎么样呢？爆料质量好不好？内幕使用评测[J/OL].(2020-10-01)[2023-04-18].http://www.trnjm.com/haohuo/23607.html.

[36] 凡创动画.山地车车座调整心得简单实用[J/OL].(2017-04-30)[2023-04-18].https://jingyan.baidu.com/article/e4d08ffd8df00f0fd2f60d29.html?bd_page_type=1&net_type=2&os=0&rst=6&st=3.

[37] 如何正确地设置你的自行车车座：高度,角度和前后位置[J/OL].(2019-03-15)[2023-04-18]. https://cj.sina.com.cn/articles/view/5645252292/1507bb6c400100pgy2.

[38] Applications Manual For the Revised NIOSH Lifting Equation[EB/OL].(1994-01-01)[2023-04-18]. https://wonder.cdc.gov/wonder/prevguid/p0000427/p0000427.asp#Table_1.

[39] PREVENTION C F D C A. NIOSH Lifting Equation APP：NLE Calc[EB/OL].[2023-04-18]. https://www.cdc.gov/niosh/topics/ergonomics/nlecalc.html.

[40] 西昊.上班久坐累成狗,3招教你轻松解决[EB/OL].(2018-09-28)[2023-04-18]. https://www.sohu.com/a/256694784_100183450.

[41] BOOKS P R. The FlexiSpot Sit Stand Desk Changed My Life[J/OL].[2023-04-18]. https://improvisedlife.com/2017/05/03/the-flexispot-sit-stand-desk-changed-my-life/?utm_source=feedburner&utm_medium=email&utm_campaign=Feed%3A+improvisedlife+%28Improvised+Life%29#lightbox/9/.

[42] 儋州市人民医院康复科吴晶梅.改正不良姿势,关爱颈椎[EB/OL].(2018-01-30)[2023-04-18]. https://www.meipian.cn/12krqycs.

[43] 最江阴.长"富贵包"是因为胖？错！多由长期低头姿势造成[EB/OL].(2020-11-06)[2023-04-18]. https://baijiahao.baidu.com/s?id=1682577307248079884&wfr=spider&for=pc.

[44] 爱卡汽车.哈弗F7x/吉利星越/长安CS85三车对比[EB/OL].(2020-11-03)[2023-04-18]. https://baijiahao.baidu.com/s?id=1682310755323768007&wfr=spider&for=pc.

[45] 颜声远.武器装备人机工程[M].哈尔滨：哈尔滨工业大学出版社,2009.

[46] 全国机械安全标准化技术委员会.机械安全 工业楼梯、工作平台和通道的安全设计规范：GB/T 31255—2014[S].北京：中国标准出版社,2015.

[47] 中华人民共和国公安部.建筑设计防火规范(2018年版)：GB 50016—2014[S].北京：中国计划出版社,2015.

第9章

人的任务分析方法

人因工程怎么分析任务？

本章概述

本章深入介绍人因工程中人的任务分析，介绍并运用人的任务分析方法。
- 任务分析概述
- 主要的任务分析方法
  (1) 层次任务分析法
  (2) 击键水平模型
  (3) GOMS 模型及其变式
  ① GOMS 模型
  ② GOMS 模型的变式1：NGOMSL 模型
  ③ GOMS 模型的变式2：CPM-GOMS 模型

9.1 任务分析概述

任务分析是对人们在实际执行任务过程中的数据进行收集和分析，以深入理解用户需要完成的目标、完成任务的过程和环境，进而为提高用户完成任务的绩效提供数据参考的一种方法。因此，任务分析需要对人的任务的目的、任务涉及的人和系统组件及两者之间的关联进行分析，进而理解任务的目的（why）、人在任务中实施的活动/操作（what）以及支持或启动活动/操作的元素（how）三个重要因素。本章中任务主要指人的任务，即人在人机交互系统运行中执行的操作。

9.2 主要的任务分析方法

9.2.1 层次任务分析法

任务分析首先需要了解任务的具体情况，包括任务的目的和功能、执行任务的对象、任务实施的对象、任务的起止时间和持续时间、任务的内容细节等。因此，我们需要建立**任务**

层次结构，即从纵向（时间）和横向（任务内容）两个层次将任务拆分为由多个子任务组成的多级结构。

如图 9-1 所示，假设我们需要使用共享单车骑行一段路程，在这个过程中我们的总任务和总目的可以是"使用共享单车"，总任务从时间上可以拆分为"找到共享单车并骑车"和"结束骑行并支付费用"两个子任务，而"找到共享单车并骑车"则可以进一步依次拆分为"选择某辆共享单车""打开共享单车车锁"和"骑车"三个子任务。由此可以构建如图 9-2 所示的"使用共享单车"任务的任务层次结构。

在任务层次结构中，高层级的任务（或子任务）可以看作低层级子任务的目标，即为什么要执行子任务；低层级的任务可以看作当前所在层级中的高层级任务或子任务的具体活动，同时也解释了高层级任务如何通过低层级的子任务的组合来具体实施。例如图 9-2 中，"选择某辆共享单车""打开共享单车车锁"和"骑车"三个子任务是"找到共享单车并骑车"的具体实施的活动步骤，而"找到共享单车并骑车"则是三个子任务要实施的目的和原因。

图 9-1 共享单车开锁过程

此外，在层次结构中我们需要找到能够体现个人意图和人需要完成的操作的节点，这是潜在的创新区域。例如图 9-2 中子任务"1.2 打开共享单车车锁"所执行的子任务是由人的意图支配的活动，人选择利用手机 APP 扫描共享单车的二维码以后通过蓝牙连接打开车锁，如果任务分析的目的是"减少总任务时间以提高效率"，我们是否能够提出不同的方案来替换子任务"1.2 打开共享单车车锁"的具体活动？例如直接使用近场通信（near field communication，NFC）技术代替解锁手机和使用 APP 的操作。

9.2.2 击键水平模型

1. KLM 概述

击键水平模型（keystroke level model，KLM）是指一种对任务（尤其指人在人机交互界面中执行的任务）进行简单时间评估的分析模型。1983 年 Stuart Card、Thomas P. Moran 和 Allen Newell 在《人机交互心理学》（*The Psychology of Human-Computer Interaction*）中首次提出了 GOMS 模型[1]，用于分析人在人机交互设备或系统中执行的任务。而 KLM 则是 GOMS 模型众多变式中被广泛运用的一种分析方法，用于预测人在给定的人机交互界面设计中执行某个特定的操作任务所需要的时间。

2. KLM 的原理

KLM 将人在人机交互界面中的操作任务拆分并量化为多个具有固定意义的行为单元，表 9-1 所示为 KLM 中主要的行为单元。

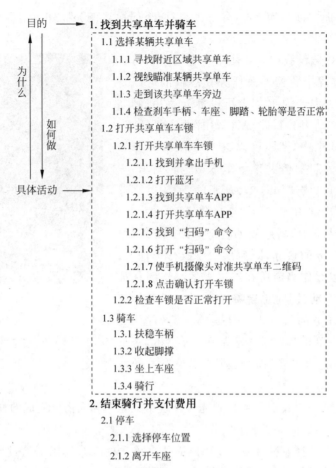

图 9-2 使用共享单车的任务层次结构

表 9-1 KLM 中行为单元示例

行为单元	具体操作描述	耗时/s
K(key)	单击鼠标按键或敲击键盘按键	0.2
P(point)	用鼠标指向屏幕上某目标	1.1
H(home on)	返回键盘、鼠标或者其他设备	0.4
M(mentally)	心理准备	1.35
R(response)	系统响应时间	需要测量

行为单元 K 表示"击键",是指人单击一次鼠标或敲击键盘上的一个按键;行为单元 P

表示"指向",是指人移动鼠标指向屏幕上某个目标;行为单元 H 表示"返回",是指人的手从上一步动作返回到鼠标、键盘或者其他设备;行为单元 M 表示"心理准备",是指人在进行某个行为单元之前的心理活动,M 应该发生在其他行为单元发生之前,或者某两个行为单元转换之间。如果两个行为单元之间的转换是能够完全预期的,则不需要加入 M。这些行为单元经过实验测量后获得了确定的执行时间,如完成行为单元 K 需要耗时 0.2s 左右。

表 9-2 展示了使用 KLM 对人在文本界面进行替换词语操作的任务分析结果。可以看出,在"输入要替换的单词"和"输入新单词"之前存在心理准备时间(M),即人需要思考替换前后的词语并回忆其拼写。此外,"输入要替换的单词"和"输入新单词"的操作均有 4 个 K 行为单元,即经历了 4 次敲击键盘,可以推测出替换前后的单词均由 4 个字母组成。

表 9-2 使用 KLM 对人在文本界面执行替换词语操作的任务分析结果

描述	操作	时间/s
手返回鼠标	H	0.40
移动光标指向"替换"按钮	P	1.10
单击"替换"命令	K	0.20
手从鼠标返回键盘	H	0.40
敲击键盘输入要替换的单词	(M)4K	2.15
手从键盘返回鼠标	H	0.40
移动光标指向正确的区域	P	1.10
单击该区域	K	0.20
手从鼠标返回键盘	H	0.40
敲击键盘输入新单词	(M)4K	2.15
手从键盘返回鼠标	H	0.40
移动光标指向"全部替换"	P	1.10
单击"全部替换"命令	K	0.20
总计		10.20

启发式教学思考题 9-1

运用 KLM 预测用户的操作时间

请预测用户在图 9-3 所示的登录界面登录的操作时间(假设用户名和密码均由 6 个字母组成),把你的答案写在下面的空白处:

图 9-3 某网络站点用户登录界面

答案

由于 KLM 是通过叠加人在任务中每一步操作的时间（行为单元的耗时）来预测用户完成任务的总时间的，因此，使用 KLM 进行任务分析的前提假设是：分析的任务是单个任务，并且组成任务的操作步骤之间没有重叠。

3. KLM 的优劣

KLM 将人在人机交互界面中的任务简化为由多个不同的行为单元组成的行为，只需要通过叠加各个行为单元的时间就能预测用户完成任务的总时间，因此，KLM 简单易学、可操作性强。此外，每个行为单元都有确定的执行时间，并且时间的测量是基于真实的实验数据，设计师能够独立使用 KLM 对设计的人机界面进行快速的测试，大大节省了以往需要招募被试人员进行的实验测试成本，缩短了设计修改的迭代周期。

  启发式教学思考题 9-2

KLM 有哪些弊端？

根据你已经学到的知识，分析 KLM 的缺点。

9.2.3 GOMS 模型及其变式

1. GOMS 模型概述

GOMS 模型是对人在人机交互设备或系统中执行的任务进行知识描述的一种任务分析方法。GOMS 是一组缩写词，其中各个字母的含义分别如下：

G：目标（goals），是指人执行任务最终要达到的结果。

O：操作（operators），是指用户为了实现任务目标而产生的行为（如单击、双击、长按鼠标左键）。

M：方法（methods），是指用户为了实现任务目标或子目标（goals/sub-goals）而采用的一系列操作序列所组成的方法。由于不同的方法可能是由不同的操作以不同的结构顺序组合而成，因此方法具有层次结构，即 GOMS 的方法中包含了**任务层次结构**。

S：选择规则（selection rules），如果在不同的条件下有不同的方法都能够实现同样的任务目标或子目标，选择规则将根据实际情况来确定所使用的方法。

GOMS 模型是将人的任务描述为由目标、操作、方法和选择规则所组成的一种任务分析方法。GOMS 最早在《人机交互心理学》一书中提出，主要用于评估人机交互界面的优劣[1]。《人机交互心理学》的作者之一 Allen Newell（见图 9-4 左）是人工智能与认知科学（Artificial Intelligence and Cognitive Science）的创立者，同时也是信息处理语言（information language processing，IPL）的发明者之一[3-4]。他与 Herbert Simon（见图 9-4 右）在人工智能方面的杰出贡献让他们在 1975 年共同获得了图灵奖[5]。而 Herbert Simon 在心理学、计算机科学、经济学等领域都有重大贡献，尤其针对经济组织内的决策过程进行的开创性的研究使他于 1978 年获得了诺贝尔经济学奖[5]。

图 9-4　Allen Newell 和 Herbert Simon[5-6]

2. GOMS 模型的原理

相比于 KLM 仅针对任务的操作进行时间上的预测，GOMS 模型则完整地考虑了任务的目标、操作、方法和选择规则。GOMS 模型首先对任务进行层次分析，通过获取任务的目标、操作或者方法来构建任务的层次结构。其次，GOMS 模型对任务层次结构内各个操作的执行时间进行估计并计算完成任务的总时间。

图 9-5 所示为使用 GOMS 模型对人在人机交互界面完成"增大文件名为'PAPER'的文本文件中标题的字号"（以下简称"增大标题"）任务进行的分析，展示了该任务的层次结构。任务的总目标"增大标题"可以依次拆分成"打开'PAPER'文本文件""选中标题"和"增大字号"三个子目标。针对子目标"打开'PAPER'文本文件"，此时出现两种选择规则：

（1）如果"PAPER"文本文件在计算机桌面上，则直接双击打开"PAPER"文本文件；

（2）如果"PAPER"文本文件不在计算机桌面上，则在桌面上的搜索栏中搜索并找到"PAPER"文本文件后再双击打开。

该任务分析中，情境假设为"PAPER"文本文件在计算机桌面上，于是选择第一个选项对应的目标操作，最终通过叠加后续每一个操作的执行时间，估算得到完成任务的总时间为 6.93s。

```
GOAL: ENLARGE-TITLE-IN- "PAPER"-TEXTFILE
    GOAL: OPEN-"PAPER"-TEXTFILE
        [SELECT:  GOAL: OPEN-"PAPER"-TEXTFILE-ON-DESKTOP
                        MOVE-CURSOR-TO-"PAPER" TEXTFILE              1.10
                        DOUBLE-CLICK-MOUSE-BUTTON                    0.30
                  GOAL: FIND-AND-OPEN-"PAPER"-TEXTFILE-VIA-SEARCH-BOX-ON-DESKTOP
                        MOVE-MOUSE-TO-SEARCH-BOX-ON-DESKTOP          1.10
                        MOUSE-CLICK-ON-SEARCH-BOX                    0.20
                        RETURN-TO-KEYBOARD                           0.40
                        HIT-KEYBOARD-AND-TYPE-"PAPER"                2.15
                        MOUSE-CLICK-ON- SEARCH-BUTTON                0.20
                        SYSTEM-DISPLAY-"PAPER"-TEXTFILE              1.00
                        DOUBLE-CLICK-MOUSE-BUTTON ]                  0.30
    GOAL: HIGHLIGHT-TITLE
        MOVE-CURSOR-TO-BEGINNING-OF-TITLE                            1.10
        CLICK-MOUSE-BUTTON                                           0.20
        MOVE-CURSOR-TO-END-OF-TITLE                                  1.10
        SHIFT-CLICK-MOUSE-BUTTON                                     0.48
        VERIFY-HIGHLIGHT                                             1.35
    GOAL: INCREASE-TEXT-SIZE
        MOVE-MOUSE-TO-"EXPAND-FONT-SIZE"-ON-TOOLBAR                  1.10
        CLICK-MOUSE-BUTTON                                           0.20
TOTAL TIME PREDICTED (SEC)                                           6.93
```

图 9-5　使用 GOMS 模型对"增大标题"操作进行任务分析

GOMS 模型的方法体现在选择规则指向的路径上，选择了不同的规则对应的操作意味着出现了不同的方法能够完成同一个目标/子目标。在图 9-5 所示的"增大标题"任务中，有一个具有两种可选操作的选择规则（"PAPER"文本文件的位置在或不在计算机桌面上），意味着用户可以通过两种方法来实现"增大标题"任务目标。

3. GOMS 模型的变式 1：NGOMSL 模型

为了能够更灵活地表示 GOMS 模型中的选择规则，密歇根大学的 Dave Kieras 教授于 1988 年提出一种新的 GOMS 模型变式——自然语言表示的 GOMS（natural GOMS language,NGOMSL)模型[7]。NGOMSL 模型利用结构化的自然语言表示任务中的方法和选择规则,不仅能够预测操作和任务的执行时间,还能预测方法使用的时间和操作序列。

与 GOMS 模型对比,NGOMSL 模型的主要改进点在于在选择规则的表达上增加了"如果……则"(if…then)和"返回"(return)两种逻辑结构。图 9-6 所示为使用 NGOMSL 模型对"剪切文本"(cut text)任务的分析。完成"剪切文本"任务目标的方法由以下操作序列组成:

操作 1:完成"选择/高亮文本"目标。

操作 2:返回"已剪切"命令后,完成"发出一个命令"目标。

操作 3:返回"已完成目标"命令。

操作 1 至操作 3 按顺序共同构成了一种能够完成"剪切文本"任务目标的方法,因此也称为目标的方法(method for goal)。**目标的方法**是指当某目标下存在多个子操作/子目标/子任务过程时,这些子操作/子目标/子任务序列共同构成能够完成当前目标的一种方法。操作 2 和操作 3 都含有"返回"命令,由于 NGOMSL 模型采用结构化的自然语言表示任务,因此是一种以程序结构描述任务执行的逻辑方法,"返回"命令能够使方法的执行实现闭环,并开启下一步操作。

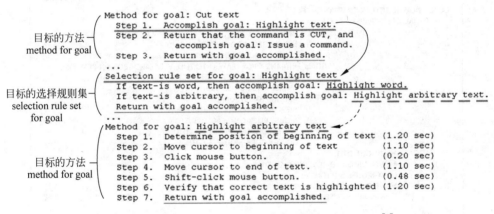

图 9-6　NGOMSL 模型对"剪切文本"活动进行任务分析[8]

此外,在执行操作 1,即"选择/高亮文本"目标时,根据不同的情境具有不同的选择规则,NGOMSL 模型将在"选择/高亮文本"目标下的选择规则构成的"如果……则"逻辑结构描述为:

(1)如果文本是指定的词语,则完成"选择/高亮指定词语"目标;如果文本是任意的,则完成"选择/高亮任意文本"目标。

(2)返回"已完成目标"命令。

该逻辑结构中包括了分别对应两种不同情境的两种能够完成"选择/高亮文本"目标的方法,因此构成了"选择/高亮文本"目标的选择规则集(selection rule set for goal)。**选择规则集**是指当某操作对应有多种方法时,即在该操作下的分析中具有"如果……则"逻辑结构,则将该操作下分析中的第一层"如果……则"逻辑结构中包含的方法组成的集合称为选择规则集。

启发式教学思考题 9-3

使用 NGOMSL 模型分析"用自己的手机给朋友打电话"任务

请使用 NGOMSL 模型分析"用自己的手机给朋友打电话"任务,手机拨号界面如图 9-7 所示。需要考虑两种情况:①你朋友的电话号码在你的联系人名单里;②你朋友的电话号码不在你的联系人名单里。

 答案

图 9-7 某手机拨号界面

4. GOMS 模型和 NGOMSL 模型的优劣

GOMS 模型和 NGOMSL 模型都是用户任务分析方法[1,7],用于分析用户的任务活动内容和执行方法,并预测任务的操作序列和执行时间等。因此,GOMS 模型和 NGOMSL 模型均**具有任务的层次分析过程**,从而构建任务的层次结构并在此基础上进一步分析。此外,相比于 KLM,由于 GOMS 模型和 NGOMSL 模型中的任务具有层次结构,二者在对任务的描述上**更加灵活**,例如两者均采用目标、操作、方法和选择规则集成的组合来描述任务。另外,NGOMSL 模型利用"如果……则"和"返回"逻辑结构来程序化编码任务。

然而,GOMS 模型和 NGOMSL 模型中还存在许多弊端。

 启发式教学思考题 9-4

COMS 模型和 NGOMSL 模型有哪些弊端?

根据你已学到的知识,思考并列举 GOMS 模型和 NGOMSL 模型的缺点。

 答案

5. GOMS 模型的变式 2:CPM-GOMS 模型

为了解决 GOMS 模型仅适用于单任务分析的问题,Bonnie E. John 和 Allen Newell 于 1988 年提出了一种新的 GOMS 变式——关键路径 GOMS(critical path method-GOMS,CPM-GOMS)模型[9]。CPM-GOMS 模型将关键路径法引入 GOMS 模型中,试图分析多操

作/子任务并行的任务。**关键路径法**(critical path method,CPM)是项目管理中用于估算项目完成时间的方法。图 9-8 所示为一种使用关键路径法表示的项目中各项工作之间的相互关系,圆圈代表活动节点,字母代表不同的活动标号,数字代表完成该活动需要的时间,箭头代表活动顺序。项目从起始到完成的过程被拆分成多条路径并行组合,每条路径由多个活动顺序串联组合,而其中关键路径是指项目持续时间最长的活动顺序,决定着可能的项目最短工期(见图 9-8 中箭头组成的路径)。

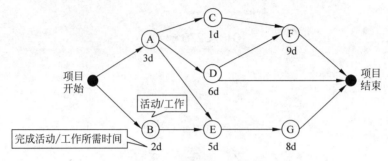

图 9-8　关键路径法网络图

任务是由人来执行的,关键路径法能够通过路径网络来描述具有并行活动的任务,但还无法得知这些并行任务活动是如何被人同时执行的。例如电话公司的客服人员在处理"帮助客户查询电话费"任务时需要同时执行多个操作:电话接收客户电话号码等个人信息、在计算机屏幕上识别信息输入位置、通过键盘敲击或单击鼠标等行为输入客户电话号码信息等,这些操作的并行执行将受到客服人员的听觉、视觉和动作等认知行为的影响。因此,如图 9-9 所示,CPM-GOMS 模型在任务的关键路径法描述中引入了人类模型处理器(model human processor,MHP)中的规则[10],将 MHP 中的各个活动例如感知操作(包括视觉感知、听觉感知、触觉感知等活动过程)、认知操作(包括注意到信息、人的决策行为、感知信息、验证信息等活动过程)、动作操作(包括眼动、手和脚的动作、语言反应等活动过程)等行为操作作为关键路径法中的活动节点(对应图 9-8 中的圆圈)。每个认知活动的完成时间可根据历史实验数据统计确定,例如人注意信息的过程需要 50ms 左右;人的视觉感知信息过程则根据具体情况有不同的差异,对于两个数字的视觉信号,感知信息过程需要 100ms 左右,对于与 6 个字母单词复杂度相似的视觉信号,感知信息过程则需要 290ms 左右。

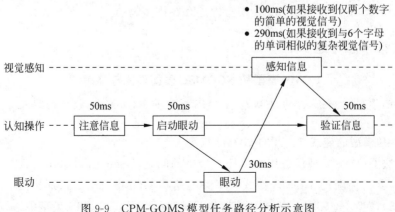

图 9-9　CPM-GOMS模型任务路径分析示意图

在 CPM-GOMS 模型对任务的分析过程中，我们可以根据构建的任务路径分析图，估算完成每一条路径上的所有操作/活动所需要的总时间，并找到用时最长的一条路径，即关键路径。关键路径决定了任务完成的总时间，因此，优化任务的关键路径，以此缩短关键路径所需的总时间是提高任务完成绩效的重要方法之一。我们可以改进关键路径中的某个操作/活动本身或其所需要的环境条件，来缩短该操作/活动完成的时间，例如在汽车行驶过程中，通过使用抬头显示（head up display，HUD）系统或增加语音提示功能来提高仪表盘的显示能力（改进"注意信息"活动所需要的环境条件），进而缩短驾驶员获取仪表盘信息的时间；或者我们可以在总目标不变的情况下，通过改变活动顺序或改进关键路径中的某个方法/策略来缩短总路径的完成时间。例如在某邮箱界面完成登录任务时，用户可以选择使用 Tab 按键在用户名和密码对话框之间跳转，所需时间相比于单手离开键盘使用鼠标单击进行跳转要短很多。

 启发式教学思考题 9-5

使用 CPM-GOMS 模型分析并行任务

使用 CPM-GOMS 模型分析用户在驾驶汽车过程中同时完成以下两项并行任务的情况：①看到前方路口显示红灯后踩刹车减速停车；②听到手机电话铃声并通过蓝牙技术接听电话。（请绘制 CPM-GOMS 模型任务分析路径图）

答案

CPM-GOMS 模型的优劣分析：相比于 GOMS 模型，由于 CPM-GOMS 模型集成了人的认知行为规律和关键路径法，将人的每项认知行为看作关键路径中的活动节点，因此适用于预测人在同时进行多个并行任务情况下的任务完成时间。

 启发式教学思考题 9-6

CPM-GOMS 模型有哪些弊端？

根据你已学到的知识，思考并列举 CPM-GOMS 模型的缺点。

答案

本章重点

- 主要的任务分析方法：层次任务分析法、KLM、GOMS 模型、NGOMSL 模型、CPM-GOMS 模型。
- 层次任务分析法：任务的目的和具体活动，任务层次结构。
- KLM：KLM 的主要行为单元、KLM 任务分析方法、KLM 的优点和缺点。
- GOMS 模型：GOMS 模型名词解释、GOMS 模型的结构、GOMS 模型任务分析方法、GOMS 模型的优点和缺点。
- NGOMSL 模型：NGOMSL 模型与 GOMS 模型的区别、NGOMSL 模型任务分析方法、NGOMSL 模型的优点和缺点。
- CPM-GOMS 模型：CPM-GOMS 模型与 GOMS 模型的区别、CPM-GOMS 模型的路径图结构、CPM-GOMS 模型任务分析方法、CPM-GOMS 模型的优点和缺点。

作业 9-1

请用 KLM 计算：用计算机打开一个购物网站网购一件物品，从登录到支付完成所需的时间。需要列出整个计算过程。

换一个购物网站，重复以上过程，比较两个网站的设计对你完成购物时间的影响。

参考文献

[1] CARD S K, MORAN T P, NEWELL A. The psychology of human-computer interaction[M]. Boca Raton: Crc Press, 2018.

[2] SYNTAGM. Keystroke Level Model Calculator[Z]. 2020.

[3] NEWELL A. The chess machine: an example of dealing with a complex task by adaptation[C]// Proceedings of the March 1-3. Western joint computer conference, F, 1955.

[4] NEWELL A, TONGE F M. An introduction to information processing language V[J]. Communications of the ACM, 1960, 3(4): 205-211.

[5] ACM. ALLEN NEWELL DL Short Annotated Bibliography[EB/OL]. [2023-04-19]. https://amturing.acm.org/bib/newell_3167755.cfm.

[6] ACM. HERBERT ("HERB") ALEXANDER SIMON Short Annotated Bibliography[EB/OL]. [2023-04-19]. https://amturing.acm.org/bib/simon_1031467.cfm.

[7] KIERAS D E. Towards a practical GOMS model methodology for user interface design[M]// Handbook of human-computer interaction. Amsterdam: Elsevier, 1988.

[8] KIERAS D. A Guide to GOMS Model Usability Evaluation using NGOMSL[M]. Amsterdam: Elsevier, 1996.

[9] GRAY W D, JOHN B E, ATWOOD M E. The precis of Project Ernestine or an overview of a validation of GOMS[C]//Proceedings of the SIGCHI conference on Human factors in computing systems. New York: Association for Computing Machinery, 1992.

[10] CARD S K, MORAN T P, NEWELL A. The model human processor: an engineering model for human performance[M]//Handbook of perception and humanperformance. Manhattan: John Wiley & Sons, 1986, 1(2): 1-35.

第 10 章

以人为主的人机系统设计

人因工程如何设计人机系统？

> **本章概述**
>
> 本章将介绍人机交互系统中的人机界面，并说明如何设计以人为中心的人机界面。
> - 人机界面的信息架构
>   (1) 深度与广度的平衡
>   (2) 元素在广度上的排布
> - 界面布局与分析
>   (1) 布局分析方法
>   (2) 链锁分析方法
> - 生态人机界面设计
> - 人机界面原型设计工具

10.1 人机界面的信息架构

人机界面是指人与机器（系统）进行信息交互的媒介。例如飞机驾驶座舱里的控制面板、汽车驾驶室内的车载系统、核电厂中的主控室操作台、医院中放射性治疗仪的操作面板等，以及日常生活中使用的计算机界面、手机界面、电视机或游戏机的遥控器面板等，这些都是人与系统互动、传递信息、实现功能的人机界面。

人机界面是构成人机交互系统的非常重要的一部分，不仅承担着人与交互系统之间的信息传递任务，还是人满足需求、交互系统实现功能的信息交互的媒介。例如医院里的自助挂号缴费一体机便是一个人机交互系统，通过人在人机界面上的操作（与系统交换信息），例如输入身份证号码、接收系统给出的信息提示、输入银行卡密码等，能够满足挂号、缴费、查询等需求，而交互系统的功能则是完成人的这些信息交互需求。想象一下，如果此时你想使用挂号机取预约的挂号单，但是在人机界面中经过多次操作，翻阅了多层界面也没有完成取票任务，而你身后的队伍越来越长，这无疑会增加所有人的时间成本。人机界面的设计需要尽可能符合人的操作习惯，这要求设计师在了解人的认知和感知能力的基础上去设计具有操作逻辑性和使用宜人性的人机界面。如果一个人机界面在使用过程中让人感到上下文矛盾(例如丢失某证件卡后请求挂失补卡,但请求过程中又要求刷该证件以验证身份),或者出现功能重复(例如先输入身份证号后又要求刷实体身份证),则说明该人机界面并不具备一个好的信息架构。**信息架构**(information architecture)是指人机界面呈现信息的方式,包括人机界面的总体布局,即整个人机界面的结构。信息架构设计的好坏决定了人机界面的操作是否具有逻辑性和宜人性,直接影响人在人机界面中完成任务/活动的绩效。

10.1.1 深度与广度的平衡

想象一下,你在银行 24 小时自动取款机(automated teller machine,ATM)上取款,你知道自己从插入银行卡到最终取得现金大概需要经过多少步骤或者花费多少时间吗?你会在操作过程中找不到需要的功能选项吗?你会对界面设计的操作逻辑和功能流程感到迷茫或者出现思维的短暂停顿吗?图 10-1 所示为某取款机人机界面的部分信息架构。

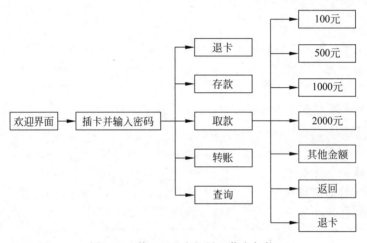

图 10-1 某 ATM 人机界面信息架构

我们进入 ATM 人机界面时首先会看到欢迎界面,当插入银行卡并根据提示输入密码后,就会进入下一个界面层级,该界面有退卡、存款、取款等元素(见图 10-1),假设选择取款元素,则进入取款界面,有不同金额数、退卡、返回等元素。这种在当前界面中选择某一元素后进入另一个界面层级的方向称为人机界面信息架构的深度方向,而**信息架构深度**(depth)是指深度方向的最大界面层级数。同理,与深度方向相垂直的方向,即每个界面中元素的二维排列方向称为人机界面信息架构的广度方向,而**信息架构广度**(breath)是指某层级中的界面广度方向上包含的元素数。

想象一下,如果将图 10-1 中取款界面之后的信息架构变换成图 10-2 所示的广度和深度组合,用户在选择取款元素之后进入是否取款 100 元的界面,如果不是则再进入下一个界面。图 10-2 所示的人机界面增加了取款界面之后的信息架构深度,减少了广度。如果此时用户临时改变主意想要退卡,则需要经过多次选择,跳转多个界面之后才能实现退卡功能。很明显,这并不是一个好的信息架构,不仅增加了时间成本,还降低了人的操作效率。那么什么样的广度和深度的组合才能构建一个让人满意、具有操作逻辑性和使用宜人性的人机界面信息架构呢?

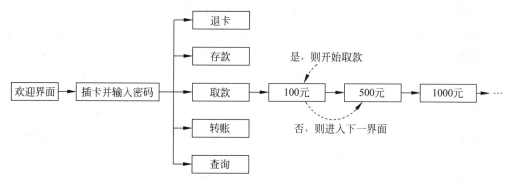

图 10-2　某 ATM 取款机人机界面信息架构变换

Kiger 在 1984 年研究了人机界面信息架构的深度和广度之间的平衡关系对用户操作时间的影响[1]。在 Kiger 的实验中,整个信息架构一共有 64 个元素,并以 3 种不同的广度和深度组合方式呈现,分别是(图 10-3、图 10-4 和图 10-5):

(1)(深度,广度)=(D2,B8),即一共 2 个界面层级,层级中的每个界面包含 8 个元素。

(2)(深度,广度)=(D3,B4),即一共 3 个界面层级,层级中的每个界面包含 4 个元素。

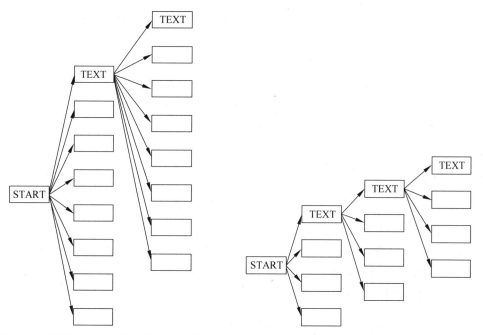

图 10-3　深度为 2、广度为 8 的信息架构　　　图 10-4　深度为 3、广度为 4 的信息架构

(3)(深度,广度)=(D6,B2),即一共 6 个界面层级,层级中的每个界面包含 2 个元素。

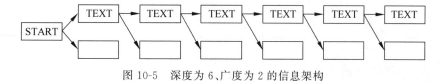

图 10-5　深度为 6、广度为 2 的信息架构

22 名被试在每种信息架构组合上进行 16 次搜索任务,并被记录包括完成时间和错误率在内的任务绩效。实验结果表明,深度和广度为(D6,B2)的组合是所需的操作时间最长、准确度最低且最不受欢迎的信息架构;而深度和广度为(D2,B8)的组合是操作时间最快、准确度最高且最受欢迎的信息架构。在偏好选择中,(D2,B8)组合同时也是被试首选的信息架构。

为什么不同组合的信息架构会得到不同的绩效呢?这是因为**人在探索信息架构的深度和广度上的努力程度不同。因为人的眼动速度比手部动作速度快,只要所呈现的信息可读性较高**(比如符合视觉信息呈现的 007 规则,见第 4 章),**人在广度方向上的探索比深度方向上的更容易**。因此,在设计人机界面时,我们需要对人机界面信息架构的深度和广度进行权衡,找到两者最优的平衡关系。虽然深度方向上的探索难易程度高于广度,但是也需要注意在小屏幕界面(如手机)的情况下,广度上放置过多的元素会违反我们的最小接受字符大小规则(见第 4 章)。

10.1.2 元素在广度上的排布

每个层级中各种界面里都包含很多元素。这些元素所表示的信息和能够实现的功能都不一样,它们在界面中摆放的位置、顺序以及展现的形态都会直接影响人们对界面信息的接收效率、任务的操作时间和错误率。元素在广度方向上的排列有以下 4 种方法:

(1) 按字母顺序(若表示为英文,则按照英文字母顺序;若表示为中文,则按照中文第一个字的拼音字母顺序);

(2) 按功能(按功能分区,如 10.2.1 节中的布局分析方法);

(3) 按使用频率(最常用的放在最上面);

(4) 按使用/操作顺序。

Card 在 1982 年通过实验研究了元素的排列方式对人寻找信息所用时间的影响[2]。他设计了一个文字处理命令菜单,在该菜单中一共有 18 个元素(选项),例如插入、斜体、居中等。这些选项分别以 3 种不同的顺序(按字母顺序、按功能分类、随机排序)进行位置排列,因此,一共有 3 种模式的文字处理命令菜单。在实验中 Card 给被试一个目标命令(如斜体),让他们在 3 种模式的菜单中找到并选择这个目标命令,记录并对比被试完成任务的时间。最后得到的测试结果如表 10-1 所示。可以看出,在 Card 设计的实验中,当元素(选项)按照字母顺序排列时所花费的任务时间最短。

表 10-1 Card 实验中 3 种选项排列方式的任务时间对比[2]

时间/s	选项的排列方式
0.81	按字母顺序
1.28	按功能分类
3.23	随机排序

启发式教学思考题 10-1

在 Card 的实验中,人机界面里的元素按字母顺序相比于按功能分类和随机排序排列,获得了最好的任务绩效，但这真的是最优的排列方式吗？

元素应该按照什么样的顺序排列才能让人体验最便捷的界面操作环境，得到最优的操作绩效？假设小华设计了一款文献辅助工具软件，能够检索并记录需要的各种文献信息，并帮助人们在撰写文章时在指定位置进行引用。小华设计的文献辅助工具软件部分菜单展示如图 10-6 所示。

在"编辑"界面中的元素是按照中文拼音字母顺序来排列的，如果用户想要在软件中添加一个新的参考文献，可以通过联想与"添加"相似的词语并通过拼音首字母顺序在菜单列表中搜索目标，如"添（T）加""加（J）入""增（Z）加"等。但是在包括小华设计的大多数文献辅助工具中，"将已添加在软件中的参考文献添加到文档中的指定位置"和"在软件中添加搜索到的或自己编辑加入的参考文献"有着相似的字面意思，均可用"添加/加入参考文献"表示，因此，用户可能会在寻找这些功能时因错误读取信息而在相似功能上进行无用的试探操作。此外，在文献辅助工具中，用户经常希望添加新的参考文献，"在软件中添加搜索到的或自己编辑加入的参考文献"是用户频繁使用的功能，而在图 10-6 所示的按字母顺序排列的界面中，用户的光标总是需要移动到列表的中间位置才能找到对应的元素，即"添加参考文献"。这些都会增加用户的操作时间和错误率，降低用户的完成绩效。如果小华将元素按照使用频率来排列（如图 10-7 所示），则会大大提高用户的操作效率，在打开编辑菜单的第一栏就可以选择频繁使用的"添加参考文献"功能。

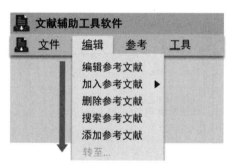
图 10-6　文献辅助工具界面中元素按拼音字母顺序排列

图 10-7　文献辅助工具界面中元素按选项使用频率排列

与 Card 实验中得到的结果不一样，在文献辅助工具中的编辑界面，元素按使用频率来排列更加符合人的操作习惯。因此，元素的排列方式需要根据人机界面的功能主旨和内容，以及人针对该功能主旨的交互习惯来选择。以下列出一般情况下建议的元素排列规则：

如果　　操作者操作这些元素一直是完成一个固定的任务并且遵循一个固定的操作顺序
　　则　　根据操作顺序来排列这些元素
否则　　操作者操作这些元素存在多种任务且任务的操作顺序不固定
　　如果　　这些元素属于不同的功能区
　　　则
　　　　如果　　功能分区有不同的重要性或使用频率或使用顺序

		则	依次根据功能区的重要性、使用频率和使用顺序来排布功能区
（1）按功能将元素分区	否则	功能分区的重要性、使用频率和使用顺序都相似	
		如果	功能描述为英文
			则　按字母顺序排列不同的功能区
		否则	功能描述为中文
			按第一个字的拼音顺序排列不同的功能区
	如果	元素使用频率不同	
（2）在每个功能区中排列元素		则	按使用频率排列元素
	否则	元素使用频率相同	
		如果	元素描述为英文
			则　按字母顺序排列不同的元素
		否则	元素描述为中文
			按第一个字的拼音顺序排列不同的元素

否则　元素属于同一个功能区

跳转至：（2）在每个功能区中排列元素

如图10-8所示，以文献辅助工具软件的人机界面为例，在"编辑"菜单栏中，功能组和功能组内的元素基本都按照用户的使用频率来排列。

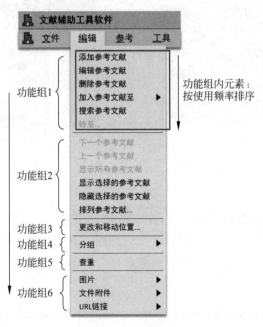

图10-8　文献辅助工具菜单元素排列示意图

课堂练习题 10-1

设计一个车载 GPS 人机界面的信息架构

请为图10-9所示的车载GPS界面元素设计一个车载GPS人机界面的信息架构。信息架构需要考虑深度和广度的平衡关系,以及广度方向上元素排列的建议规则。

- 近期目的地
- 设置新的目的地
  - 按门牌号搜索
  - 按目的地名称搜索
  - 按类别搜索
    公园、加油站、银行、酒店、餐厅、超市、学校、机场、公共汽车站……
- 紧急道路援助
- 看地图
- 喜欢的地点
- 回家
- 设置
  - 亮度
  - 响度
  - 单位(公制与英制)
  - 路线图更新
  - 避免通行费
  - 声音偏好(男性或女性)

答案

图 10-9 车载 GPS 界面元素

10.2 界面布局与分析

10.2.1 布局分析方法

布局分析(layout analysis)是指在人机界面信息架构的某一界面层级中,对其包含的元素进行位置排布的方法。人机界面中各个元素的布局需要考虑人的操作便捷性、信息接收效率、视觉舒适性等多个方面。一般情况下,我们采取以下布局分析方法来对人机界面进行布局设计:

(1) 按功能将元素进行分区。

(2) 根据功能区的重要性、使用频率、使用顺序来排布功能区。

图 10-10 所示为某数控机床人机操控面板,面板上的元素根据所属的功能类型被分成四大功能区(见图 10-11),分别为显示功能区、程序输入区、紧急命令区和机床控制功能区。显示功能区能够实时显示包括主轴转速、刀具坐标位置、执行程序编号、机床故障等机床运行数据,以及从其他功能区输入的指令数据。程序输入区也称为手动数据输入(manual data input,MDI)键盘,操作员可以使用 MDI 键盘手动输入一些简单的功能指令或数控程序,如程序编号、刀具编号(用于选择刀具)、车刀或铣刀的路径、制定具体的主轴转速和刀具补偿数值等。如果机床执行的数控程序较为复杂,可以在其他系统中编写程序后再从外部接口输入数控机床系统中;如果数控程序只有几行代码或者需要修改已有程序,一般会使用 MDI 键盘。紧急命令区中有机床出现各种常见故障时的急停或复位等按钮(如机床运行出现超程报警时使用的超程释放按钮)。图 10-10 所示的面板右上角的圆形按键为机床的急停按钮,这是机床控制中非常重要的安全保护按钮,当发生紧急情况如机床飞车、撞刀时应该及时拍下急停按钮,可以停止机床所有动作,使程序复位,以降低对人员的伤害和对系统元器件的破坏。机床控制功能区主要用于直接操控机床,利用相关按键可以调整刀具和工件的运动方向和速度、改变主轴旋转方向、启动冷却功能、置换刀具等。

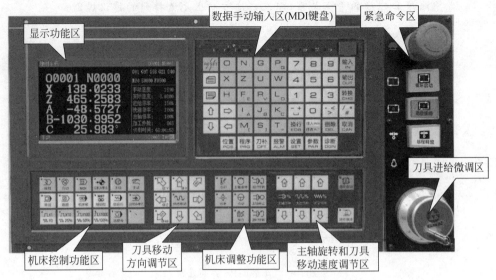

图 10-10　某数控机床人机操控面板

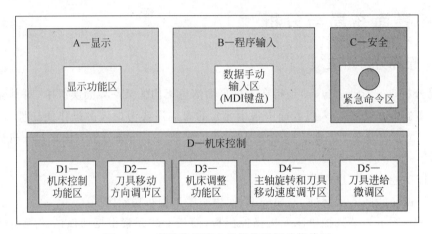

图 10-11　某数控机床人机操控面板功能分区

机床控制功能区中的元素又按照更加细化的功能类型分成 5 个子功能区（见图 10-11）。将元素按照功能进行分区后，我们需要根据功能区的重要性、使用频率、使用顺序来排布功能区。根据机床操作人员的一般使用情况，面板中的四大功能区的重要性和机床控制区中 5 个子功能区的使用频率排序如下：

重要性：C≥D/B≥A

使用频率：D1≥D2≥D3≥D5≥D4

很显然，图 10-11（图 10-10）所示的数控机床人机操控面板的功能区布局还有进一步改善的空间。例如，根据人的视觉搜索习惯，人更容易注意到与视线平行的左边区域，因此，可以将面板中最重要的安全区布置在这个区域范围内。但是根据人的手部操作习惯，大部分人是右利手，而安全区中最重要的急停按钮具有迅速、及时的需求性，因此，将安全区布置在离右手抬起最接近的区域范围，即面板的右下角更加能够提高机床安全保护的及时性。

此外，将显示屏布置在视线左边，将元素按钮布置在屏幕的右边和下方，更有利于右利手的人同时使用右手操作按键和使用眼睛获取显示屏信息。如果将显示屏和按键位置反过来布置,(右)手部的操作将可能会遮挡人看向显示屏的视线。图 10-12 给出了一种改进的布局设计方案。在尽可能符合人的视线搜索和手部操作习惯的基础上,功能区的重要性从左至右逐渐升高,急停按钮设计在右下角以保证右手能够以最短距离接触到并拍下。机床控制区中的子功能区按照使用频率重新排序,从上至下使用频率逐渐降低。当然,这只是一种改进方案,可能还会有更好的布局设计方案。

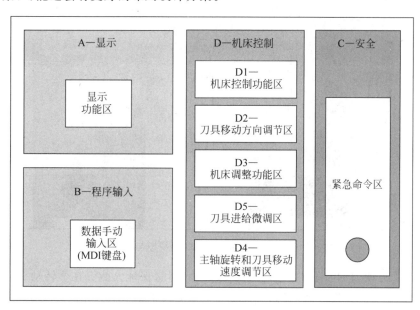

图 10-12　改进的数控机床人机操控面板功能分区排布

图 10-13 所示为某数控车床操作人员执行任务的全局图和侧视示意图。可以看出,如果人机操控面板在三维空间中的布局过高,人需要仰头并抬高手臂才能操作面板,这增加了人的疲劳程度并降低了操作效率。此外,该人机面板位于车床的中间位置,人与人机面板之间有一个弧形的车床防护罩的距离,即操作员的上半身需要跨过防护罩才能触碰到人机面板,并且使人被迫缩减与车床的安全距离,有些身高较矮的操作员甚至需要紧贴防护罩才能正常操作,这大大降低了操作便捷性,增加了安全风险。

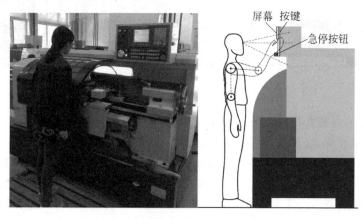

图 10-13　某数控车床人机面板操作

我们在进行布局分析时不仅需要考虑元素在人机界面中的布局方式,还需要从三维空间的角度考虑元素在人机面板中如何布局才能更加适应人的操作习惯,以及提高整个人机系统的安全性。根据图 10-13 中车床人机面板布局存在的问题,我们将人机面板与人的正常站位距离拉近,并降低人机面板距离地面的高度(见图 10-14 和图 10-15),使面板中显示屏中心水平线的高度与人的平视视线高度相同,降低原先需要仰头才能获取信息的疲劳程度。

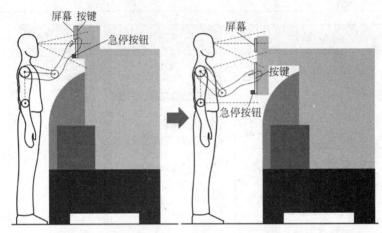

图 10-14　某数控车床人机操作侧视图与改进方案

此外,为了方便人的右手操作面板上的按键,在尽量保证人能够在不转动头部位置的情况下同时看到显示屏和按键区,我们将按键区的位置下移,与显示屏拉开一定距离,以减小人的手部抬高距离,有利于降低操作的疲劳程度。

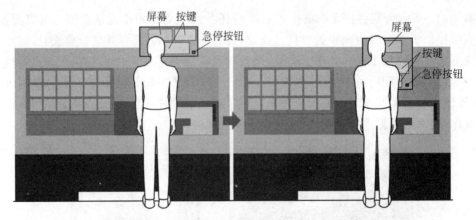

图 10-15　某数控车床人机操作正视图与改进方案

图 10-16 所示为某微波炉的操作面板,面板上各种元素按照功能进行位置布局,分为信息显示区、时间选择区、功能选择区和启动区。除了信息显示区,其他功能区按照使用顺序从上至下进行排列。操作者将食物放入微波炉以后,首先选择需要加热的时间,再选择需要加热的类型,最后单击开始按键;或者操作者在选择加热时间后,不清楚食物的类型,可以跳过功能选择区,直接单击下一个启动区的开始按键。将功能区按照使用步骤的顺序来排列,可以节省操作者视线和手部的移动次数、距离,有效缩短操作时间。

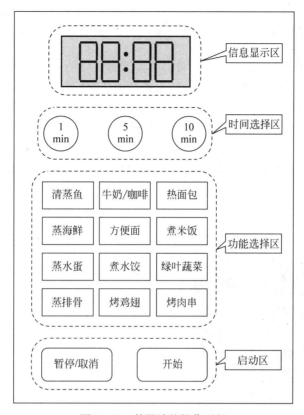

图 10-16　某微波炉操作面板

课堂练习题 10-2

汽车仪表板布局分析

假设汽车仪表板上包括以下界面元素：1 个温度控制旋钮，2 个与空调相关的按钮，5 个与风向控制相关的按钮/旋钮，2 个收音机旋钮，1 个紧急按钮，5 个 CD 播放器按钮，4 个导航系统按钮。请对该汽车仪表板进行界面布局分析。

上文所述的人机界面布局分析方法从功能、重要性、使用频率、使用顺序等角度对元素进行布局，整个过程简单且易于使用。此外，这种布局分析方法是按既定的概念（功能、使用频率等）直接对元素进行分组和排序，不需要复杂的计算过程或客观实验作为支撑，因此具有低成本的优势。

但是，这种布局分析方法可靠性较低。它在针对布局依据的定义上具有主观性。例如功能，我们如何定量地定义功能组？当我们对手机常用应用程序进行功能分类时可能会发现许多程序同时具有沟通和娱乐的功能，如微博、微信等，那么这些程序应该列于短信、电话等沟通功能组内还是各种游戏等的娱乐功能组内？是否能够有一种定量的标准对元素的功能性进行等级评分，根据程序的等级划分结果对程序进行功能分组。如假设微博的娱乐功能等级为 8，而沟通等级为 6，则微博应被划分到娱乐功能组。

10.2.2 链锁分析方法

在上文中我们探讨了人机界面信息架构中深度和广度的平衡关系,以及界面中元素的排列和布局方法,进而了解了我们可以按照元素的功能、使用频率、操作顺序等因素对元素进行布局。但是这种布局分析方法是基于人的主观决策,每个人对功能的定义和归类、使用频率的判断可能会有不一样的观点。图 10-17 所示的飞机驾驶座舱的人机界面操控台及图 10-18 所示的核电厂主控室的操控台上都布满了成百上千个界面元素,包括不同的仪表盘、电子屏和按钮等,如果仅靠操作员对使用频率和操作顺序的主观决策进行布局,很难客观地设计安全、高效的人机界面。因此,有必要引入一些定量的手段来辅助元素的排列,以提高人机界面的布局可靠性。

图 10-17　某飞机驾驶座舱操控台[3]

图 10-18　某核电厂主控室的操控台[5]

链锁分析方法便是一种常用的布局分析辅助方法,**链锁分析**(link analysis)是指一种客观测量元素之间关系的方法[4],能够为优化元素的布局提供定量的数据支持,以最小化人的眼动总距离、手部或肢体其他部位的移动路线的总距离,进而缩短操作时间,提高人的绩效。

图 10-19 所示为某型号高压锅的人机操作界面上某功能组内的元素,分别为"A—打开电源""B—启动煮饭""C—检查气压""D—打开锅盖"。假设这些元素已经根据功能进行分组(煮饭功能),功能组内的元素也已经按照使用频率和操作顺序来排列,那么我们还可以使用链锁分析来优化元素现有的结构布局。

假设经过多次实验测试得到人在使用高压锅完成煮饭功能的过程中,使用手来单击完"A—打开电源"按钮后,从 A 移动并单击"B—启动煮饭"按钮的频率高达 36 次;从 A 移动并单击"C—检查气压"按钮的频率有 2 次;而从 A 移动并单击"D—打开锅盖"按钮的频率只有 1 次,说明 A 和 B 之间的链锁关系更加牢靠,因此,在布局上如果缩短 A 和 B 的距离将有效节省一定的操作时间。

假设其他按钮之间的直接关联频率如图 10-20 所示,表格内的数字表示纵向和横向上两个元素之间的链接频率,即链接值。根据链接表中的链接值数据,我们优化并重新设计了高压锅煮饭功能人机界面的布局(见图 10-21),在尽量保持元素按照使用频率和操作顺序排序不变的情况下,在空间位置上调整总体布局,将链接频率较高的两个元素之间的距离相对缩短,以节省眼动和手部移动的距离和时间。

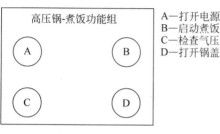

图 10-19 高压锅煮饭功能组元素布局案例

	A	B	C	D
A	×			
B	36	×		
C	2	10	×	
D	1	4	23	×

图 10-20 高压锅煮饭功能组元素链接表

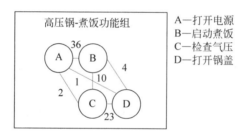

图 10-21 链锁分析优化后的高压锅煮饭功能组元素布局

图 10-22 所示为另一型号高压锅人机操作界面,与图 10-19 所示案例不同,在真实的环境下,元素与元素之间还会有许多其他元素,对于人机界面中的元素排布方案而言,在进行链锁分析之后,除了元素之间的距离会发生变化,元素的位置和排列可能也会发生变化。

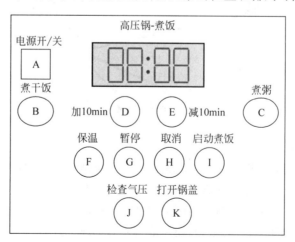

图 10-22 某高压锅人机操作界面元素布局

表 10-2 列出了图 10-22 所示的高压锅人机操作界面中每个元素的链接频率,可以看出,元素 A 和 B、B 和 I、C 和 I、I 和 J、I 和 K 及 J 和 K 之间相较于其他元素两两之间有着更为频繁的操作链接关系。

表 10-2　某高压锅人机操作界面元素链接表

	A	B	C	D	E	F	G	H	I	J	K
A	×										
B	35	×									
C	22	7	×								
D	0	8	9	×							
E	0	3	2	8	×						
F	8	0	0	0	0	×					
G	0	4	6	0	2	13	×				
H	2	9	11	4	6	12	3	×			
I	8	67	55	18	14	3	6	1	×		
J	1	2	3	0	0	11	5	3	56	×	
K	5	1	0	0	0	21	4	7	42	55	×

图 10-23 中元素之间的比较粗的连线展示了图 10-22 的高压锅人机操作界面的高链接频率元素的链接值,用户倾向于在打开高压锅电源后直接启动煮饭功能,在煮饭结束后检查气压并打开锅盖。而设定煮饭时间、使用保温功能等操作则很少使用。

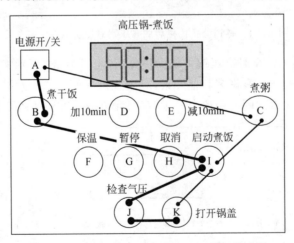

图 10-23　某高压锅人机操作界面元素链锁分析

因此,根据高压锅人机操作界面中元素的链锁分析结果,通过缩短具有频繁链接关系的元素之间的距离,以及调换相关元素位置,图 10-24 给出了一种改进方案。当然,这个方案也存在一定缺陷,如右下角的空白处实际上浪费了面板的空间,不对称的元素排列方式也会对人的视觉信息获取造成一定的阻碍,还可能有更好的改进方案。

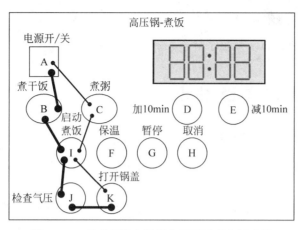

图 10-24 某高压锅人机操作界面元素布局改进

 课堂练习题 10-3

对空调遥控器的按键元素进行链锁分析

根据你平时使用空调的习惯,请对图 10-25 所示空调遥控器上的元素进行链锁分析。

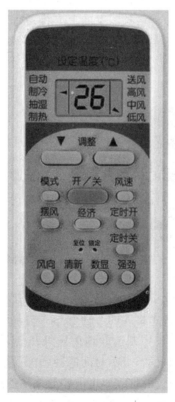

图 10-25 某空调遥控器人机操控界面[6]

链锁分析根据两个元素之间的链锁关系程度来优化元素之间的距离,方法十分简单且易于使用,但是也存在弊端。

启发式教学思考题 10-2

通过以上学习,你已初步掌握了链锁分析的方法,你认为链锁分析方法有哪些缺点?

10.3 生态人机界面设计

10.3.1 生态人机界面设计概念

生态人机界面设计(ecological interface design,EID)是在生态心理学的背景下产生的。**生态心理学**(Ecological Psychology)是 20 世纪中期由詹姆斯·杰罗姆·吉布森等人开创的生态学方向的心理学研究,他们将生态学的理论和方法引入到心理学中,认为人的行为会受到自然环境的影响[7]。詹姆斯·杰罗姆·吉布森(见图 10-26)是生态心理学的代表人物之一,他提出了直接知觉论和视知觉生态论,认为人的知觉是人与外界接触的直接产物而非后天学习的结果[8],同时,环境会塑造人的行为。吉布森在 1961 年获得美国心理学会颁发的杰出科学家贡献奖,并于 1967 年成为美国国家科学院院士[9]。

视觉悬崖实验是指由吉布森和另一位心理学家沃克共同进行的一项研究婴儿深度知觉(视觉)的实验[11]。实验者使用棋盘格子的花纹构造悬崖视错觉图案,人的眼睛看见时会觉得像真的悬崖一样。实验过程中视错觉图案的上方将覆盖玻璃板,不同月份的婴儿被以腹部向下的姿势放在悬崖视错觉图案的一侧,其母亲在另一侧呼唤婴儿。实验将记录婴儿的心率,并考察婴儿在看到悬崖视错觉图案后是否敢从图案上方爬向母亲,以此判断婴儿在此阶段是否具有深度知觉[11]。

图 10-26　詹姆斯·杰罗姆·吉布森[10]

视频 10-1　视觉悬崖实验[11]

视觉悬崖实验的结论表明仅 2 个月的婴儿就已经具有不同程度的深度知觉[11],环境能够影响人的行为。生态心理学理念将人的心理看作人与环境的交互作用,人能够明显感知(视觉感知、听觉感知)其工作环境中制造的约束场景和复杂关系。例如:针对空间位置的约束关系,办公桌是摆放在地面上的,显示时间的钟表可以摆放在桌面也可以挂在墙上;针对元素之间的复杂关系,天花板上的灯需要电能转化成热能或光能才能发光,生的食物需要加热(如烧火加热或电磁炉加热)才能变熟。基于此,拉斯玛森(Rasmussen)和韦森特(Vicente)等学者将生态心理学应用在人机界面的设计中,提出**生态人机界面设计**的概念[12]。生态人机界面设计是指一种对复杂系统进行抽象和简化,并建立系统元素和运行机制与人机界面元素之间直观的映射关系的设计方法,能够减轻操作者的认知负担,提高人机交互效率,使操作者更容易凭借操作感知应对环境的变化和系统突发情况[13]。简单来讲,生态人机界面设计使用**真实物体或接近真实物体**的表示方法来表示目标、信息和操作,尤其是它们的:

(1) 真实物体的形状;
(2) 真实物体的颜色;
(3) 真实物体的位置(例如现实中某个物体的真实位置);
(4) 第三维度的出现。

10.3.2 生态人机界面设计案例

以界面图标设计为例,传统的图标设计大多以统一的二维风格来表示具体的概念,图 10-27 所示的图标都以正方形为风格框架,虽然根据不同的元素考虑了不同的颜色和图案(接近真实物体的图案形状和颜色),但是统一的方形风格容易混淆人的视线,尤其在快速或复杂的操作过程中想要成功区分不同的元素,搜索指定目标元素十分困难。例如图 10-27 中,显示器和文件元素都有着相似意义的图案,安全和游戏元素都有着相近的颜色。

彩图

图 10-27 传统的图标设计[14](2D 界面)

为了使人更容易获取界面信息,人们将统一的图标形状改进为基于元素属性的不同形状,在图 10-28 所示的三维风格界面中,以元素所代表的真实物体的真实形状和颜色来描述界面元素,减轻了操作者的视觉认知负担。人通过对环境关联事物的联想就能完成对界面元素的功能和操作方法的初步认知。但是,该界面中元素以固定的排列方式分布在二维空间中,元素布局所展示的信息并不包括它们的真实位置。我们很容易通过经历和当前所处的真实环境联想到元素所代表的真实物体的通常位置,但在图 10-28 所示的界面布局中却需要重新依靠视觉来搜索目标元素。如何以更自然的方式组织这些元素呢?

生态界面设计为我们提供了更自然的组织元素的方法,如图 10-29 所示的生态界面,在图 10-28 的基础上,将每个元素按照它们所代表的具象事物在真实环境中的真实空间位置布局,这样我们就可以像在真实环境中进行办公操作那样在图 10-29 所示界面中完成操作任务。

图 10-28　改进的图标设计[14]（3D 界面）

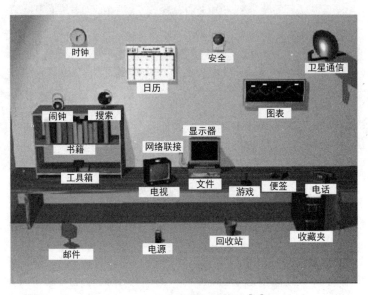

图 10-29　生态界面图标设计[14]

针对以上 3 种图标界面设计,人在生态界面中拥有更好的绩效(见图 10-30)。12 名每天工作都会使用计算机的被试参加了实验,实验分为两天,第 1 天的实验他们被要求在不同的界面中搜索和单击指定的目标元素,并被记录操作时间和错误率[14]。第 2 天的实验将重复第 1 天的内容。实验结果表明被试在生态界面中有更好的绩效,他们搜索和获取目标元素的速度是最快的,且准确度最高;然后是在三维模式显示的界面图标(具有接近真实物体形式的图标)中绩效较好。

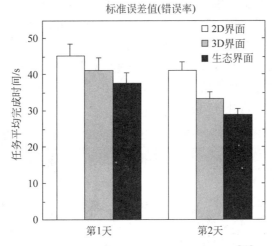

图 10-30　3 种图标界面设计操作绩效对比[14]

在生态心理学中,环境会塑造人的行为,而人能够直接从环境中获得重要的信息(如环境元素之间的关系和线索),并随着时间的推移及与环境元素互动的经验来发展和增强人对空间的认知。由于生态界面以更加贴近人感知自然环境的方式来设计人机界面,更加注重和符合人的视觉和意识层面的认知,因此相比于传统的界面设计,人在生态界面中拥有更加自然的操作模式、更加系统的解决问题的方法和觉察问题的能力[12-13]。复杂系统如过程控制系统、蒸汽动力系统等是石油、化工、发电或其他工业流程中不可或缺的重要部分。这些复杂系统早期使用的是类似图 10-31 所示的传统人机操作控制台。

图 10-31　传统的复杂系统人机操作控制台[15]

传统的人机操作控制台存在很大的人因问题,这些控制台界面上布满了上千个按钮、显示器等不同种类的元素,而同种类但不同功能和信息的元素却有着相似的形状、颜色,以及固定的排列布局。这些界面元素无论形态还是布局都与其所代表的真实复杂系统中的具体事物的视觉呈现相差甚远(例如蒸汽动力系统中,蒸汽罐和加热器有着不同的功能和形态,但蒸汽罐的压力调节阀和加热器的热量调节阀在操作控制台上都是一个黑色的旋钮,仅以旋钮上方的文字区分)。操作员在使用过程中必须凭借想象或者回忆这些控制按钮及其交互关系才能完成任务,但这并不能保证会有好的绩效。

如果将生态心理学引入传统的复杂系统人机操作控制台的设计中(见图 10-32),界面中的元素都以其在复杂系统中接近真实物体的形状和位置来表示，布局的方式也逐渐贴近系统构件之间的交互模式和运行逻辑关系，则由于界面中的设计更加符合人感知和认知自然的规律和模式，当复杂系统出现突然状况时，操作员会更容易根据生态界面展示的信息和线索找到问题的源头或解决的方案。一个相反的典型案例便是**三哩岛核电站**事故，当时核电站的报警系统设计没有考虑人的因素，如果引入生态人机界面设计的概念，也许操作员在警报响起后会更容易发现和处置问题。

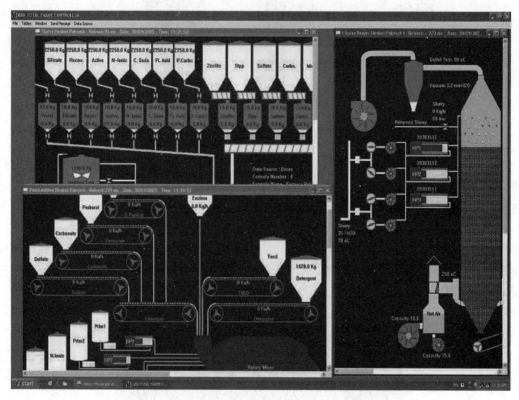

图 10-32　某复杂系统生态界面设计[16]

生态界面设计已经广泛应用在许多复杂系统中，图 10-33 所示为某流化床锅炉试验的生态控制界面，系统中的锅炉、压力表、流量表等都以真实物件的抽象简化形态表示，我们还能在界面中观察到装置中煤仓及锅炉的实时状态，并且界面还能将需要维护的系统突出显示。界面的布局形式能够较清楚地为专业操作员展示整个系统运作流程，方便进行维护和控制。图 10-34 所示为某配电系统生态控制界面，门、泵等各种电气元件都有特定的抽象图标，该系统不仅可以进行画面编辑、实时监控，还具有实时曲线显示等功能，能够将各配电柜的电流、电压等参数及用水系统的温度、压力等相关参数进行集中监控，系统的布局根据接近真实运行的电气线路来规划。

图 10-35 所示为企业中评价团队绩效系统的生态界面。界面中每一个小方块代表团队一天的平均绩效，方块的颜色表示绩效水平，例如红色表示绩效非常差。传统的团队绩效打分大多通过文档或表格形式呈现具体数据，而该生态界面将日期以具象化的正方形态呈现，并将数据值的等级以颜色区分，能够在一定程度上提高操作员的信息接收效率。

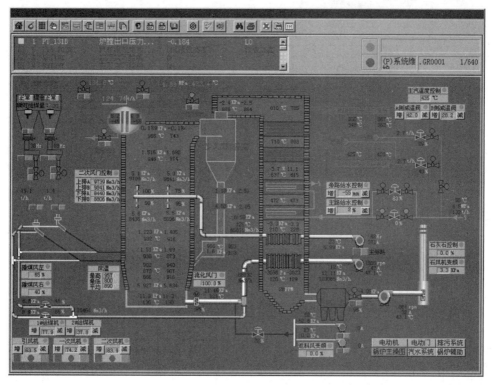

图 10-33　某流化床反应器生态控制界面[17]

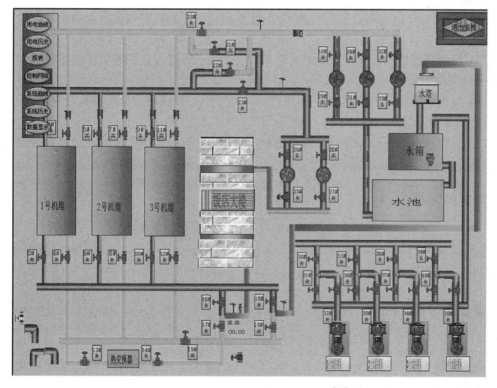

图 10-34　某配电系统生态控制界面[18]

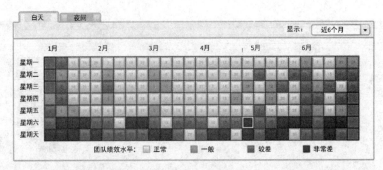

图 10-35　某团队绩效系统的生态界面

10.3.3　生态人机界面设计方法

针对一个人机系统,我们可以按照如下步骤进行它的**生态人机界面设计**(EID):

(1) 了解系统的工作机制。我们可能需要与系统的领域专家一起工作,以更充分地了解系统的层次、结构以及运行机制。

(2) 进行界面设计。使用纸、笔或 PPT 等工具,针对系统中的元素,参照元素在真实环境中真实物体的形态对元素进行设计,包括元素对应真实物体的内容、形状、颜色、声音、状态、位置、结构、交互关系等。元素的设计要与用户长时记忆中对这些元素对应的真实物体的属性(形状、颜色等)一致,并以一致性或统一风格的图标或图形表示元素。

(3) 了解用户的任务。说明该设计如何与人类操作员交互,包括界面的信息显示、声音的提示、界面的控制方法等。

(4) 可用性评估(由操作员进行测试)。评估和测试需要同时包括没有经验和有经验的操作员。

(5) 根据可用性评估和操作员测试结果对设计进行改进。我们将可能与操作员和领域专家一起工作。

(6) 实现设计。我们将与程序员一起工作,一个生态界面的设计可能包含视觉设计、交互设计、程序设计等多种项目。

(7) 从实践(训练和真实工作)中获得反馈并改进当前的 EID,有时我们需要为训练操作员而制作另一系列的 EID。

课堂练习题 10-4

基于化工过程控制系统布置图构建一个 EID

请根据图 10-36 所示的化工过程控制系统布置图,采用所学的生态人机界面设计(EID)方法,重新设计该化工过程控制系统中每一个元素的图标。

课堂练习题 10-5

为手术室医护人员设计一款集成 EID 显示器

请根据图 10-37 所示的手术室医护人员和人机界面显示设备的分布图,为手术室医护人员设计一款集成 EID 显示器。

化工过程控制系统的布局图

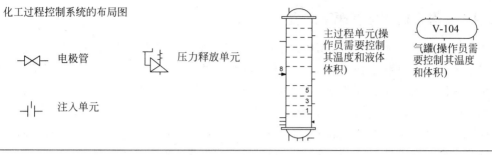

图 10-36 某化工过程控制系统布置图

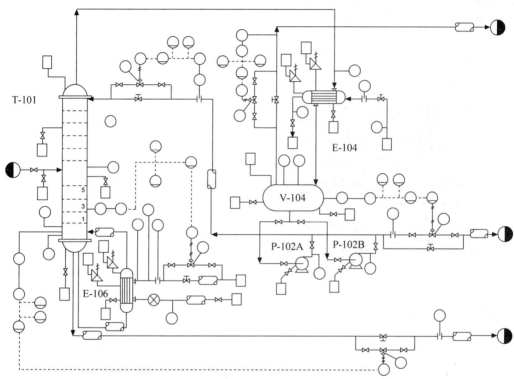

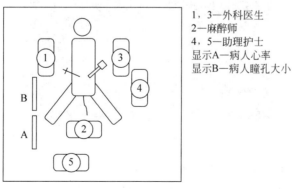

1，3—外科医生
2—麻醉师
4，5—助理护士
显示A—病人心率
显示B—病人瞳孔大小

图 10-37 手术室医护人员和显示器分布图

10.3.4 生态人机界面的第三维度

第三维度是指系统中两种或两种以上的元素交互作用下产生具有新的信息和功能的元素。在生态人机界面设计中,如果系统中有第三维度的元素出现,则可以通过第三维度元素展现出来的信息或功能来间接得到构成第三维度元素的其他元素的信息或功能。例如手机应用系统中闹钟元素可以被看作日历和提醒事件元素交互作用下产生的第三维度元素。图 10-38 所示的手术室监控设备的界面上显示了病人的血压和心率,我们需要从界面中同时获取这两种元素信息,包括曲线的变化和具体数值等来判断病人的身体情况。

如果心率和血压元素在交互作用(如通过数据拟合、叠加等)下产生了新的第三维度元素(见图 10-39),则手术室监控设备上可以直接显示第三维度的信息(如图形、位置、曲线变化等),这在某种程度上可以减少人获取信息的工作负荷,尤其是在危机时刻,医生读取信息所花费的时间与能否成功抢救病人息息相关。

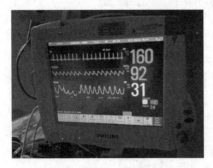

图 10-38 手术室监控设备显示[19]

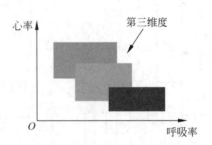

图 10-39 第三维度信息示意图

 课堂练习题 10-6

为某核电站设计生态人机界面(图 10-40)。

图 10-40 某核电站人机操控台[20]

请基于反应堆的 6 个维度(假设它们同等重要)设计核电站的生态人机界面(6 个维度分别为:温度、燃油水平、水的水平、输出能量水平、管道温度、电力供应)。

相比于其他传统的人机界面,生态人机界面能够以符合人类感知和直觉的方式呈现信息,并尽可能将复杂的操作简化为符合人类行为的运行模式。此外,由于生态界面以接近真实物体的形态来刻画元素,可以有效减少人感知信息的错误和时间。

10.4 人机界面原型设计工具

人机界面原型设计是指用线框、图形等描绘人机界面的整体框架,包括页面元素、页面布局、页面功能结构、功能与内容的逻辑和交互关系,模拟真实人机界面及其交互过程。人机界面原型设计主要用于辅助产品经理、设计师、技术人员以及用户之间的沟通,明确人机界面的运行思路。

许多方法/工具可以进行人机界面的原型设计,包括一些简单的原型设计方法/工具,如演示文稿软件(PowerPoint,PPT)、纸笔法等;使用编程进行原型设计的方法/工具,如 Visual Basic for Applications(VBA)宏语言、Python 语言、C++语言、Java 语言等。

一般情况下,人机界面的整体设计不仅包括界面原型设计,还包括界面的交互功能开发以及复杂的人机系统功能与人机界面的交互接口配置,如果在设计初期即原型设计阶段出现了如界面元素布局和整体结构问题,程序的修改以及反复的调试和迭代过程将大大延长人机界面的开发周期,降低开发效率,增加设计成本。因此,在人机界面整体设计进入程序编写和开发阶段之前,原型设计和测试显得尤为重要。由于设计师和用户之间存在一定的信息鸿沟,设计师通过测试能够识别原型设计的潜在问题、评估原型设计的好坏,从而优化设计并缩小信息鸿沟。

PPT 作为常用的人机界面原型设计工具,具有绘制多层级(深度)二维用户界面、布局排列界面元素等功能,能够针对网页、APP、软件界面等进行原型设计、演示和测试。使用 PPT 进行原型设计的方法如下:

(1)在 PPT 中构建人机界面的整体框架和背景,包括人机界面的信息架构、元素功能和界面布局等。每一页 PPT 就是一页用户界面,界面背景可以使用现有的 APP 或网页的截图界面或者直接利用 PPT 图形绘制。

(2)在每页 PPT 中的界面上绘制按钮。

(3)根据人机界面的整体框架通过超链接命令实现同一界面中不同按钮和其他不同界面之间的交互功能链接。

(4)测试原型设计,例如记录并分析用户在 PPT 上模拟使用该界面完成某一任务的时间、错误率等,并根据测试结果对原型设计进行修改和优化。

使用 PPT 进行原型设计简单易学,且能够模拟许多简单的人机界面交互功能,如翻页、单击等,如果利用具有触屏功能的载体(如触屏计算机、平板等)来演示和测试 PPT 原型设计,将更加贴近用户的真实操作效果。

使用 PPT 进行原型设计同时也存在许多弊端。首先,由于 PPT 所构建的原型设计是基于已有的固定页面演示,其现有的功能无法模拟复杂的人机界面交互行为,例如不能实现对按钮的双击、长按等操作,以及无法预测用户的输入行为(用户无法在界面中输入信息,界面也无法识别用户的输入);其次,PPT 无法记录用户的操作行为,只能通过其他软件(如录屏软件)辅助记录;最后,使用 PPT 进行原型设计需要计算机等硬件系统来承载 PPT 软件的运行,相比于直接用纸和笔来绘制界面,PPT 方法需要更多的硬件环境条件。

纸笔法也是常用的原型设计方法。顾名思义，纸笔法是指直接使用笔在纸张上绘制和设计人机界面及其交互流程。使用纸笔法进行原型设计的方法如下：

（1）构建人机界面的整体框架和背景，包括人机界面的信息架构、元素功能和界面布局等，并在纸上绘制出不同界面不同状态下的呈现形式。如果纸张数量充足，建议将同一界面的不同状态分别绘制在单独的纸张上。

（2）在界面上用笔进行布局设计并绘制界面元素如按钮、输入框等。

（3）测试原型设计。使用纸张翻页来简单模拟人机界面的切换功能，利用秒表、录像记录等方法测试用户模拟使用该界面完成某一任务的时间、错误率等，并根据测试结果对原型设计进行修改和优化。

课堂练习题 10-7

分别使用 PPT 工具和纸笔法设计智能手机 APP 的简单原型

请分别使用 PPT 软件和纸笔法，完成 1~2 个智能手机 APP 的简单原型设计方案（3~4 页）。针对 PPT 方法，你可以先截图或搜索应用的图片来导入到 PPT 中充当原型的背景界面。

纸笔法也曾应用在机械设计方面，美国邮政局在 1971 年还使用人工方式分拣邮件。如图 10-41 所示，邮件分拣员正在人工分拣的半自动化机器上分拣邮件，机器逐封展示邮件，分拣员阅读邮件上的地址或邮政编码信息并根据这些信息选择按动键盘上的不同按钮输入该封邮件的运送分拣方向。这个半自动分拣机器在设计过程中遇到一个问题：分拣机器是以竖直方向还是以水平方向逐封展示信件才能更好地适应分拣员的操作？设计师针对这个问题使用纸笔法做了一个邮件分拣系统的原型设计，在卡板纸和泡沫纸箱等硬纸质材料上绘制邮件分拣的人机界面，分别以竖直方向翻动和水平方向翻动来模拟两种分拣过程，并记录分拣员在两种分拣模式下的反应时间和任务操作完成时间，最终发现邮件在竖直方向翻动的模式下分拣员的操作更佳。

图 10-41　1971 年美国邮政局人工分拣邮件场景

纸笔法是最简单、便捷且使用率较高的原型设计方法。纸笔法所需材料成本低，并且绘制过程不需要学习复杂的软件功能，只需要具备基础的手工绘画能力都能完成设计；相比于 PPT 方法，纸笔法不需要借助硬件系统，自由度更高。

但是纸笔法存在许多弊端。首先，纸笔法完成的原型设计均以静态二维纸张图片的形式展现，无法及时与人进行交互。例如模拟单击某按钮后需要切换到下一个界面时，相比于 PPT 可以利用超链接命令跳转，纸笔法只能手动切换纸张，交互效果较差；其次，纸笔法无法记录用户的交互动作或过程，与 PPT 方法一样，需要借助秒表、摄像机等辅助工具完成记录。

资料 10-1　人机界面原型设计方法扩展阅读

PPT方法和纸笔法均为简单的原型设计工具，由于其功能限制，它们只能静态呈现人机界面，实现翻页、单击等简单的交互功能。除了Figma、Adobe XD、Sketch等常用用户界面设计工具外，一些集成开发环境如Visual Studio、Qt Creator等可实现动态的原型设计，更好地模拟人机界面的交互效果。图10-42所示为使用Qt Creator设计的收音机人机界面。

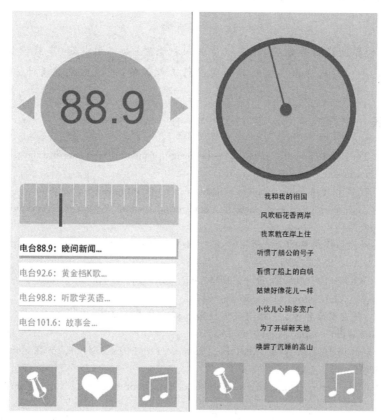

图 10-42　使用 Qt Creator 建立的收音机人机界面

在Qt Creator中不仅可以通过编程设置界面元素的交互功能，如按下按钮实现数字变化、界面切换等，还可以通过编程和后台计算功能实现对用户行为的预测，如根据用户输入的不同信息输出不同的结果。

掌握人机界面原型设计方法和相关工具的使用可以辅助我们更好地进行人因的研究和实验，通过原型设计建立人机界面的模拟系统，测试用户交互和操作行为，收集实验数据。

本章重点

- 人机界面的信息架构要考虑：
  - 深度和广度的平衡。
  - 界面中元素的布局分析方法、布局分析方法的优劣。
  - 广度上元素的排列规则。
- 人机界面设计的链锁分析方法：链锁分析的应用、链锁分析的优劣。
- 生态人机界面设计：视觉悬崖实验、生态人机界面设计概念、生态人机界面设计方法（EID 的构建）、第三维度、生态人机界面的优势。
- 人机界面原型设计方法/工具：PPT 方法、纸笔法、集成开发软件及其优缺点。

作业 10-1

基于本章的界面设计原则，选择某一常见人机系统（如家用电器、车载设备、操作比较复杂的手机 APP 等），写出评价方案对其界面进行工效评价，并提出改进设计方案。

参考文献

[1] KIGER J I. The depth/breadth trade-off in the design of menu-driven user interfaces[J]. International journal of man-machine studies, 1984, 20(2)：201-213.

[2] CARD S K. User perceptual mechanisms in the search of computer command menus[C]//Proceedings of the 1982 conference on Human factors in computing systems. New York：Association for Computing Machinery, 1982.

[3] 搜狐. 手机不关机, 飞机真的会坠落吗？[EB/OL]. (2018-05-20)[2023-04-19]. https://www.sohu.com/a/232262034_639927.

[4] LEE J, WICKENS C, LIU Y, et al. Designing for People：An introduction to human factors engineering[M]. Charleston：CreateSpace, 2017.

[5] 中核集团. 培养成本黄金等身！核电操纵员是怎样一群人？[EB/OL]. (2019-05-21)[2023-04-19]. https://www.sohu.com/a/315650186_673510.

[6] 美的. 美的空调遥控器 R51D/C[EB/OL]. [2023-04-19]. https://detail.tmall.com/item.htm?id=615566115267.

[7] GIBSON J J. The ecological approach to the visual perception of pictures[J]. Leonardo, 1978, 11(3)：227-235.

[8] GIBSON J J. The Perception of the Visual World[M]. Boston：Houghton-Mifflin, 1950.

[9] NEISSER U. Obituary：James J. Gibson (1904—1979)[J]. American Psychologist, 1981, 36(2)：214-215.

[10] J. James Gibson[EB/OL]. [2021-03-02]. https://www.cedmagic.com/mem/whos-who/gibson-james.html.

[11] GIBSON E J, WALK R D. The "visual cliff"[J]. Scientific American, 1960, 202(4)：64-71.

[12] VICENTE K J, RASMUSSEN J. Ecological interface design：Theoretical foundations[J]. IEEE Transactions on systems, man, and cybernetics, 1992, 22(4)：589-606.

[13] VICENTE K J. Ecological interface design：Progress and challenges[J]. Human factors, 2002, 44(1)：62-78.

[14] ARK W,DRYER D C,SELKER T,et al. Representation matters:The effect of 3D objects and a spatial metaphor in a graphical user interface[M]. Berlin:Springer,1998.

[15] SMITH M R B L. PHOTOS:Tour the Palisades Nuclear Power Plant[EB/OL].[2023-04-19]. https://www.michiganradio.org/environment-science/2012-04-22/photos-tour-the-palisades-nuclear-power-plant.

[16] TRADEKEY. DENA Feeders[EB/OL].[2023-04-19]. https://mms1.baidu.com/it/u=8576346,3282148929&fm=253&app=138&f=JPEG&fmt=auto&q=75.

[17] 原创立文档. 流化床锅炉试验及启停讲解.ppt[EB/OL].(2016-04-27)[2023-04-19]. https://max.book118.com/html/2016/0422/41089765.shtm.

[18] 北京创联天工科技有限公司. 饭店配电监控系统[EB/OL].(2008-05-14)[2023-04-19]. http://c.gongkong.com/PhoneVersion/PaperDetail?paperId=2539.

[19] PHILIPS. IntelliVue MP60/MP70 Patient monitor[EB/OL].[2023-04-19]. https://www.philips.nl/healthcare/product/HC862451/iu22-xmatrix.

[20] 蜂鸟网微信公众号. 切尔诺贝利核电站与普里皮亚记鬼城[EB/OL].(2020-01-28)[2023-04-19]. https://www.sohu.com/a/369194434_151034.

第 11 章

人与智能系统交互

交互设计原理和应用

> **本章概述**
>
> 本章主要介绍有关人工智能系统的人机系统设计,包括人与智能系统交互中的常见问题、人机功能分配及设计思路、人对智能机器的接管及设计思路等。
> - 人与智能系统交互中的常见问题:可靠性、信任、情景意识、工作负荷
> - 人-智能系统功能和任务分配
>   (1) 人机功能分配的概念
>   (2) 人机功能和任务分配设计思路
> - 人对智能系统的接管
>   (1) 智能系统中人机接管的相关概念
>   (2) 人对智能系统接管的总设计原则和具体设计案例

人工智能(artificial intelligence,AI)已经越来越多地出现在人们的工作和生活当中,比如智能客服、自动驾驶车辆、工业机器人等。使用智能系统,可以帮助人们更好地处理艰苦的任务,应对对人有害的环境(比如高辐射的核电站)以及增强人的能力等。但在人与智能系统交互中仍然存在一些问题,比如:人工智能的可靠性出现问题导致人对其不信任,长期使用人工智能导致人的情景意识下降无法应对突发问题或者人的能力下降等。

AI 在某些方面已经完全超越了人类,比如 AlphaGo 的下围棋能力。那么是否意味着可以将人机系统中的人的工作完全替代呢?很显然,智能机器目前还不能完全取代人的地位,尤其是在陌生和复杂场景下,人和智能机器未来仍然要长期共存。另外,人和智能机器组成的混合智能系统不同于传统的人机系统,无论是从结构上还是功能上都面临新的挑战。如果要在保证系统的安全性的前提下提高新型的人机混合智能系统的绩效水平,则需要协调好二者的关系,做好人与智能系统的功能分配和融合。

11.1 人与智能系统交互中的常见问题

根据人的信息加工理论,智能机器可以在信息获取和整合、信息解释和评估、决策和计划、监控和矫正四个阶段当中帮助人们控制某个或者多个阶段。虽然智能机器的使用可以

提高很多人机系统的效率,但在其使用过程中仍然存在一些问题。

1. 智能机器的可靠性与人的信任

就目前的技术来看,智能机器很难保证可以 100% 不出错,比如有的系统可靠性是 99.9%,这意味着仍然有 0.1% 的失误率。高的可靠性会对人产生误导,让其对智能机器形成依赖,出现对智能机器的信任误差(过度信任),进而会降低人的警惕性,一旦遇到系统出现问题,人一般很难及时处理,就容易造成严重的事故。另外,一旦智能系统出现错误并造成较坏的后果,人就可能不再信任它,尽管其可靠性很高。总的来说,对于智能机器可靠性的过高或过低的信任都存在一定的问题。

在使用智能机器的过程中,如果智能机器一直表现正常,则代表其可靠性很高,人对系统的信任程度会随着可靠性的增加而增加,从而增加智能机器的使用频率。进一步地,可能会逐渐导致人对智能型机器过度信任(over trust),然后使人的警觉、情景意识(相关概念见下一段)、工作负荷和技能水平下降(比如总是使用自动驾驶,则人的驾驶技术水平就会下降)。如果智能机器在工作的时候一直出错,人容易对其产生不信任,就会减少智能机器的使用或者不用,那么在系统操控过程中人的警觉、情景意识以及技能水平也就不会下降[1]。

2. 智能机器与人的情景意识、工作负荷

首先介绍一下情景意识的概念。**情景意识**包含三个层次:感知、理解和预判[2]。具体是指在特定的时间和空间内对环境中各种要素的知觉、对其意义的理解及预测它们随后的状态。

如果智能机器的可靠性没有问题,随着智能机器人的自动水平的提升,人的情景意识和工作负荷都会下降。比如人驾驶具备自动驾驶能力的车辆,自动驾驶水平越高,人参与的驾驶任务越少,诸如睡觉、看手机等很多非驾驶任务就会增加。如果出现突发事件,智能机器没有及时探测到或者智能机器的可靠性出现问题,此时让人来处理往往会来不及,因为其情景意识水平较低,也不能觉察到环境中的危险信号。

11.2 人-智能系统功能和任务分配

11.2.1 人机功能分配的概念

Fitts 于 1951 年第一次明确提出功能分配的概念[3]。**人机功能分配**是指将系统中的功能或任务按照人机各自的优势进行分配的过程。好的人机功能分配可以发挥人机各自的优势,使人机顺利协调地工作,进而提升人机系统的整体绩效水平。人机功能分配目前广泛应用于交通、核电、航空航天等复杂系统的设计,并得到了高度的重视。

在实际研究中,有时会把人机任务分配这一术语与人机功能分配等同,但二者存在一定的差异。人机功能分配主要体现在设计阶段,基于人机特性进行功能的提前分配;而人机任务分配则更多的是强调任务执行过程中的一种动态分配。

11.2.2 人机功能和任务分配设计思路

1. 静态人机功能分配

静态人机功能分配是指在系统设计之初,设计人员就要结合人和智能机器各自擅长的地方(见表 11-1)把合理的任务分配给他们。比如,让机器负责监听某些高频率(比如 2×10^4 Hz 以上,人听不到)的信号。随着人工智能的发展,机器擅长的任务清单会越来越长,人擅长的任务清单会越来越短。

表 11-1　人和智能机器各自擅长的地方

人擅长(机器暂时不擅长)	机器擅长(普通人不擅长)
• 深入理解自然语言背后的含义并进行复杂语言交流	• 检测宽范围的信号(例如人听不到或看不到的)
• 灵活地学习和知识迁移	• 忽视无关因素
• 临时制定/使用灵活的程序或者灵活的方法解决问题	• 在固定的场景并充分学习的情况下进行物体(含人脸或者语音)识别或者博弈
• 创造和发现新的理论或者知识	• 迅速有力地反应或者低变异的重复
	• 存储/清除大量信息
	• 同时执行
	• 在不宜人的环境下工作

2. 动态人机任务分配

动态人机任务分配是指在系统运行过程中,对任务进行合理的和动态的人机任务分配,可以提高系统的绩效并且减少事故。下面介绍一个驾驶领域的研究例子:

智能机器被越来越多地用于帮助驾驶员自动完成任务,但智能机器较高的错误率限制了它们可能减少驾驶员工作负荷的方式。因此,人机任务分配已成为系统设计中的一个重要问题。Wu 等开发了一种基于排队模型的智能任务分配器(QM-ITA,见图 11-1)用来解决在人机之间任务分配的重要问题[4]。

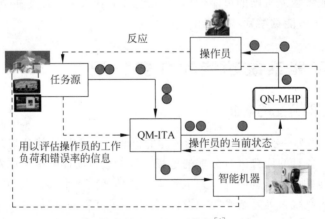

图 11-1　QM-ITA 框架[4]

人机系统中的 QM-ITA 等相关组成如图 11-1 所示。来自车载系统的任务(图中的黑点)进入 QM-ITA。基于 QM-ITA 中的最优分配策略,将任务分别分配给操作员和智能机器(图中的实线为任务流)。操作员和智能机器对任务进行处理,并向车载系统发送响应(分别参见图中从操作员到车载系统和从智能机器到车载系统的两个"响应"(反应)虚线信息流)。关于操作员的信息(例如持续任务的处理速度)和来自车载系统的任务信息(例如信息的到达率)被发送到 QM-ITA,然后通过 QN-MHP 模型预测人的工作负荷和错误率(关于人的工作负荷和错误率的预测,主要通过人的信息加工排队网络模型来实现),以便 QM-ITA 能够最优地分配任务(图中的虚线分别为从操作员到 QM-ITA 的信息流和从车载系统到 QM-ITA 的信息流)。

研究共开发了 4 种情况下的最佳任务分配策略,并在给定相关约束条件下,从解空间中选择合适的解,得到最优目标。S1:尽量减少操作员的工作负荷;S2:最小化人机系统的总体错误率;S3:智能机器可接受的最大错误率(在设计中非常重要);S4:人机系统可接受的最大消息到达率。有兴趣的同学可以进一步阅读相关参考文献。

11.3 人对智能系统的接管

考虑到智能系统的技术水平有限,有时出于操作人员的需要或者智能系统由于各种原因无法完成被分配任务,为了保障人机系统整体的安全和绩效,需要人对智能系统进行接管。

11.3.1 智能系统中人机接管的相关概念

接管是指由系统发起请求或者人类操控者需要对系统进行控制,系统的控制权由机器转给操控者接手控制权。

系统发起请求情况下,**接管时间**是指从系统发出接管请求到人成功控制系统并恢复任务正常操作的时间间隔。

11.3.2 人对智能系统接管的总体设计原则和具体设计案例

1. 人对智能系统接管的总体设计原则

(1)原则 1:人和智能机器的**角色设计要合理**。有资质的人应该拥有随时接管智能系统的权力和能力,并且这个接管能力不应出现退化。

(2)原则 2:如果一个智能系统需要人的接管,但是人在接管之前又没有做好准备,而且及时接管对人机系统的安全非常重要,那么**提前预警**非常重要。例如,系统应在事故发生前向操作员发出预警。

(3)原则 3:人接管智能系统的时间受到要接管的任务的复杂度和当前正在进行的任务等因素影响。比如,在自动驾驶当中,人如果处于看手机、阅读、打游戏、睡觉等非驾驶状态中,那么遇到突发事件所需要的接管智能系统的时间是不同的。一般情况下,人执行当前任务的时间越长,越难切换到新的任务。

(4)原则 4:如果智能系统需要人的接管而且给人的完成接管的时间又非常短,则在接管前人需要在环(human-in-the-loop)。具体而言,如果智能机器不能保证在所有情况下始终 100% 的可靠,那么需要在系统中设置操作人员,并且保证操作人员可以随时接管系统。否则人在面对突发情况时,会因为情景意识的下降而来不及反应。

(5)原则 5:通过相关的指导、训练、说明书和手册、告警(含智能助手)等方式来使人对智能机器的**信任维持在最佳水平**,使人工智能的使用者既不过度信任,也不完全放弃使用。

(6)原则 6:尽可能告知操作人员所使用的智能机器在什么时候、什么情况下可能会出

现问题。告知的内容必须经过大量的测试才能知晓,但在多变的情况下,又很难做到完全告知使用者并使其知晓相关内容。因此,对于和人的生命安全或健康相关的系统,或者是系统出问题会带来较大经济损失的系统,保守的建议是在没有足够预警时间的情况下,要么完全自动化并且保证智能机器在所有情况和运行时间内 100% 可靠,要么人必须在环,相关例子详见本章对自动驾驶车辆分级的表格(表 11-2)。

2. 反面典型案例

下面介绍一些违反以上设计原则的具体事故案例,以便帮助大家更好地加深理解。

反面案例 1:

在航天航空领域,曾出现过由于智能系统被设计成不可被人接管而造成严重后果的情况。波音 737 MAX8 飞机自动驾驶系统(AP)中的一项智能化功能——机动特性增强系统(MCAS)的设计初衷是可以无须飞行员介入来控制飞机。2019 年 3 月 10 日,埃塞俄比亚航空一架波音 737 MAX8 客机(图 11-2)发生坠机事故,机上 157 人无一生还。该事故中自动驾驶系统中的迎角传感器故障,机头被反复出现错误的 MCAS 激活迫使下降后,驾驶舱机组人员无法重新获得控制权,导致空难发生(图 11-3)。**该案例违反了接管设计原则 1**,有资质的飞行员应该拥有随时接管智能系统的权力和能力,但是该设计的智能机器控制权高于飞行员,最终酿成了悲剧。

图 11-2 埃塞俄比亚航空公司涂装的 ET-AVJ 号波音 737 MAX8 客机[6]

图 11-3 失事飞机残骸现场[5]

根据 NASA 对飞机事故原因的统计和分析结果[7],人机交互出现问题的主要原因有:

(1) 复杂性。包括系统本身的复杂性和人的复杂性。

(2) 反馈和理解。人无法理解系统的行为、原因,关键时刻无法做出正确的决策。自动化功能内部耦合,一个条件驱动另外一个动作,人有时对自动化行为无法理解或者预测。

(3) 信任问题。操作员不信任智能系统则不会使用相关功能,但操作员对其过度信任则导致人无法及时接管从而发生事故。

(4) 控制权。符合资质的人应该拥有优先于自动系统的权力,但是波音 737 MAX8 客机的设计违反了这个原则。

反面案例 2:

在自动驾驶领域,也出现了自动驾驶车辆失效时,未对人进行提前有效的预警而引发事故的情况。2018 年 3 月,优步(Uber)自动驾驶汽车在美国亚利桑那州撞死一位横穿马路的行人,如图 11-4 所示,这是全球第一起自动驾驶汽车致行人死亡的事故。汽车的智能系统对物体的分类发生了混乱,在撞击前 0.2s 发出声音提醒驾驶员减速。此刻驾驶员未在查看道路情况,而车辆正在以 63km/h 的速度行驶。**该案例违反了设计原则 3、4**。该系统的告警时间不足,也没有使驾驶员一直在环。

3. 应用上述设计原则的案例介绍

案例 1:接管请求的前置时间和非驾驶任务对自动驾驶车辆接管控制的影响

从优步的事故来看,当驾驶员处于非驾驶任务(如阅读、打字、看视频、玩游戏、打盹和对自动驾驶车辆和道路情况进行监测等)时,**应该如何提供有效的告警来提醒驾驶员接管车辆是一个十分重要的问题**。有研究者建立了自动驾驶模拟系统(见图 11-5),探究接管请求的前置时间和非驾驶任务对自动驾驶车辆接管控制的影响[9],结果表明:①接管绩效。对于一般的非驾驶任务,接管请求的前置时间为 10~60s 时,驾驶人的接管绩效最佳(见图 11-6)。②可接受程度。即使驾驶人可以以较短的前置时间(例如 10s)成功接管控制,也需要更长的前置时间(例如 15~60s)才能获得最佳的驾驶人接受度。③驾驶人的接管绩效受不同的非驾驶任务(接管前的任务)的影响(见图 11-7)。

图 11-4　优步自动驾驶汽车撞人事故现场[8]

图 11-5　自动驾驶模拟系统[9]

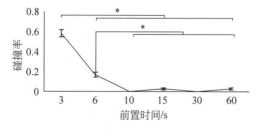

图 11-6　不同告警前置时间的碰撞率[9]

图中,* 代表 $p<0.05$,显著差异。

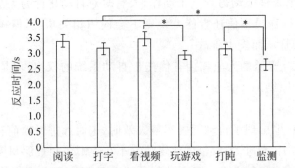

图 11-7　不同非驾驶任务中驾驶员接管反应时间[9]

图中，* 代表 $p < 0.05$，显著差异。

案例 2：接管请求的振动模式和非驾驶任务对自动驾驶车辆接管控制的影响

明确合适的提前告警时间对驾驶员接管自动驾驶车辆有很重要的价值，选择告警方式（如视觉或听觉）也同样重要。但在自动驾驶期间，进行非驾驶任务（如阅读、睡觉等）的驾驶员可能无法及时或准确地感知视觉或听觉上的接管请求。因此，此处介绍一种新的基于触觉的告警方式探究。

Wan 和 Wu 探索了 6 种振动模式和 6 种非驾驶任务对车辆接管控制的影响[10]。在 6 种振动模式（模式 1：座板左侧-座板右侧-背板左侧-背板右侧；模式 2：背板左侧-背板右侧-座板左侧-座板右侧；模式 3：座板-背板-座板-背板；模式 4：背板-座板-背板-座板；**模式 5：背板-背板-座板-座板**；模式 6：座板-座板-背板-背板；振动马达的布置方式见图 11-8）中，第 5 种振动模式条件下驾驶员的接管操作反应时间最短（见图 11-9）。

图 11-8　振动马达的布置方式[10]

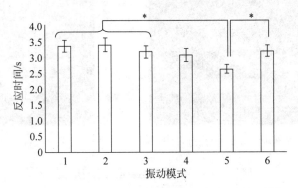

图 11-9　不同振动模式下的驾驶员接管反应时间[10]

图中，* 代表 $p < 0.05$，显著差异。

4. 应用智能系统所面临的挑战：汽车主动刹车系统的检测案例

首先扫码观看美国汽车协会对 4 个品牌汽车的行人检测刹车系统的视频，然后思考相关问题。

视频 11-1　主动刹车系统检测[11]

启发式教学思考题 11-1

（1）为什么有的车型速度在 32km/h 以下可以正常工作,到 48km/h 的时候主动刹车系统就失效了？另外,为什么主动刹车系统白天有效,夜晚就失效了呢？

（2）通过观看视频,说明驾驶员在使用这种主动刹车系统时会遇到哪些挑战。

（3）如何设计来预防主动刹车系统失效？

答案

设置自动驾驶等级也是为了让人们更好地了解自己所驾驶的是哪种自动驾驶车辆,避免因认识不清而引发事故。关于自动驾驶的等级划分(L0～L5 共 6 个等级),目前比较公认的为国际自动机工程师学会(SAE)提出的自动驾驶分级标准 J3016[12]。但是,如果考虑人因和安全性,有些伪 L2 或者伪 L3 水平的自动驾驶系统,即同时有可靠性和人因问题的自动驾驶系统还不如 L0 水平(无自动驾驶)：伪 L2 或者伪 L3 水平的自动驾驶系统虽然可以由自动系统完成部分的驾驶操作,但是自动系统存在可靠性问题,失灵前又不能提前告知人类驾驶员,而且人又不在环。这些伪 L2 或者伪 L3 水平的自动驾驶系统在安全性方面可能还不如状态良好的有经验驾驶员驾驶无自动驾驶的车辆。因此,此处提出一种基于人因和安全的保守排序,见表 11-2。这也凸显了人因工程的重要性,尤其是在和安全相关的有人或者和人交互的智能系统中。

表 11-2　基于人因和安全的自动驾驶等级的保守排序

新的等级划分*	具体系统
L5	完全自动化。自动系统保证在任何情况下和任何时间 100% 无故障工作。行驶中无须人类驾驶员进行任何操作
新 L4	高度自动化,能够在限定的道路和环境中由无人驾驶系统完成所有驾驶操作。但是在需要人类驾驶员接管前一定要提前足够的时间告知驾驶员
新 L3	有条件自动化。由无人驾驶系统完成大部分的驾驶操作,但是在需要驾驶员接管前一定要提前足够的时间告知驾驶员,而且人必须在环
新 L2	部分自动化。针对方向盘和加减速中多项操作提供驾驶辅助,其他由驾驶员操作。但是在需要驾驶员接管前一定要提前足够的时间告知驾驶员,而且人必须在环
新 L1	辅助驾驶。针对方向盘和加减速其中一项操作提供驾驶辅助,其他由驾驶员操作。但是在需要驾驶员接管前一定要提前足够的时间告知驾驶员,而且人必须在环
L0	无自动化。需要驾驶员全权操作
伪 L2 与伪 L3	有人因问题的自动驾驶系统。由自动系统完成部分的驾驶操作,但是自动系统存在可靠性问题,失灵前又不能提前告知驾驶员,而且人又不在环

*：考虑安全程度以及自动化程度。

总的来说，人在智能系统中的重要性不可忽略，混合智能中人的因素需要嵌入到系统设计初期，包括人机功能分配和接管设计。如果有时需要人接管智能系统并且有较高的时间压力，则要给人提前预警，并且保证接管前人在环。具体如何设计人的接管行为，需要基于人的计算模型来定量预测人的接管行为，并通过创造性的人机系统设计提高接管绩效。

本章重点

- 人与智能系统交互中的常见问题：可靠性、信任、情景意识、工作负荷
- 人机功能和任务分配的概念及设计思路
- 人对智能系统接管的概念及总设计原则

作业 11-1

走访一家高档汽车的4S店，调研当前车辆自动驾驶功能或智能辅助功能中使用较为广泛的是哪几种。结合本章知识，分析其使用或不使用的主要影响因素有哪些。

参考文献

[1] WICKENS C D. Designing for situation awareness and trust in automation[J]. IFAC Proceedings Volumes, 1995, 28(23): 365-370.

[2] 贺敏辉, 王荣磊. 一种将机场运行限制与运行控制系统融合显示和告警的方法[J]. 民航学报, 2019, 3(6): 1-5.

[3] FITTS P M. Human engineering for an effective air-navigation and traffic-control system: the Air Technical Index collection[R]. Washington, DC: National Research Council, 1951.

[4] WU C, LIU Y, LIN B. A Queueing Model Based Intelligent Human-Machine Task Allocator[J]. IEEE Transactions on Intelligent Transportation Systems, 2012, 13(3): 1125-1137.

[5] 埃塞俄比亚航空公司一架波音737 Max飞机发生坠机空难[EB/OL]. (2019-04-04)[2023-04-19]. https://baijiahao.baidu.com/s?id=16298663786691687467&wfr=spider&for=pc.

[6] 737 MAX8再酿悲剧，回顾埃塞俄比亚航空302航班3.10德布雷塞特空难[EB/OL]. (2020-01-14)[2023-04-19]. https://k.sina.com.cn/article_7037010881_1a37043c102000tk4g.html.

[7] BILLINGS C E, Human-centered aviation automation: Principles and guidelines[R]//NASA Technical Memorandum 110, 381. Washington D. C.: NASA 1996.

[8] 全球首例无人驾驶汽车致死案宣判 Uber无刑责[EB/OL]. (2019-03-07)[2023-04-19]. http://news.sina.com.cn/w/2019-03-07/doc-ihrfqzkc1899333.shtml.

[9] WAN J, WU C. The Effects of Lead Time of Take-Over Request and Nondriving Tasks on Taking-Over Control of Automated Vehicles[J]. IEEE TRANSACTIONS ON HUMAN-MACHINE SYSTEMS, 2018, 48(6): 582-591.

[10] WAN J, WU C. The Effects of Vibration Patterns of Take-Over Request and Non-Driving Tasks on Taking-Over Control of Automated Vehicles[J]. International Journal of Human-Computer Interaction, 2017, 34(1): 1-12.

[11] 车车是道. 想靠主动刹车避免撞人？[EB/OL]. (2020-05-31)[2023-04-19]. https://haokan.baidu.com/v?vid=9109295206773332091.

[12] 闫玺池, 冀瑜. SAE分级标准视角下的自动驾驶汽车事故责任承担研究[J]. 标准科学, 2019(12): 50-54.

第 12 章

人的行为测量方法

人因工程怎么测量人的行为？

本章概述

本章将深入介绍人因工程中人的行为测量方法。
- 人的行为测量概述
- 绩效测量
- 工作负荷测量
- 满意度测量
- 情境意识测量
- 视觉疲劳测量

12.1 人的行为测量概述

人在人机交互环境任务中往往扮演着重要的角色，如设计者、决策者、使用者、训练者等，人的行为出现问题将会影响任务的完成绩效、系统的运行效率以及人和系统的安全。测量任务中人的行为能够帮助我们分析人与系统的交互模式，发现交互系统中存在的设计缺陷，尤其是人因设计缺陷，进而改进和优化系统设计。人的行为测量方法主要包括以下几种：

（1）绩效测量；

（2）工作负荷测量；

（3）满意度测量；

（4）情境意识测量；

（5）视觉疲劳测量。

12.2 绩效测量

人的绩效主要是指人在系统中完成任务的时间和错误率。如果多数人在完成具有相同目的的两个不同任务时所需的时间和产生的错误率都不一样，则花费时间较少且错误率较低的任务可以被判断为比另一个任务具有更好的设计水平；如果不同的人完成同一个任务的时间和错误率都不一样，则花费时间较少且错误率较低的人可以被判断为比其他人在该任务执行中具有更好的操作能力。因此，绩效能够反映人在执行任务中的行为以及评估任务的设计水平。**绩效**的主要指标是**任务完成时间**和**错误率**，测量人在任务中的绩效是测量人的行为以及评估任务设计水平的重要手段之一。

12.2.1 任务完成时间

任务完成时间主要是指总任务的完成时间和任务中每一步操作的完成时间。一般情况下，总任务的完成时间等于任务中每一步操作完成时间的叠加总和。任务中各个操作的完成时间受到任务/操作内容、任务所处的情境、任务的设计水平以及人（操作员）的行为和操作能力的影响。因此，如果测量得到任务中每个操作的完成时间，我们就有相关数据来评估和分析哪些操作的设计可以被优化改进从而缩短操作时间，提高任务完成效率；或者根据时间来评估任务的设计水平，一般认为具有相同目的的不同任务，设计水平较高的任务所需的完成时间相对较短。

目前常用的测量任务完成时间的方法有秒表测量、软件计时测量、录屏测量等，测量一般记录任务开始时刻和结束时刻之间所经历的时间。

1. 秒表测量

秒表是我们日常生活中非常熟悉的计时工具，如图 12-1 所示，例如我们常常看到体育老师随身携带一个秒表，方便给同学们进行体测。随着科技的发展，电子秒表逐渐取代机械秒表并成为主流，大部分智能手机等电子产品上都有秒表计时功能。因此，使用秒表测量任务完成时间非常方便，人们只需拥有一部手机就能完成测量。

图 12-1 使用机械秒表测量任务完成时间[1]

启发式教学思考题 12-1

秒表测量有什么缺点？

使用秒表测量任务完成时间有什么缺点？

答案

2. 软件计时测量

如果人在人机交互系统中执行任务，则可以使用系统中自带的软件功能或后期开发的程序来自动化地记录任务中各阶段的关键时刻。Visual Basic For Application（VBA）是微软开发出来的一种通用的自动化语言[2],VBA 需要嵌入应用程序中才能进行开发,可使应用程序中常用的过程或进程自动化。例如一些简单的 VBA 测量程序可以在 Excel 应用程序中自动记录操作员每一步操作的起始时刻和结束时刻,并计算各个操作的完成时间。相比于手动测量,软件测量的数据准确度高,能够很好地自动记录操作员的任务完成时间。

启发式教学思考题 12-2

答案

还有哪些方法可以测量任务完成时间?

除了以上提到的测量方法,还有哪些方法可以测量任务完成时间?

12.2.2 错误率

人的绩效中的错误率主要指人在执行任务的过程中产生的错误情况,针对错误率的测量需要包括**错误的数量**、**错误的频率**、**出现同一错误的操作员数量**以及**错误的类型**。其中错误的类型取决于人机交互系统本身。

1. 错误的数量

错误的数量是指人在执行任务过程中出现错误的次数。错误的次数与错误的类型无关,只要出现错误,错误的数量就增加一次。当多个操作员执行同一个任务时,针对该任务的错误的数量一般取各个操作员错误数量的平均值。如果一个任务产生的错误数量较多,则表明任务的实施效率和设计水平都比较低。

2. 错误的频率

错误的频率是指人在反复执行同一个任务的过程中出现同一个错误的次数与总任务执行次数的比值。例如小华一共执行了 10 次相同的登录用户系统的任务,出现了 4 次将交互界面中的"登录"按钮误单击为"注销"按钮的错误情况,则小华在该任务中将"登录"按钮误单击为"注销"按钮的错误频率为 40%。如果同一个任务中某一个错误的频率较高,则说明该任务在该错误位置点上具有设计缺陷。上文案例中可以猜测出"登录"按钮与"注销"按钮的位置和形态可能具有较高的相似度,导致小华混淆了两种按钮。测量错误的频率可以帮助我们找到任务的设计缺陷,进而改进设计,提高任务完成效率。

3. 出现同一错误的操作员数量

出现同一错误的操作员数量是指针对同一个任务,不同的操作员执行过程中出现同一个错误的情况累计次数。例如一共有 50 名操作员执行"在驾驶汽车过程中使用车载导航仪搜索新的目的地路线"的任务,其中 39 名操作员在界面输入文字的过程中都出现了将"搜索"按钮误单击为"取消"按钮的错误情况,则出现该错误的操作员数量为 39,占了总操作员数量的 78%,由此也可以看出案例中的车载导航是存在设计缺陷的。

4. 错误的类型

错误的类型是指人在执行任务过程中出现的错误的种类,可以根据当前交互系统的特点对错误进行分析和归类。错误的类型取决于任务所在交互系统的特点,例如:当任务为在电子表格中输入产品价格时,错误的多数类型可能与数字输入的形式有关;当任务为在系统界面中挑选符合要求的图片时,错误的多数类型可能与鼠标单击形式、界面按钮位置和视觉易显程度等有关。不同的设计问题可能导致不同的错误类型,因此,对不同的错误类型进行分类是很重要的。以操作员执行打字任务为例,错误的类型可以为:

替换字母,如将 word 写成 woad;
多加字母,如将 word 写成 worrd;
遗漏字母,如将 word 写成 wrd;
换位字母,如将 word 写成 wrod;
……

或者以操作员在驾驶飞机过程中执行弹射逃生任务为例(见图 12-2),假设操作员需要拉动座椅上的弹射手柄后才能以某一速度和方向弹射逃生,完成该任务可能产生的错误的类型有:

位置错误。如假设操作员习惯右手驾驶飞机而使用左手寻找并拉动手柄,但是手柄被设计在座椅右侧,导致操作员无法及时找到正确的位置,进而耽误逃生时间。

手柄操作错误。如假设弹射手柄需要垂直方向受力才能拉动,而由于操作员个人习惯差异,在紧急情况下反复横向拉动手柄,无法正确启动弹射。

图 12-2 某飞机弹射试验过程[3]

姿势错误。由于弹射时加速度会非常大,一般情况下操作员需要将身体保持紧贴在座椅上的姿势以最大化避免身体受损,如果弹射时操作员处于低头状态,颈椎就会严重受损甚至有折断危险。
……

12.3 工作负荷测量

工作负荷是指人在执行任务的过程中所体会到的压力和信息处理需求。工作负荷包括体力工作负荷和脑力(或认知)工作负荷,本章主要侧重认知工作负荷,而非体力工作负荷。体力工作负荷也有相应的量表以及肌电等测量方法。

测量操作员在任务执行过程中的工作负荷非常重要,它可以反映任务中设计的交互方式对操作员的影响,并评估交互设计的水平。例如操作员执行在夜间驾驶汽车过程中获取时速信息的任务时,信息呈现的交互方式可以为:视觉呈现(如夜间可发光的仪表盘),人需要通过移动头部或视线来获取仪表盘信息;或者听觉呈现(如语音播报),人只需要与系统语音交互即可获取信息。两种交互方式对人的工作负荷影响不同,采用听觉呈现虽然增加了听觉的工作负荷,但此时人的视觉和听觉系统同时运作且每个系统只执行一个子任务(注意前方道路情况和获取语音信息),而视觉呈现时操作员需要同时注意前方道路情况和仪表盘。相比于听觉呈现,视觉呈现不仅增加了人在视觉上的工作负荷,还增加了行车风险。

工作负荷的测量在车载系统中应用十分广泛。如图 12-3 所示,一边驾驶一边与车载系统交互(如搜索目的地、调换歌曲或广播频道、开启空调等)是人们经常会遇到的驾驶情境。

图 12-3　驾驶员在驾驶过程中与车载系统交互[4]

如果驾驶员在这种情境中过度关注与车载系统的交互,将无法集中精力执行驾驶任务,而过度关注往往源于过高程度的工作负荷。例如,驾驶过程中人在车载系统中执行输入目的地并搜索路线的任务比调换广播频道任务需要更多的认知操作以及视线和手部与界面的互动,即造成更大的工作负荷,进而忽略驾驶任务,导致更高的事故发生概率。测量驾驶员的工作负荷,尤其是在驾驶过程中执行的其他非驾驶任务(如同时与车载系统交互、查看仪表盘信息、调节座椅等)的工作负荷,能够帮助我们优化汽车驾驶系统的设计。上述案例中,若测量得到的操作员完成在车载系统中输入目的地并搜索路线的任务工作负荷较大,可以通过改进交互方式、操作界面流程等方法使该任务的工作负荷处于合适的范围内,减少人的驾驶注意力分散,进而提高驾驶效率和安全性。

工作负荷的测量方法主要有绩效测量、主观量表测量和生理测量。

12.3.1　绩效测量

如图 12-4 所示,想象你自己在舞台上一边骑独轮车转圈,一边在空中连续抛接三只帽子,也许还得唱歌并与观众互动,你很难长时间保持这种状态,可见同时处理多个任务并不简单。

图 12-4　杂技演员的多任务情境[5]

当人同时处理两个或两个以上的任务时,若某一个任务的工作负荷超过上限,人将无法很好地处理其他任务,导致完成其他任务的绩效降低。人的绩效是反映人的工作负荷的重要指标。已有研究和实验数据表明,在执行任务过程中,人的绩效和工作负荷之间具有相关性,并且过高或过低的工作负荷都会导致较低的绩效[6]。因此,可以通过测量人完成任务的绩效来测量工作负荷。**第二任务绩效测量**是一种典型的工作负荷测量方法,用于测量人在执行**主任务**时的工作负荷。**第二任务**是指人在执行主任务时同一时间要做的附加任务(在许多情况下,附加任务是为了测量操作员工作负荷而故意添加的人为任务)。其中,主任务是指人为了达到总目的而执行的主要任务。通常情况下,操作员都会有一个主任务。例如,为了达到从医院到达学校的目的,操作员需要执行从医院驾驶汽车到学校的任务,这是主任务。而在执行主任务的过程中,操作员可能被要求同时执行如接听电话或听句子并复述等附加任务,以用来辅助测量人的绩效和工作负荷。

假设操作员同时执行以下任务,我们采用第二任务绩效测量方法测量当前主任务的工作负荷。

主任务:在 Excel 文件中创建一个新的表格,并在上面添加文本。

第二任务:信息跟读,即操作员跟读连续播报且内容持续变化的语音信息。

我们再假设该任务中的 Excel 的交互界面设计存在缺陷,导致用户找不到新建表格的按钮。这时操作员将会在主任务中花费较多的精力去寻找按钮,工作负荷增大,进而无法余留更多的精力处理第二任务,导致第二任务的绩效降低。因此,我们可以得出结论:**在测量过程中,当操作员的第二任务绩效降低时,其主任务的工作负荷是升高的。**

此外,若交互界面设计有缺陷,易用性降低,例如界面中具有疑惑性或不易识别的标签、没有很好的交互提示等,或主任务的执行难度增加时,都会导致主任务的工作负荷增加,这时操作员没有更多的精力去执行第二任务,进而导致操作员完成第二任务的绩效降低。反过来我们可以得出结论:**当完成第二任务的绩效越高时,主任务的工作负荷越低。**

 启发式教学思考题 12-3

第二任务绩效测量方法有什么优点?

通过上文的学习,你已经了解了第二任务测量方法以及它的缺点,那么第二任务绩效测量方法有什么优点呢?

 启发式教学思考题 12-4

如何测量第二任务的绩效和工作负荷?

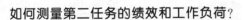

通过上文的学习,你已经了解了使用第二任务测量方法测量主任务的工作负荷,那么如何测量第二任务的绩效和工作负荷呢?

12.3.2 主观量表测量

主观量表测量法是指人在任务中操作一段时间后将会被询问一系列问题以报告他们的工作负荷的一种工作负荷测量方法。NASA-TLX 评价法和库柏-哈柏评价法是两种典型且运用广泛的主观量表测量法。

1. NASA-TLX 评价法

NASA-TLX 评价法是指美国国家航空与航天局下属 AMES 研究中心的 Hart 和 Staveland 等人设计的用于评估人在执行任务时的工作负荷的一种主观测量工具[7-10]。NASA-TLX 的全称为 NASA Task Load Index,即任务工作负荷的指标。Hart 等人通过调查研究飞行员工作负荷的影响因素,认为工作负荷是一个多维的概念并最终确定了 6 个影响人的工作负荷的指标/维度,分别是脑力需求、体力需求、时间需求、操作绩效、努力程度和挫折程度;然后评估每个维度的重要性,并将每个维度在任务中体现的程度分成从"非常低"到"非常高"共 21 个等级,最终建立问卷形式的 NASA-TLX 量表,通过让执行任务的操作员完成 NASA-TLX 量表中的问答题,获取人的工作负荷数据。

资料 12-1　NASA-TLX 量表

NASA-TLX 评价法的步骤如下：

1）基于个人主观评价的 6 个维度评分

操作员在完成任务后分别基于 NASA-TLX 量表的 6 个维度针对该任务进行评分，图 12-5 所示为 NASA-TLX 量表的维度评分部分，每个维度的分值共有 21 个等级。例如操作员小华完成了听录音对话获取数据信息的任务，他觉得自己完成这项任务需要集中注意力，但几乎不消耗体力，认为脑力需求比较高，给 13 分，体力需求给 2 分。

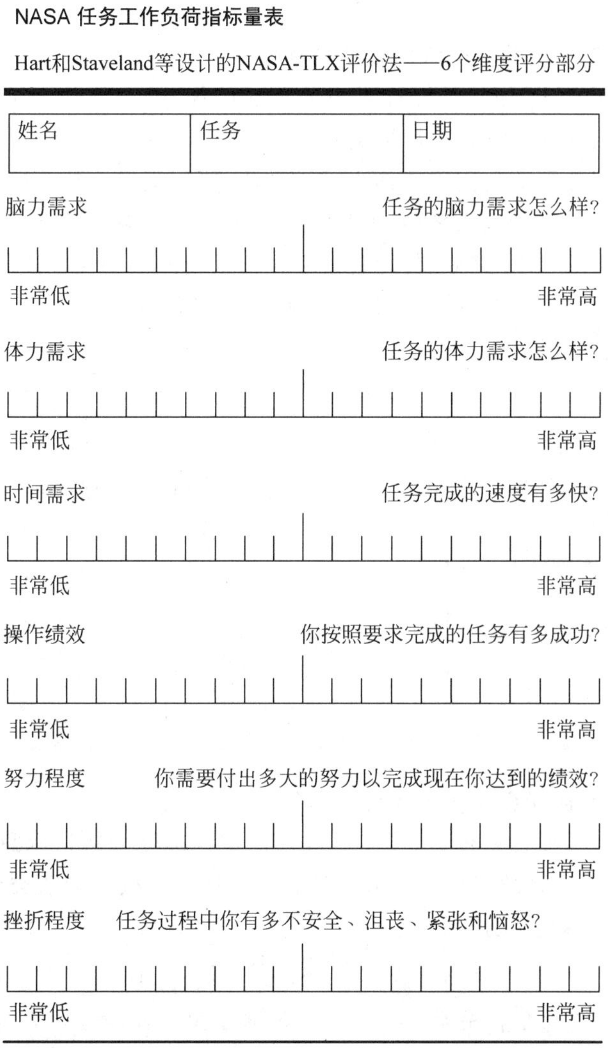

NASA 任务工作负荷指标量表

Hart和Staveland等设计的NASA-TLX评价法——6个维度评分部分

| 姓名 | 任务 | 日期 |

脑力需求　　　　　　　　　　任务的脑力需求怎么样？
非常低　　　　　　　　　　　　　　　　　非常高

体力需求　　　　　　　　　　任务的体力需求怎么样？
非常低　　　　　　　　　　　　　　　　　非常高

时间需求　　　　　　　　　　任务完成的速度有多快？
非常低　　　　　　　　　　　　　　　　　非常高

操作绩效　　　　　　　　　　你按照要求完成的任务有多成功？
非常低　　　　　　　　　　　　　　　　　非常高

努力程度　　　　　你需要付出多大的努力以完成现在你达到的绩效？
非常低　　　　　　　　　　　　　　　　　非常高

挫折程度　　　　　任务过程中你有多不安全、沮丧、紧张和恼怒？
非常低　　　　　　　　　　　　　　　　　非常高

图 12-5　NASA-TLX 量表的维度评分部分

NASA-TLX 量表的 6 个维度具体解释如下：

脑力需求：该任务执行过程中要求多少脑力和感知类活动（例如思考、决策、计算、回忆、查看、搜索等）？任务是轻松的还是有要求的？简单的还是复杂的？严格的还是宽松的？

体力需求：该任务执行过程中要求多少体力类活动（例如推动、拉动、转动、维持某一姿势、活动等）？任务是轻松的还是有要求的？节奏是慢还是快？松弛的还是艰苦的？偏静态的还是耗费力气的？

时间需求：该任务总体和任务元素发生的节奏或速度让你感到多大的时间压力？节奏是缓慢且悠闲的还是迅速且激进的？

操作绩效：你认为你在完成设计者（或你自己）设计的任务目标上有多成功？你对你自己在实现这些任务目标方面的表现有多满意？

努力程度：为了达到你现在所取得的绩效，你付出了多少努力（包括脑力和体力）？

挫折程度：在任务期间，你感受到的是不安全还是安全？沮丧还是劲头十足？烦恼有压力还是放松和满足？

2）基于个人主观评价的 6 个维度重要性评估

操作员基于个人主观判断，需要针对当前完成的任务，对比 6 个维度两两之间的重要性。根据重要性评估计算得到每个维度的重要性权重值。例如操作员小华认为在听录音对话获取数据信息的任务中脑力需求比体力需求重要，努力程度比挫折程度更重要等，于是填写 NASA-TLX 量表中的维度重要性对比（见图 12-6）。最终计算得到小华认为的脑力需求、体力需求、时间需求、操作绩效、努力程度和挫折程度的重要性权值分别为 2、0、5、4、3 和 1。需要注意的是，根据客观计数，6 个维度的重要性权值总和应该为 15，若得到的总和不是 15，则表明计数出现了错误。

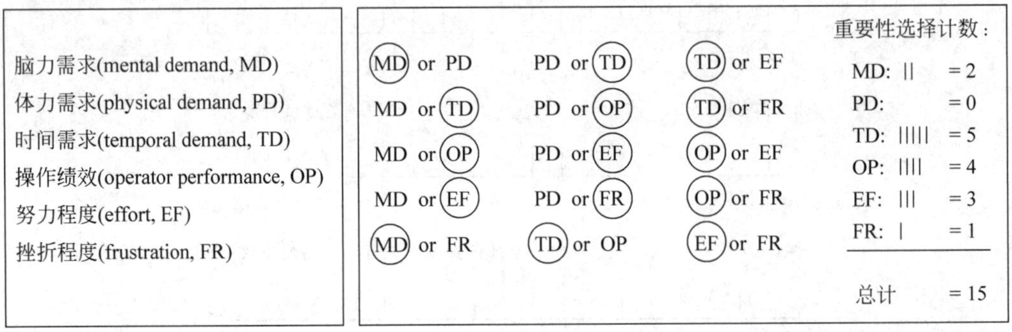

图 12-6　NASA-TLX 量表中的各维度重要性权重计算案例

3）根据获得的数据计算操作员的总工作负荷

在获得 6 个维度重要性权值后，可以通过权值与各维度分数得到总工作负荷分数。通过式(12-1)可以看出，计算总工作负荷分数的方式与计算加权平均数类似，将每个维度的分数依据权重进行加总得到总分：

$$S_{\text{workload}} = \sum S_{\text{scale}} \times W_{\text{scale}} / 15 \tag{12-1}$$

其中 S_{workload} 表示总工作负荷分数，S_{scale} 表示各维度的分数，W_{scale} 表示重要性权值。在上文的例子中，小华认为刚刚完成的任务的工作负荷的各维度分数和重要性权值分别如表 12-1 所示：

表 12-1　小华认为刚刚完成的任务的工作负荷的各维度分数和重要性权值

维　　度	量表分数	重要性权值
脑力需求	8.7	2
体力需求	5.2	0
时间需求	2.7	5
操作绩效	7.8	4
努力程度	8.0	3
挫折程度	6.9	1

总工作负荷分数计算则为：$8.7×2+5.2×0+2.7×5+7.8×4+8.2×3+69×1=6.2$。这个例子里面，工作负荷的最高分为 10 分，也有研究中采用百分制。

 课堂练习题 12-1

使用 NASA-TLX 评价法测量任务的工作负荷

请在视频 12-1 展示的任务情境（视野为交通道路及变化）中模拟一边驾驶汽车一边使用手机发送消息的任务（消息内容可由教师在任务进行过程中口述传达）。完成任务后请使用 NASA-TLX 评价法测量自己的工作负荷，并将测量过程和结果写在下面空白处。（任务模拟需要使用资料 12-2，请教师提前下载并打印）

视频 12-1　课堂练习题 12-1 任务情境　　　　资料 12-2　任务操作所需工具

NASA-TLX 评价法已经成为主观测量工作负荷运用最广泛的方法之一，它从脑力、体力、时间等多种角度考虑工作负荷，具有多维度评价的优点，因此在测量较低的工作负荷时具有较高感知能力。此外，随着科技的发展，NASA-TLX 量表已经从最开始的纸质问卷逐渐扩展为电子问卷，但是收集的工作负荷结果与纸质版的 NASA-TLX 量表有所不同。

 启发式教学思考题 12-5

NASA-TLX 评价法有什么缺点？

根据你已学到的知识，请思考并列举 NASA-TLX 评价法的缺点。

答案

2. 库柏-哈柏评价法

库柏-哈柏评价法是 20 世纪 60 年代美国空军中用于获得飞行员对新研发的飞机可控性的主观评价的一种测量工具[11]。原始的库柏-哈柏评价法基于飞机可控性和飞行员所需付出的努力程度，将飞机驾驶的难易程度分成 10 个等级，飞行员在完成飞机驾驶任务之后，根据自己的主观感受，对照图 12-7 所示的库柏-哈柏量表中的 10 个等级描述，选出自己对该飞机的可控性难度评级。

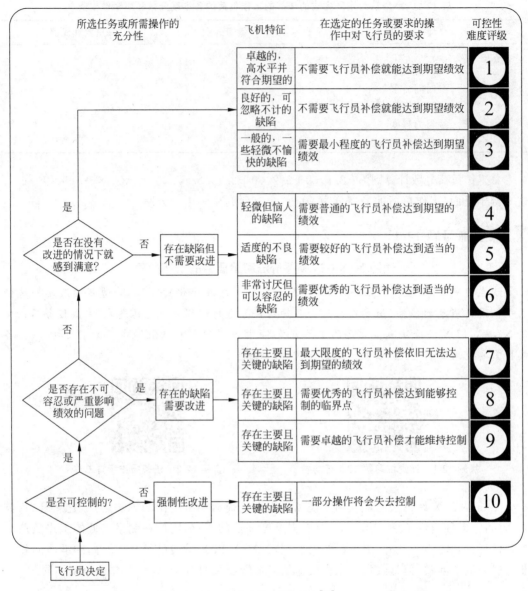

图 12-7　库柏-哈柏量表[11]

库柏-哈柏评价法的使用为美国空军评估和优化飞机设计（如飞机中的显示系统、人机交互界面、操纵系统等）提供了有效的数据参考。为了扩展库柏-哈柏量表的使用范围，人们将库柏-哈柏评价法中飞机可控性难度与飞行员工作负荷之间存在直接关系的假设扩展到广泛意义上的任务中，提出了**改进的库柏-哈柏评价法**，设计了新的库柏-哈柏量表。改进的库柏-哈柏评价法（见图 12-8）是指由库柏-哈柏评价法改进而来的用于主观评估人在任务中的工作负荷的测量方法[12]。

改进的库柏-哈柏评价法在保持任务 10 个困难等级不变的情况下，将原假设扩展为广泛意义上的任务可控性难度与执行任务的操作员工作负荷之间存在直接关系，不仅局限于飞行员的驾驶任务，还能够测量许多其他任务的工作负荷。例如，操作员小国刚刚获得驾照

困难程度		操作需要的水平	等级
工作负荷在可接受的范围内	非常简单	操作员的工作负荷非常小，能够轻易达到期望绩效	1
	简单	操作员的工作负荷低，能够达到期望绩效	2
	中等难度	需要操作员付出可接受的工作负荷以达到适当的系统绩效	3
工作负荷较高，有少量错误发生	轻微但恼人的困难	需要操作员付出中等偏高的工作负荷以达到适当的系统绩效	4
	适度但令人讨厌的困难	需要操作员付出高的工作负荷以达到适当的系统绩效	5
	非常讨厌但可以容忍的困难	需要操作员付出最大限度的工作负荷以达到适当的系统绩效	6
工作负荷非常高，指示的任务在多数情况下能够完成；错误是必然的，并且错误数量很多	非常困难	需要操作员付出最大限度的工作负荷才能将错误率控制在中等水平	7
	非常困难	需要操作员付出最大限度的工作负荷才能避免出现重大或巨量错误	8
	非常困难	需要操作员付出极限工作负荷才能完成任务，但高频率或巨量的错误持续存在	9
任务不可能完成	不能承担的困难	指示的任务不能可靠地完成	10

图 12-8　改进的库柏-哈柏量表

不久，驾驶汽车的技术还不太熟练，但他需要执行在 5min 之内完成倒车入库的任务，最终由于经验不足再加情绪紧张，他手忙脚乱，车辆虽然入库但是位置摆放歪斜，并且差点剐蹭到旁边的车辆。于是小国在填写改进的库柏-哈柏量表时认为 5min 内倒车入库任务对于他来说在多数情况下虽然能够完成，但操作时错误率很高，并且需要付出很大程度的努力才能避免出现巨大错误（剐蹭旁车），最终小国主观选择了等级 8。

课堂练习题 12-2

使用改进的库柏-哈柏评价法测量任务的工作负荷

请在视频 12-2 展示的任务情境中模拟一边驾驶汽车一边使用手机发送消息的任务（消息内容可由教师在任务进行过程中口述传达）。完成任务后请使用库柏-哈柏评价法测量自

己的工作负荷,并将测量过程和结果写在下面空白处。(任务模拟需要使用资料 12-2,请教师提前下载并打印)

视频 12-2　课堂练习题 12-2 任务情境

人的记忆力是会衰退的,在这一方面,由于库柏-哈柏评价法只从单一维度,即任务的困难程度方面来评价人的工作负荷,因此,同样作为在执行完任务之后才能填写的主观测量问卷,与 NASA-TLX 评价法需要考虑 6 个维度相比,库柏-哈柏评价法的提问能够使人更加容易回忆和做出回答。但是库柏-哈柏评价法还有许多弊端。例如,比较明显的是,原始的库柏-哈柏评价法仅适用于测量飞行员的工作负荷;此外,虽然后期为了扩大使用范围而设计出了改进的库柏-哈柏评价法,但两者均只有一个维度,即只根据任务的困难程度来考虑人的工作负荷,这将无法区分任务过程中人的感知、认知、动作等维度。例如,上文案例中我们只能获取"小国觉得倒车入库十分困难,需要承受的工作负荷很大"这一较单一的信息,而小国是否因为时间关系(也许超过 5min,比如小国可以在 10min 之内很好且很轻松地完成倒车入库),或者是否因为某种设备使用困难(如方向盘设计不合理,直径过大导致扭转时过于耗费体力;环境存在强光导致后视镜反光阻碍人的视线接收并判断车辆定位信息)等因素而导致工作负荷大,我们无法具体获知。

采用主观量表测量工作负荷的方法简单且成本低,只需要操作员在任务执行期间或完成任务之后回答主观量表上的问题就能够获取数据。然而,使用主观量表测量人的工作负荷还存在许多弊端。

答案

启发式教学思考题 12-6

使用主观量表测量工作负荷有什么缺点?

根据你已学到的知识,请思考并列举主观量表测量工作负荷的缺点。

12.3.3　生理测量

人们发现人的心率、脑电波、瞳孔扩张等生理信号特征会受到工作负荷的影响[13]。例如,Hess 和 Polt 发现当人在解决算术问题时瞳孔会扩张,并且扩张的程度和算术问题的难度有关[14]。Kahneman 等人通过实验也发现在思考问题过程中人的瞳孔大小在其放弃或停止思考的时间节点会发生变化[15]。这些都可以帮助我们间接地评估和分析人在执行任务过程中,尤其是在任务不同阶段中的工作负荷。

1. 心率及其变化率

心率是单位时间心脏搏动的次数。可以使用多种不同的设备测量心率。例如,医院中使用心电监护仪来实时测量病人的心率是否维持在正常水平,或者使用心电图机检查就诊患者的心率节律以及是否有早搏等心律问题;此外,市场上用于日常监测的设备还有胸部、手指部佩戴的心率测量装置,以及可测心率的智能手腕装置(见图12-9)。大多数智能手表或手环中都带有光学心率传感器。根据血液吸光率计算出人的心率,它也是智能穿戴设备中运用最广泛的心率检测传感器之一[18]。但是光学心率传感器需要贴紧皮肤才能测量,并且测量结果还受到运动、姿势甚至皮肤颜色等因素的影响[19]。相比于使用测量电极放置在人体表面获取心动周期产生的电活动变化的检测设备,许多智能手表的心率测量并不准确。因此,心率设备的侵入模式越强,准确度越高。

根据Kalsbeek在1971年和Mulder在1988年的发现[16-17],当任务难度提高时,即人的工作负荷增加时,人的心率会升高,而心率的变化率则会降低(跳动间隔增大),并倾向于平缓的恒量。基于此结论,我们可以根据心率及其变化率来测量人的工作负荷。例如小华需要完成数学期末考试的任务,当我们发现小华的心率逐渐提高且心率变化率逐渐降低并趋于平稳时,可以推测小华可能进入了较高难度的数学题目中,需要更多的脑力需求。需要注意的是,心率不仅与工作负荷有关,还受到人的动作的影响。人在进行较高程度的体力活动时,心率会随着工作负荷和耗氧量需求的增加而增加。除此之外,人的心率变化已经被证明是能够直接反映工作负荷的生理指标[16],比如相较于低工作负荷,人在处于高工作负荷时,其心率的跳动间隔(心率变化率)更趋向于恒量[16-17]。

2. 事件相关电位

事件相关电位(event-related potential,ERP)是一种脑诱发电位,当对神经系统给予或撤去某一特定刺激时,大脑会对该刺激的信息进行加工并在该系统和脑的相应部位产生可以测量的与该特定刺激有相对固定时间间隔和特定相位(波形恒定)的生物电反应。图12-10所示为实验室采集人的脑电数据的过程,被试需要在头皮相应位置上贴好电极片并连接系统设备,在接收到显示器中给出的视觉和听觉刺激后,设备会检测到人的脑电波的变化数据。

图12-9 可测心率的智能手腕装置[20]

图12-10 事件相关电位测量实验[21]

研究发现,事件相关电位中的**P300成分**是一种潜伏期位于300~800ms之间的正向波电位,能够实时反映人的工作负荷[22]。P300成分的波形如图12-11所示,其中横轴表示时间,纵轴表示电压振幅。

Wickens等人于1983在Science期刊上发表的实验结论证明了事件相关电位中P300成分的电位振幅与人所承受的工作负荷相关[22]。该文章假设任务的执行需要消耗人的有限资源,并设计实验探究人在处理双重任务时如何分配该有限资源。被试被要求以最好的方式执行**主任务**,并同时尽可能地执行**第二任务**。主任务为手动视觉跟踪,即操作员手动操纵一个控制杆去瞄准屏幕上移动的光标,主任务难度的变化在于光标移动的间隔、速度变

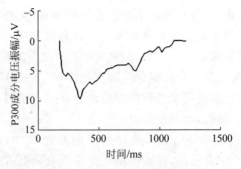

图 12-11　P300 成分波形图[22]

化,或光标速度随控制杆速度变化而变化;第二任务是低音刺激计数,即操作员会听见一系列随机产生但概率相等的高音调和低音调并记下低音调产生的次数。实验过程中主任务的难度会变化,并实时记录被试由于任务而产生的 P300 成分电位的振幅情况,结果表明**第二任务产生的 P300 电位在双任务(同时执行主任务和第二任务)情境下的振幅比单任务(只执行第二任务)情境下的振幅小**。图 12-12 所示为单任务和双任务情境下第二任务产生的 P300 成分电位振幅的变化情况对比,其中横轴表示时间,纵轴表示 P300 成分的电压振幅,可以看出双任务情况下振幅的波动范围小于单任务情况。图 12-13 所示为单任务和双任务情境下第二任务产生的 P300 成分电位振幅的峰值对比,其中横轴表示单双任务,纵轴表示 P300 成分的振幅峰值,可以看出双任务情况下的振幅峰值小于单任务情况。

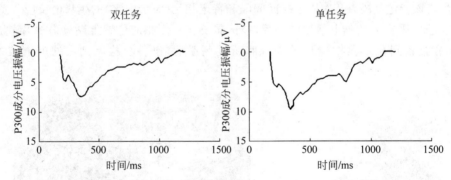

图 12-12　单任务和双任务中的 P300 成分电位振幅变化[22]

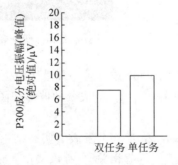

图 12-13　单任务和双任务中的 P300 成分电位振幅(峰值)[22]

此外,双任务情境下,当主任务的难度增加,即工作负荷增大时,第二任务产生的 **P300 电位的振幅下降**。

采用生理测量方法测量人的工作负荷是客观的,相比于绩效测量或主管量表测量,生理测量不需要引入新的任务就能在原始任务执行过程中实时测量和收集数据。但是生理测量方法需要相对昂贵的设备支持,成本较高,并且实验中使用的设备是具有侵入性质的,如心率和事件相关电位的测量都需要在人的身体部位贴上电极并连接机器设备,这些并不适合在日常生活中使用。

12.4 满意度测量

人的满意度是指人的需求被满足后的愉悦感,是一种主观的心理状态。测量人对一个交互系统的满意度可以初步判断该系统是否具有宜人性或者是否存在人因设计缺陷。

满意度测量主要有通用化测量和针对性测量等方法。**通用化测量**是指适用于大多数交互界面的测量方法,测量范围偏向于系统宏观的表面问题,不针对系统中各种特征的具体细节。用户交互满意度量表(questionnaire for user interaction satisfaction,QUIS)是典型的通用化测量方法之一,是由马里兰大学帕克分校的人机交互实验室提出的,用于评估人对人机交互界面的主观满意度,其评估范围包括软件屏幕、专业术语和系统信息、学习性、系统能力等多个维度[23]。**针对性测量**是指相关人员针对特定的交互系统以及系统中特征的具体细节,使用问卷设计方法(问卷设计方法具体内容详见第 3 章)来设计自己的用户满意度调查问卷。

以下将列举两个系统满意度测量案例。

1. 企业资源计划系统

企业资源计划(enterprise resource planning,ERP)系统是指利用信息技术和系统管理机制为企业决策层及成员提供决策运行支持的管理平台[24],简称 ERP 系统,其框架如图 12-14 所示。ERP 系统是企业统一管理平台,囊括了如人力资源、设计制造、供应链管理、项目管理等企业运营所需的子系统。

ERP 系统的交互宜人性、操作便捷性、信息准确性等会影响企业员工的工作效率。例如甲公司的供应链管理人员需要在 ERP 系统外主动获取供销商的价格数据,再在 ERP 的供应链管理系统中手动输入数据才能进行下一步操作。而乙公司的供

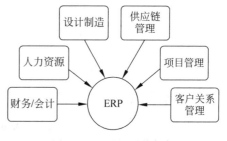

图 12-14 ERP 系统框架

销商价格数据能够自动载入 ERP 系统中,这大大提高了供应链管理的效率,并且避免了可能发生的数据手动输入错误的现象。

ERP 系统的满意度测量问卷的问题可以设计为图 12-15 所示的形式。操作员将对每个问题给出主观评分,最后叠加分值得到该操作员的 ERP 系统总用户满意度。

2. 问答系统

问答系统(question answering system,QAS)是对话系统的一种类型,这里指一种特殊的信息检索系统,能够从文档收集库(类似万维网或本地收藏)中检索相关答案来回答采用自然语言描述的问题。

用户满意度问卷
1. ERP系统是否能够提供您需要的准确信息？
2. 您对ERP系统的准确性满意吗？
3. ERP系统是否提供最新的信息？
4. ERP系统的信息内容是否满足您的需求？
5. ERP系统对用户是否友好？
6. ERP系统是否提供足够的信息？
7. 您认为输出的信息格式是否有用？
8. ERP系统提供的报告是否刚好是您所需要的？
9. 您能及时得到您需要的信息吗？
10. ERP系统提供的信息清楚吗？
11. ERP系统简单好用吗？
12. ERP系统是否准确？
ERP系统的总用户满意度

图 12-15　ERP 系统用户满意度问卷

QAS 的满意度测量问卷的问题可以设计为图 12-16 所示的形式。

编号	问题
Q1	**QAS** 提供的信息是完整的。
Q2	**QAS** 中提供的信息易于理解。
Q3	**QAS** 中提供的信息是个性化的。
Q4	**QAS** 中提供的信息是具有相关性的。
Q5	**QAS** 中提供的信息是安全的。
Q6	**QAS** 提供的系统是可靠的。
Q7	**QAS** 提供的系统是灵活的。
Q8	**QAS** 提供的系统具有整合性。
Q9	**QAS** 提供的系统是可访问的。
Q10	**QAS** 提供的系统是及时的。
Q11	**QAS** 能够更新最新的硬件和软件。
Q12	**QAS** 是可靠的。
Q13	**QAS** 的员工能够为用户提供及时的服务。
Q14	**QAS** 的员工具备做好本职工作的知识。
Q15	**QAS** 能够将用户的最大利益放在第一位。

图 12-16　QAS 的满意度测量问卷

课堂练习题 12-3

为游戏 APP 设计用户满意度调查问卷

请选择一款你熟悉的手机游戏 APP，并为这款游戏设计一份用户满意度测量问卷。

12.5　情境意识测量

情境意识是指人在一定时间和空间内对所处情境内的信息元素进行感知，理解所感知信息元素的含义，并预测这些信息元素未来短时间内将会发生的变化[25]。**信息元素**是指情境中有形和无形的事物，包括外界物理环境、操作的系统设备、人以及情境中一些无形的特性[26]。例如，飞行员在驾驶过程中的情境信息元素可能有天气状态、外部环境、驾驶面板信息、副驾驶员动作、驾驶舱内的气味等；市场营销办公室人员的情境信息元素可能包括客户满意度、市场趋势、产品报价等。

根据 Endsley 等人对情境意识的定义[26]，情境意识具有三个依次递进的层级，人只有获得低层级的情境意识才能进一步获得高层级的情境意识[27]。情境意识的三个层级如图 12-17 所示，具体解释如下。

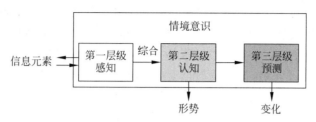

图 12-17　情境意识的三个层级

1. 第一层级：感知当前环境中的信息元素

人首先感知环境中信息元素的状态、属性和动态。例如，汽车驾驶员小华在驾驶情境中可以感知前方道路、路边房屋、信号灯、仪表盘、指示灯等元素及其相关特征属性（例如颜色、形状、速度、位置等）。

2. 第二层级：认知/理解当前形势

人根据自己已有的知识，综合所感知到的信息元素，理解当前环境整体的形势，包括这些信息元素的重要性以及信息元素存在或出现的目的。例如，汽车驾驶员小华在第一层级感知到了前方十字口道路的信号灯为红灯，垂直道路的汽车刚刚起步，此时小华的车辆位置和红灯停车线的位置距离，路边的房屋移动速度，仪表盘显示的车速数值，小华根据已有知识综合以上感知的信息元素，认为红灯表示必须要停车，车辆位置和红灯停车线的位置距离较短，路边房屋移动速度和仪表盘显示的车速数值都表明车速很快。

3. 第三层级：预测未来的环境和信息元素的变化状态

人基于第一层级和第二层级对信息元素的感知和认知，预测未来至少是未来短时间内环境和信息元素及其综合的整体形势的变化状态。例如，小华根据第二层级认知的驾驶情境形势，预测红灯将持续较长时间（垂直道路的车辆刚刚起步意味着绿灯才开始），当前的刹车距离和行车速度要求较大的刹车程度才能在红灯线之前安全停车，小华认为他需要以最快的速度放开加速踏板而转踩刹车踏板，并需要逐渐加大刹车程度才能按规定安全停车。

人们常常在人机交互环境任务中扮演决策者的角色，例如飞行员驾驶战斗机、军队操作员操控复杂武器设备、航天员在空间站执行出舱活动等，在这些任务中，人的情境意识是人的决策的主要输入[27]。如果情境意识对当前形势判断不完整或不准确，人很有可能会做出错误的决策，进而增加事故发生概率。测量人的情境意识能够更好地分析人与系统的交互模式，发现交互系统的设计缺陷（为何会让人产生不准确的情境意识），进而改进和优化系统设计，提高任务绩效。

情境意识的测量有许多方法，如情境意识综合评估法（situation awareness global assessment technique，SAGAT）、情境意识评估方法（situation awareness rating technique，SART）、情境意识主观工作负荷主导法（situation awareness subjective workload dominance，SWORD）、观察者评定法等。

SAGAT 是冻结测量法的一种，**冻结测量法**是指随机冻结人执行的任务，对人进行与情境意识三个层次（感知、认知/理解、预测）相关状态信息提问并记录人的作答数据，最终将作答数据与真实状态进行对比打分，采用两者对比的准确度评价人的情境意识水平的一种主观测量方法。例如采用 SAGAT 测量飞行员驾驶飞机执行战斗任务的全阶段情境意识。飞行员在交互模拟系统（包括一台计算机屏幕和与计算机系统连接的可操控驾驶实验手柄）中模拟战斗任务（包括空中巡逻、与敌军交战等）；假设当飞行员的任务处于发现敌方飞机进入可观测领空时刚好被冻结，冻结的时间是随机的；交互模拟系统被冻结并蓝屏后弹出 SAGAT 的问答界面（见图 12-18），SAGAT 将对飞行员情境意识的 3 个层次进行提问，例如询问飞行员刚刚注意到的某架敌机的飞行高度和坐标位置；系统同时也会测量飞行员在整个模拟任务中的真实表现数据，例如飞行员随后将被安排攻击所观察到的敌机，其攻击的反应时间和准确率等数据将与飞行员的主观回答进行对比，以此评估其情境意识水平。

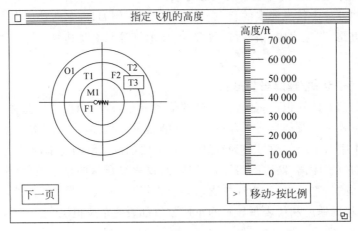

图 12-18　SAGAT 问答案例[25]

冻结测量法具有很多优点。首先，其他主观测量法需要在任务结束或任务中途特定时间进行测量，或是选定任务的某些过程进行测量，而冻结测量法是在任务总过程中随机选择时间冻结，操作员无法提前为测量（问答）进行准备，因此，操作员由于提前准备而导致注意力偏向于特定信息元素的机会被最小化；其次，冻结测量法能够实时收集数据，避免了完成任务后再收集数据容易出现的问题（人产生遗忘导致评估数据准确度降低等）；再次，冻结测量方法是直接的，与嵌入第二任务绩效测量等方法相比，冻结测量法不具有侵入性，减少了由于人为干扰或提示引起的操作员注意力转移而导致情境意识产生偏差；最后，冻结测量方法是客观的，测量包括操作员主观评定和系统的客观记录，情境意识的评估依据主观和客观的对比准确度，可以尽可能地减小纯主观或纯客观测量产生的偏差。

然而，冻结测量法还存在许多弊端。

启发式教学思考题 12-7

冻结测量法有什么缺点？

通过上文的学习，你已经了解了冻结测量法以及它的优点，那么冻结测量法有什么缺点呢？

12.6 视觉疲劳测量

视觉疲劳是指人在执行视觉任务时,由于保持长时间注意力所经历的以眼部不适为基础的一系列如头痛、肩颈痛、注意力不集中、紧张焦虑等不良症状。视觉是人执行任务过程中的主要感知通道,因此,当任务设计或交互系统的设计存在某些问题时,如系统界面文字太小、任务中存在过多的视觉追踪操作、长时间的用眼活动(如长时间驾驶任务)等,人将很容易产生视觉疲劳。测量人的视觉疲劳能够发现任务设计和交互系统设计的问题,进而改进和优化设计。

视觉疲劳的测量方法主要有:主观评分法,如基于用户调查的方法,包括 SSQ、VRSQ、等量表问卷;客观测量法,如生理电信号测量、图像处理法、视觉功能测量等,以及主任务评分法[29]。其中闪光融合临界频率测量是生理测量中常用的一种可靠的视觉功能测量方法。

闪光融合是指当视觉刺激不是连续作用而是断续作用的时候,随着断续频率的增加,人就不再感觉到断续的刺激,而看到连续、恒定的刺激,这种现象叫作闪光融合。当闪光的频率降到一定数值时人的视觉就能够识别出画面的断续,这个数值就是闪光融合的临界频率。**闪光融合临界频率**是指能引起连续视觉的最小断续频率。例如我们日常使用交流电的日光灯每秒钟闪动约 100 次,人的闪光融合临界频率远小于此,故我们不会觉得日光灯是闪烁的。闪光融合临界频率能够体现人们辨别闪光能力的水平,因此,测量临界频率的数值变化能够反映人的视觉疲劳程度。图 12-19 所示为一种专门测量临界频率的闪光融合频率仪。在已有的实验研究中有结论表明,**当人在执行任务过程中其闪光融合临界频率下降时,表示人的视觉疲劳程度升高。**

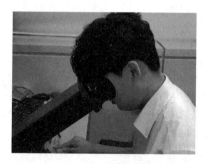

图 12-19 闪光融合频率仪测量临界频率实验[30]

本章重点

- 绩效测量:任务完成时间、错误率。
- 工作负荷测量:工作负荷的重要性、工作负荷的测量方法。
- 工作负荷的测量方法:绩效测量、主观量表测量(NASA-TLX 评价法、库柏-哈柏评价法、改进的库柏-哈柏评价法)、生理测量(心率及其变化率、事件相关电位)。
- 满意度测量:ERP、QAS。
- 情境意识测量:情境意识的三个层级、冻结测量法(如 SAGAT)。

- 视觉疲劳测量：闪光融合、闪光融合临界频率。

作业 12-1

打开一个常用的办公软件，并完成 2~3 个典型的任务，请使用本章所介绍的人的行为测量方法记录行为和工作负荷，体会每种测量方法的优点和局限。

参考文献

[1] 余小其.《暖通随笔》物联网——这可能是暖通新的一个发展方向[EB/OL].(2020-12-25)[2022-01-28]. https://zhuanlan.zhihu.com/p/339004645.

[2] MICROSOFT. Office VBA 入门[EB/OL].(2023-04-07)[2023-04-19]. https://learn.microsoft.com/zh-cn/office/vba/library-reference/concepts/getting-started-with-vba-in-office?redirectedfrom=MSDN.

[3] 聊聊飞机弹射座椅：弹出来就安全了？客机为啥不装？[EB/OL].[2022-01-28]. https://new.qq.com/rain/a/20210404a08iww00.

[4] 上汽大众西北平台. 原来未来智能车载生态系统长这样？[EB/OL].(2020-04-23)[2023-04-19]. https://www.sohu.com/a/390642985_782744.

[5] 余杭这个村，今年又给村民福利了[EB/OL].(2019-01-29)[2023-04-19]. https://m.sohu.com/a/292262547_99978846.

[6] 张立娟. 基于工作负荷评估的飞行签派员人力资源配置研究[D]. 广汉：中国民用航空飞行学院,2015.

[7] HART S G, STAVELAND L E. Development of NASA-TLX (Task Load Index): Results of Empirical and Theoretical Research[J]//HANCOCK P A, MESHKATI N. Advances in Psychology. North-Holland. 1988: 139-183.

[8] HART S G. Nasa-Task Load Index (NASA-TLX): 20 Years Later[J]. Proceedings of the Human Factors and Ergonomics Society Annual Meeting,2006,50(9): 904-908.

[9] WIERWILLE W W, EGGEMEIER F T. Recommendations for Mental Workload Measurement in a Test and Evaluation Environment[J]. Human Factors,1993,35(2): 263-281.

[10] HITT J M, KRING J P, DASKAROLIS E, et al. Assessing Mental Workload with Subjective Measures: An Analytical Review of the NASA-TLX Index Since its Inception[J]. Proceedings of the Human Factors and Ergonomics Society Annual Meeting,1999,43(24): 1404.

[11] COOPER G, HARPER R. The use of pilot ratings in evaluation of aircraft handling qualities[R]. NASA Ames Technical Report,1969.

[12] VALDEHITA S, RAMIRO E, GARCÍA J, et al. Evaluation of subjective mental workload: a comparison of SWAT, NASA-TLX, and Workload Profile Methods[J]. Applied Psychology,2004,53: 61-86.

[13] 何金松. 基于多模生理电信号的飞行员工作负荷综合评估研究[D]. 南京：南京航空航天大学,2019.

[14] HESS E H, POLT J M. Pupil Size in Relation to Mental Activity during Simple Problem-Solving[J]. Science,1964,143(3611): 1190-1992.

[15] BEATTY J, KAHNEMAN D. Pupillary changes in two memory tasks[J]. Psychonomic Science,1966,5(10): 371-372.

[16] KALSBEEK J. Sinusarrhythmia and the dual task method in measuring mental load[J]. Measurement of men at work,1971: 101-114.

[17] MULDER L J M. Cardiovascular reactivity and mental workload[J]. International Journal of

Psychophysiology,1989,7(2-4):321-322.

[18] 光学心率传感器技术在可穿戴设备中的新兴医疗应用[J]. 世界电子元器件,2018(9):26-27.

[19] 李坤豫. 浅析可穿戴设备及其心率传感器的应用[J]. 通讯世界,2019,26(2):278-279.

[20] 放学路上的油墩子. 小米手环 2,now2,bong3 心率功能是否都没有价值[J/OL]. (2018-02-12)[2023-04-19]. https://www.zhihu.com/question/48967239.

[21] 挑战杯. 事件相关电位 P300 和大学生人格的实验研究[EB/OL]. [2023-04-19]. http://www.tiaozhanbei.net/project/14190/.

[22] WICKENS C,KRAMER A,VANASSE L,et al. Performance of concurrent tasks:a psychophysiological analysis of the reciprocity of information-processing resources[J]. Science,1983,221(4615):1080-1082.

[23] NORMAN K L,SHNEIDERMAN B,HARPER B,et al. Questionnaire for user interaction satisfaction:IS-98-0081998[P]. 1999-03-09.

[24] VORONKOVA O V,KUROCHKINA A A,FIROVA I P,et al. Implementation of an information management system for industrial enterprise resource planning[J]. Revista Espacios,2017,38(49):23-33.

[25] ENDSLEY M R. Measurement of situation awareness in dynamic systems[J]. Human factors,1995,37(1):65-84.

[26] ENDSLEY M R. Toward a theory of situation awareness in dynamic systems[J]. Human factors,1995,37(1):32-64.

[27] ENDSLEY M R. Situation awareness in dynamic human decision making:Theory and measurement[D]. University of Southern California,1990.

[28] VAZ F T,HENRIQUES S P,SILVA D S,et al. Digital Asthenopia:Portuguese Group of Ergophthalmology Survey[J]. Acta Med Port,2019,32(4):260-265.

[29] 贺太纲,郑崇勋. 精神负荷评估方法的评述与展望[J]. 大自然探索,1997(2):46-50.

[30] LEE S,KIM M,KIM H,et al. Relationship between Ocular Fatigue and Use of a Virtual Reality Device[J]. Journal of the Korean Ophthalmological Society,2020(61):125.

# 第 13 章

人机系统可用性的评测方法

> **本章概述**
>
> 本章将概要介绍人机系统可用性评测的基本思想和方法。
> - 可用性与用户体验
> - 可用性的主要评测方法
> - 可用性评测实践案例

人和机器、产品、系统主要通过可视化或非可视化的界面进行交互以达成某个目标。这些交互在生活中无处不在,例如,人使用智能手机上的软件点外卖;要求智慧语音助手设置闹钟;使用车载系统播放音乐等。你生活中是否有过这些经历:面对第一次接触的界面很难找到你想要的功能?难以理解界面中按钮所代表的含义?拿到一个新的产品不知道开关按钮在哪里?面对一个系统不知道当前处于什么状态?

你认为什么样的界面才能称得上是一个好的交互界面?如何去评估一个界面的好坏?为什么有些产品更容易使用?什么样的元素会影响产品的易使用性?系统如何显示才能让人快速地理解系统状态?人机系统的可用性评测可以帮助回答这些问题。本章主要介绍人因工程是如何进行可用性评测的。

13.1 可用性评测与用户体验

13.1.1 可用性评测和用户体验概述

可用性是指在特定的使用背景下,特定的用户通过使用系统、产品或服务以有效地、高效地和满意地达到特定的目标的程度[1]。**可用性评价**主要是对特定用户界面的易学性、易用性、操作绩效、操作满意度以及用户操作的记忆负荷等因素进行评价,发现用户界面存在的可用性问题,进而重新改进原有界面的过程[1-2]。

传统上人机系统测评主要关注产品的可用性,随后用户体验越来越受到人们的关注。根据 ISO 9241-210:2019 标准定义,**用户体验**是指用户在使用或预期使用一个系统、产品或服务后产生的感知和回应,包括在使用前、使用中和使用后的情绪、信念、偏好、感知、舒适度、行为和成就等[3]。用户体验受到两方面因素的影响:①品牌形象、功能、系统绩效、交互行为、产品或服务等；②用户意图和个体状态（受先前经验、态度、技能、能力和人格等因素影响）[3]。

可用性和用户体验的定义范围和目标均不同。可用性是用于评估用户界面的容易使用程度的指标[4]，是对产品进行评价的一个方面。而用户体验则范围更广，包括用户与系统、产品和服务交互前中后的感知和回应。可用性是用户体验的一部分，也是用户体验的基础。如果一个产品的可用性较低，则优化产品的目的主要在于提升其易于使用性；而如果一个产品的用户体验较差，那么优化目标可能包括这个产品的功能、交互、服务、目标用户群体等多个方面。

13.1.2 进行可用性评估和测试的原因

在现实生活中，设计师和用户的脑海中对某个产品、系统或服务是如何运作的这一认知可能是不一样的，即设计师和用户所掌握的信息存在不对称。而这一不对称可能使得设计师所设计的界面对于用户来说存在关键信息要素的缺失或冗余，导致用户在使用界面过程中难以快速地了解一个界面的目的和所能提供的功能，从而需要耗费大量的时间去熟悉、理解和使用界面。而一旦频繁地遇到这些困难，用户很可能就会放弃使用该界面。可用性评估和测试能通过了解用户在与界面交互过程中的心理和行为活动，从用户的实际需求出发，发现原有界面存在的问题并进一步优化。

13.1.3 进行可用性评估和测试的地点

一方面，可用性评估和测试可以在可用性评测实验室中进行。如图 13-1 所示，**可用性评测实验室**通常分为测试实验室和观察控制室，实验室和控制室之间有一个单向玻璃，当用户在测试室中进行可用性测试相关的任务时，观察人员可以通过单向玻璃观察到实验室中的用户的实时行为，而用户无法通过玻璃看到观察控制室一方。在可用性测试实验室中进行测试的主要优势在于实验者能更容易地控制混淆变量，进而观察到特定条件下用户与界面的交互。

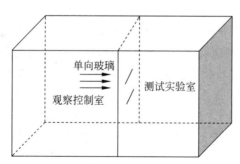

图 13-1 可用性评估和评测实验室示意图

启发式教学思考题 13-1

在可用性评测实验室内进行可用性评测有什么缺点？

答案

另一方面，可用性评估和测试可以通过设置**自然的任务**进行。即用户在真实的环境下完成某一特定的任务。该方法的优势在于用户与界面的交互更为真实,但可能会有未知的混淆变量出现,从而增加评估的复杂性。

13.2 可用性的主要评测方法

假设您是一个产品经理,设计师提供了一个新的产品,你知道如何对这个产品进行可用性测评吗?可用性评测方法分为可用性评估方法和可用性测试方法。**可用性评估方法**可以用于检查和预测用户与界面、产品或系统交互过程中可能遇到的问题。通常情况下,可用性评估方法更倾向于非正式的检查和非实验的方法,并不需要定量的数据支撑。而可用性测试方法则常通过正式或非正式的实验设计以获得测试数据。

13.2.1 可用性评估方法

可用性评估方法包括认知走查法、出声思维法、合作型评价法、检查表法和卡片分类法。大部分方法都可以用于原型设计的早期(此时设计原型一般还未完成)或者实际的实施阶段。

1. 认知走查法

认知走查法是一种集中评价系统或界面的"易学性"维度的可用性评估方法[2,5]。实施认知走查法需要评估者(一般是专家)基于任务操作的步骤设计界面的雏形,并从用户目标和背景出发,走查任务流的每个步骤,紧紧围绕以下**四个关键问题**进行思考、讨论和回答,以评估用户是否能使用该界面完成目标,以及在使用界面的过程中可能遇到的问题:

(1) 用户头脑中是否有完成某个任务的目标?

(2) 用户在达成他们的目标的过程中,是否注意到界面中为他们达成目标所提供的线索(如图标、文本、按钮等)?

(3) 用户是否能将正确的线索与他们的目标关联?

(4) 如果正确操作得以执行,用户是否理解界面的反馈?

例如,利用认知走查法分析评估 Excel 中添加新工作表的功能。有经验的用户能快速地完成该任务。但对于第一次接触 Excel 的用户,为完成上述任务,需要打开 Excel,探索界面以找到工作表添加按钮,单击添加按钮完成操作。围绕认知走查法的上述四个关键问题,评估者核对 Excel 中的界面是否可以支持用户完成该任务,思考用户是否可以注意到界面中初始工作表的名称栏(线索),用户是否可以顺利找到初始工作表名称栏边上的加号按钮,用户是否知道该加号就是添加工作表的按钮,单击按钮后用户能否知道他们是否已经成功添加了表单。

采用认知走查法进行可用性评估具有如下优点:①能从用户的视角而不仅仅是从设计师的视角进行评估;②该方法与设计的原则一致;③该方法主要围绕四个关键问题进行评估,是一种非常方便且易于使用的可用性评估方法;④使用该方法成本低,不需要邀请被试直接参与评估。

启发式教学思考题 13-2

采用认知走查法进行可用性评估有什么缺点?

2. 出声思维法

出声思维法是指被试口头报告他们在执行任务时的推理过程[6],是实时评估和探索用户想法的最有效的方法之一,通常在所需被试较少的时候使用。相比于其他的可用性评估方法,出声思维法的最大优势在于能实时探索用户关注的信息、解决问题的思路和推理过程,以快速确定他们的疑惑和不解。例如,利用出声思维法探究用户使用外卖软件点餐时,用户口头报告他们的点餐目标,报告他们如何利用界面提供的信息和功能选择心仪的美食、寻找订单提交按钮、填写收货地址、支付订单、获得订单状态,评估者能通过整理和分析这些信息进一步确定软件系统或界面中存在的问题。

视频 13-1 基于出声思维法的可用性评估案例

启发式教学思考题 13-3

采用出声思维法进行可用性评估有什么缺点?

3. 合作型评价法

合作型评价法需要邀请少量的被试/用户参与评估,该方法将评价者和被试/用户的关系视为合作关系,两者需要共同探索用户界面并完成一系列任务,用户在任务操作过程中需要同时进行出声思维,最终由评估者和用户共同发现可用性问题并提出改进的建议。例如,评估者邀请用户参与一款新开发的导航软件的可用性测试,用户使用软件寻找目的地,并实时报告他们的思维过程,如果用户在探索完任务后觉得利用软件很难找到目标位置,就需要和评估者一起讨论确定是界面设计问题还是路径推荐问题或是其他问题,并提出如果由他们来设计将从哪些方面改进系统。

课堂练习题 13-1

用合作型评价法测试 PPT 中的水印功能

请一位同学上台在新 PPT 文件右上角上加一个水印,使该水印出现在所有页面的相同位置(内容为:"第 9 章:人机系统测评方法")。由其他同学作记录。

合作型评价法通过评价者与用户合作寻找可用性问题,是一种非常自然的找到可用性问题的方法,具有较高的生态效度。此外,该方面邀请用户及时参与设计,在一定程度上降低了评估者的经验要求。然而,该方法也存在一定的不足:用户的口头报告和行为可能会受到评估者的影响,用户数量有限使得发现的可用性问题和数量有限。

4. 检查表法

检查表法主要采用一系列问题来评估界面的可用性。这些问题针对界面的不同维度，通常基于李克特量表进行评估。以下举例说明两种典型的基于检查表的可用性评估方法。

1）用户界面满意度问卷

用户界面满意度问卷(questionnaire for user interface satisfaction，QUIS)由 Chin 等(1988)开发[7]，是一种快速且易于使用的用户评估方法。图 13-2 所示为 QUIS 题目样例，QUIS 从不同的维度(如屏幕、术语和系统信息、系统性能)评估界面的可用性。利用该问卷评价某款软件时，用户基于 10 点量表对每一个维度上的问题进行回答，最终的满意度分数可通过计算用户在各维度上回答得分的平均值获得。QUIS 本质上是对设计原则的详细实现，该问卷不仅能测量软件及其界面的可用性，还可以测量用户对一些硬件问题的感知，并且无论设计者还是用户都可以用该问卷对界面进行评估。

·SCREEN			
44. Characters on the computer screen	hard to read	0 1 2 3 4 5 6 7 8 9	easy to read
45. Highlighting on the screen simplifies task	not at all	0 1 2 3 4 5 6 7 8 9	very much
46. Organization of information on screen	confusing	0 1 2 3 4 5 6 7 8 9	very clear
47. Sequence of screens	confusing	0 1 2 3 4 5 6 7 8 9	very clear
·TEMINOLOGY AND SYSTEM INFORMATION			
48. Use of terms throughout system	inconsistent	0 1 2 3 4 5 6 7 8 9	consistent
49. Computer terminology is related to the task you are doing	never	0 1 2 3 4 5 6 7 8 9	always
50. Position of messages on screen	inconsistent	0 1 2 3 4 5 6 7 8 9	consistent
51. Messages on screen which prompt user for input	confusing	0 1 2 3 4 5 6 7 8 9	clear
52. Computer keeps you informed about what it is doing	never	0 1 2 3 4 5 6 7 8 9	always
53. Error messages	unhelpful	0 1 2 3 4 5 6 7 8 9	helpful
·SYSTEM CAPABILITIES			
60. System speed	too slow	0 1 2 3 4 5 6 7 8 9	fast enough
61. System reliability	unreliable	0 1 2 3 4 5 6 7 8 9	reliable
62. System tends to be	noisy	0 1 2 3 4 5 6 7 8 9	quiet

图 13-2　QUIS 题项举例示意图[7]

QUIS 问卷

答案

启发式教学思考题 13-4

QUIS 有什么缺点？

2) 软件可用性测量量表

软件可用性测量量表（software usability measurement inventory，SUMI）由 Kirakowski（1996）开发，主要用于软件的可用性评估[8]。该量表包括效率、情感、帮助、可控性、易学性等 5 个维度，共 50 个问题，测试时间约 10min。如图 13-3 所示，用户通过针对一系列问题（例如："我愿意每天使用这个软件"）选择"同意""不确定"或"不同意"对目标软件的可用性进行评价。使用该量表可以简单且相对较快地完成可用性评估。

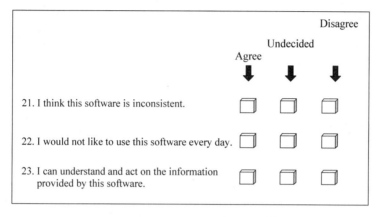

图 13-3　SUMI 题项举例示意图[8]

SUMI 问卷

启发式教学思考题 13-5

SUMI 有什么缺点？

答案

5. 卡片分类法

卡片分类法是给用户一系列卡片（纸质版或软件版）并让他们将卡片进行分类的可用性评估方法（图 13-4）。卡片分类法是合作式的网站信息构建的最有效方法，也是帮助了解用户的重要工具[9]。

根据要分类的卡片是否有事先确定的组别，卡片分类法分为开放式与封闭式两种。开放式卡片分类中，要分类的卡片没有组别，用户需要自己将卡片进行分类并为每个类别命名。对于封闭式卡片分类，则由实验者提前设置好卡片将要分类的组别，用户只需将卡片分配到这些组中即可。两种卡片分类方法有各自的优势。开放式卡片分类的主要优点在于被试根据自己的标准创建分类，能获得更多的组别类型。而采用封闭式卡片分类方法，在固定的类别框架下，评估者可以更加关注分类的原因，并且该方法可用于验证实验者提出的框架。此外，该分类方法给用户提供了一定的分类框架，能降低用户分类的难度。

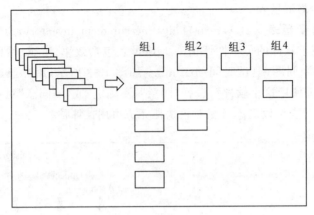

图 13-4 卡片分类法示意图

启发式教学思考题 13-6

开放式卡片分类和封闭式卡片分类分别有什么缺点?

 课堂练习题 13-2

封闭式卡片分类确定网站导航项

图 13-5 为某学院网站的导航内容卡片,请你按照以下几个类别对卡片进行分类:学院总览、师资力量、学术研究、招生就业、通知公告、联系我们,使之形成一个完整的导航结构(该题无标准答案,请参考二维码中的解答)。

图 13-5 某学院网站导航项卡片

13.2.2 可用性测试方法

与可用性评估不同的是,可用性测试通常需要数据支持。根据是否基于正式的实验设计,可用性测试方法又可以分为不基于正式实验设计的可用性测试方法和基于正式实验设计的可用性测试方法。

1. 不基于正式实验设计的用户界面可用性测试方法

不基于正式实验设计的用户界面可用性测试方法是指在进行可用性测试时不采用正式的实验设计,该方法可用于快速地确定可用性问题并改进界面设计。主要分为以下几个步骤:

步骤1:设计和建立原型

设计和建立原型是进行可用性测试的基础,即建立能与人交互的实际原型,如可视化的手机软件界面、网站导航界面等。

步骤2:任务设计

任务设计是用户界面可用性测试方法中十分关键的环节。每个界面都具有一定的功能,用于完成特定的任务,如使用搜索界面搜索关键词、使用系统界面进行预约服务等,一次可用性测试中的任务可以有多个。

步骤3:邀请用户参与测试

可用性测试需要邀请一些目标用户或潜在的目标用户参与测试。目标用户一般指正在使用或放弃了使用当前产品或系统的用户,由于这些目标用户有一定的使用经验,邀请他们更能快速地找到当前界面存在的问题。潜在的目标用户是指未来可能使用和购买该产品的用户,邀请潜在的目标用户能高效地确定用户的需求。

步骤4:用户执行任务

招募的用户参与步骤2中事先设计的任务。测试人员可以要求用户在执行任务的过程中同时采用出声思维法以获得用户使用界面的详细认知过程。

步骤5:数据记录

测试人员需要记录用户在使用界面的过程中的数据,如单击界面的流程、行为和情绪反应、口头报告的内容等。

步骤6:结果分析

由于没有进行严格的实验设计,一般只对收集到的数据结果进行简单的分析与处理,也可采用定性研究的分析方法提炼相应的可用性问题。

通过以上几个步骤,评估者不需要基于严格的实验设计,而是直接邀请用户参与测试,就能快速地确定原型所存在的可用性问题。此外,该方法通过用户和界面的直接交互,能观察到自然和真实的用户行为,找到更贴近现实的可用性问题,是一种十分自然的可用性测试方法。

视频13-2 不基于正式实验设计的用户界面可用性测试案例

启发式教学思考题 13-7

不基于正式实验设计的用户界面可用性测试方法有什么缺点?

答案

2. 基于正式实验设计的用户界面可用性测试方法

基于正式实验设计的用户界面可用性测试方法是指通过正式的实验设计来测试用户界面原型的可用性的方法。采用该方法能找到最优的设计,进行基准/产品比较,文件数据来自用户、销售、广告、手册和声明。正式实验设计下的用户界面可用性测试方法主要分为以下8个步骤。

步骤 1：实验设计

可用性测试的实验设计需要明确三大基本变量，即：①自变量，指由研究者或可用性专家操控的变量（例如，用户界面上的按钮颜色）；②因变量，指由研究者或可用性专家观察到的变量（例如，任务完成时间）；③混淆变量，指除自变量以外，会对因变量产生影响的变量（控制混淆变量是实验设计成功的关键）。关于自变量、因变量、混淆变量及实验设计方法的详细介绍见第 3 章。

可用性测试实验设计示例：某可用性测试期望研究按钮的大小对用户行为绩效的影响。

该测试的目标为探究按钮的大小对用户的任务绩效的影响。其中，自变量为按钮的大小，可以包括若干水平的按钮尺寸，最简单的为大按钮和小按钮，因变量为用户使用按钮完成任务的反应时间和错误率。混淆变量为用户使用过类似用户界面的经验水平。

 课堂练习题 13-3

手机屏幕颜色的可用性测试中的变量

在探究手机屏幕的颜色（彩色或白色/黑色，如图 13-6 所示）对用户绩效的影响研究中，你能找到其中的自变量、因变量和混淆变量吗？

答案

图 13-6　不同屏幕颜色的手机示意图（左图为彩色，右图为黑白色）[10]

步骤 2：用户招募

（1）用户类型

在一个界面或系统的可用性测试中，招募的用户类型有以下几种：

- **目标用户**：当前正在使用该系统或放弃使用该系统的用户。
- **未来用户**：对于从来没有被使用过的系统，未来可能会购买和使用的用户。
- **方便的样本**：同事、朋友或附近办公室的人等方便接触到的人群。
- **分层抽样的样本**：根据用户属性进行分类，然后在各类别中随机抽取样本。

（2）用户数量的确定（详见第 3 章）

步骤 3：实验准备

实验准备包括对实验室环境的准备和相应的设备准备。

（1）实验室环境准备

为减少主试效应，得到更接近真实的用户行为，实验室设置一般会分为测试实验室和控制室。一般采用由单向玻璃隔开的两间实验室,实验者能在单向玻璃的一侧观察测试实验室中的被试行为,而被试无法从单向玻璃的一侧看到观察者(见图 13-1)。

(2) 设备准备

基本设备主要包括录屏软件(用于录制用户与界面交互的过程)、摄像机(用于录制测试过程中的用户动作、语音等)。

高级设备包括可用性测试室和可用性便携系统。

步骤 4：任务选择和用户行为测量

(1) 任务选择

任务类型的选择可以从以下三个角度考虑：最频繁操作的任务(如智慧医疗 APP 中的预约挂号任务)、采用可用性评估方法发现有潜在问题的任务(用户不知道操作单击是否成功)以及特定于用户的任务(如年长的用户使用 Word,把图标放大；色盲用户操作 Excel)。

(2) 用户行为测量

用户行为测量方法包括用户绩效、用户的工作负荷、用户的满意度和用户对界面美学的感知(将在其他章节中介绍),其他内容详见第 6 章。

步骤 5：伦理委员会认证

由于可用性测试的被试为人类,需要考虑相应的伦理问题,详见第 2 章。

步骤 6：前测

在正式实验前一般需要进行前测以获得数据的模式以及目标的样本大小,详见第 3 章。

步骤 7：正式测验

正式测验即邀请用户正式参与测评。具体流程和注意事项详见第 3 章。

步骤 8：数据分析和报告

根据实验设计的类型对收集到的数据进行分析和报告,详见第 3 章。

基于正式实验设计的用户界面测试方法能帮助评估者获得相对清晰的因果关系：由于实验室条件下进行了自变量的操作和额外变量的控制,用户在不同的条件下出现的行为可以归结为是由不同自变量水平导致的。

此外,实验测试获得的数据可以正式使用：在严格的实验设计理论和方法支撑下,采用正式实验的用户界面测试方法获得的数据可以用于期刊、书籍和作品的发表,也可以用于发布相关的测试报告和进行市场上产品之间的比较。

启发式教学思考题 13-8

采用基于正式实验设计的用户界面可用性测试方法有什么缺点？

13.3 可用性评测实践案例

可用性评测实践案例

护理机器人的可用性评测方案

假设一个机器人公司提出了两个具有不同语气特色的护理机器人设计方案(见图 13-7),

机器人的主要职责是将患者从病床移到另外的地方,路径将由护士安排(设计方案为图纸方案,尚未实际生产)。以下为两个机器人方案:

机器人方案 A:语音含命令式语气("您需要例行检查,现在必须移动到轮椅上")。

机器人方案 B:语音含建议式语气("您需要例行检查,我可以帮您移动到轮椅上")。

两个机器人方案在外观、移动速度等其他方面均一致。

请您为该公司开发一个可用性评估和测试方案,以确定哪个方案更好。

图 13-7　护理机器人设计方案示例[11]

拓展阅读

1. 《可用性测试》(作者:由芳、王建民,中山大学出版社)
2. 期刊文章(可扫下方二维码)

人-计算机界面可用性评价方法(作者:吴昌旭、张侃)

诊查型用户界面可用性评价方法(IM)(上)——简介与评价(作者:吴昌旭、张侃)

诊查型用户界面可用性评价方法(IM)(下)——比较与建议(作者:吴昌旭、张侃)

3. Probability and Statistics in Engineering (4th Edition) by William

4. Experimental Methodology (8th Edition), Author: Larry B. Christensen

5. Development of an Instrument Measuring User Satisfaction of the Human-Computer Interface (Chin, J. P., Diehl, V. A., & Norman, K. L. (1988); QUIS Development)

6. User manual of paper version of NASA-TLX

7. A Study used Modified Cooper-Harper Scale

8. P300 and workload measurement: Performance of Concurrent Tasks: A Psychophysiological Analysis of the Reciprocity of Information-Processing Resources

9. The measurement of user satisfaction with question answering systems (QAS)

10. Measuring user satisfaction and perceived usefulness in the ERP context

作业 13-1

智慧医疗自助机是很多大型医院必备的患者进行挂号或者付费等业务的常用人机系统。请结合本章所学内容，对医院智慧医疗自助机设计一份完整详细的可用性测试方案。

参考文献

[1] IX-CEN. Ergonomics of human-system interaction-Part 11: Usability: Definitions and concepts: EN ISO 9241-11-2018[S]. Nice: ETSI, 2018: 13.

[2] 吴昌旭,张侃. 诊查型用户界面可用性评价方法(IM)(上)——简介与评价[J]. 人类工效学, 2000, 6(3): 54-57.

[3] IX-CEN. Ergonomics of human-system interaction — Part 210: Human-centred design for interactive systems: EN ISO 9241-11-2018[S]. Nice: ETSI, 2018: 13.

[4] NIELSEN J. Usability 101: Introduction to Usability[EB/OL]. (2012-01-03)[2023-04-19]. https://www.nngroup.com/articles/usability-101-introduction-to-usability/.

[5] LEWIS C, WHARTON C. Cognitive walkthroughs[M]//Handbook of human-computer interaction. Amsterdam: Elsevier. 1997: 717-732.

[6] FONTEYN M E, KUIPERS B, GROBE S J. A description of think aloud method and protocol analysis [J]. Qualitative health research, 1993, 3(4): 430-441.

[7] CHIN J P, DIEHL V A, NORMAN K L. Development of an instrument measuring user satisfaction of the human-computer interface[C]. Proceedings of the SIGCHI conference on Human factors in computing systems, SigChi'88, 1988.

[8] KIRAKOWSKI J. The software usability measurement inventory: background and usage[M]// Usability evaluation in industry: 1st ed. London: CRC Press, 1996: 169-178.

[9] SPENCER D. Card sorting: Designing usable categories[M]. New York: Rosenfeld Media, 2009: 262.

[10] Chinese Town. Motorala[EB/OL]. [2023-04-24]. http://www.chinesetown.co.nz/shops/7230/read.php?tid=46900&uid=7230.

[11] 孙岳. 基于设计事理学的老年人护理机器人设计探究[D]. 秦皇岛: 燕山大学, 2016.

第 14 章

人的绩效建模

在人机系统设计中的应用

> **本章概述**
>
> 本章主要介绍人的绩效建模的基本概念与特点,说明基本的建模要点并给出一些现有模型。
>
> - 人的绩效模型概述
> - 建模的原因
> - 人的绩效建模和人工智能的比较
> - 人的绩效建模的五个关键问题
>   - (1) 为什么要建立人的绩效模型
>   - (2) 好的人的绩效模型的标准是什么
>   - (3) 构建和验证人的绩效模型的过程和要求是什么
>   - (4) 我们如何将人的绩效模型与系统设计相结合
>   - (5) 人的绩效建模研究未来可能的方向是什么
> - 主要的人的绩效模型
>   - (1) 基于人的行为的简单模型
>   - (2) 基于认知机制的复杂模型
> - 人的绩效建模应用示例

14.1 人的绩效模型概述

人的绩效模型基于生理或心理的理论与机制,使用数学建模或者计算机建模仿真的方法预测人的行为及其绩效(如任务完成时间、错误率和工作负荷)。过去大量相关研究,如 Hick[1] 以及 Fitts[2] 等,都以反应时间建模为主,因此称之为人的绩效模型。

实际上,随着研究的不断深入与拓展,模型的研究范围已经超出了反应时间等绩效指标,采用人的认知与行为模型这一术语或许更为准确。不过我们目前仍沿用人的绩效模型这一术语。

14.2 建模的原因

科学研究的两大驱动力是数据和理论模型。数据对科学研究的驱动是自下而上的,而理论模型对科学研究的驱动是自上而下的[3]。当我们缺乏数据,或者暂时无法使用数据进行验证时,理论模型依然可以支撑和推进科学研究。历史上大量的数学公式和物理模型(见图 14-1),如爱因斯坦的相对论以及麦克斯韦方程组等,都是以理论模型为基本框架来推动科学的发展的。

$F=ma$　　　　　　$E=mc^2$　　　　　　$\Delta G=\Delta H-T\Delta S$
牛顿第二运动定律　　质能方程　　　　　吉布斯自由能公式

图 14-1　著名的理论模型

这些开拓性的数学方程的建立,大部分不是依赖于数据去建立的,而是通过理论推导。比如爱因斯坦的 $E=mc^2$ 这个质能方程将物体质量和总能量联系起来,在没有数据的情况下构架了两者的关系这一结论与实验事实相符合,开启了现代物理的新纪元。如果爱因斯坦是基于已有数据通过统计方法得到了这个方程,那么这个方程的意义、创新性、对物理学科的引领作用就会大大下降。

从理论的需要来看,人的绩效模型可以帮助我们深入地刻画、理解和预测人的认知加工机制和人的行为机制(如 Model Human Processor[4],见图 14-2)。由于人的绩效建模是基于人的生理和心理机制的,相较于数据驱动的方式,这是一个更为本质的建模方法,我们的模型不再是一个无法解释的"黑箱",而是具有内部机制和底层架构的"灰箱"。另外,通过建模来研究问题可以发现大量实验背后的共同机制,对多种现象进行解释和理论的统一。

一般情况下,建模的方式有两种,一种是数学模型,一种是基于产生式的仿真模型。数学模型是通过一步步的严密公式推导得到的,从非精确到精确的过程可以帮助我们深入且清晰地描述变量间的关系。通过定量的模型构建,我们不仅可以清晰地得到输入与输出结果之间的关系,还可以根据公式推导得到解析解,并得到最优化条件下的输入值。而仿真模型需要基于产生式,构建计算机仿真模型,模拟人的认知与行为,并通过仿真模拟和产生人的操作和行为的结果。

从实际的需要来看,人的绩效建模是一种自上而下、以点推面的建模方式。在实验无法开展,或者实际场景无法有效模拟的情况下,人的绩效模型可以预测实验无法研究的现象。此外,人的认知计算模型还可以作为人机界面的设计工具,通过对人的交互行为进行建模,根据模型输出结果分析人机界面,帮助设计人员快速评估人机界面设计并且及时调整,可以节省实验时间和费用。人的绩效模型还可以嵌入智能系统中,实时预测人的行为、工作负荷等,实现系统的安全和绩效最优。

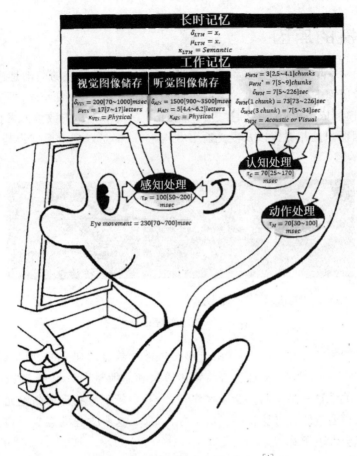

图 14-2　Model Human Processor[4]

14.3　人的绩效建模和人工智能的比较

上文提到，科学研究的两大驱动力是理论模型（如数学模型，物理学公式等）和数据（如利用数据进行分析及模型训练）。随着人工智能和大数据的发展，基于数据驱动的科学研究与成果越来越多。因此我们有必要了解人的绩效建模与人工智能之间的区别（见表14-1）。比如理论驱动的建模方法可以在没有数据（0 数据）的情况下预测人的行为，这是基于数据驱动的建模方法无法做到的。

表 14-1　绩效模型与人工智能的比较[4]

分　类	理论驱动的建模方法 （自上而下）		数据驱动的建模方法 （自下而上）	
	数学模型	仿真模型	AI 模型	统计模型
目标	深入理解系统如何工作，做出预测和模拟人类		模仿人类甚至比人类做得更好	做出预测
机制	聚焦	聚焦	较少的	可忽略的
可解释性	非常清楚	清楚	不太清楚	不太清楚

续表

分类	理论驱动的建模方法 （自上而下）		数据驱动的建模方法 （自下而上）	
输入	理论，任务信息，其他实验	理论，任务信息，其他实验	大量数据	数据
输出	人类行为	人类行为	类人行为	类人行为
可转移性	可以不需要重新训练	可以不需要重新训练	需重新训练	需重新训练
0数据预测	可以	可以	不可以	不可以
建模过程	数学推导和理论	产生式规则和仿真	大量训练	用固定结构对参数调整
表达	数学公式	代码（产生式规则），公式	代码和公式	固定结构公式和代码

首先，基于理论驱动的建模方法与基于数据驱动的建模方法的构建思路不同。基于理论驱动的建模方法是自上而下的，通过理论的构建，一步一步推导，得到整个模型，从而输出数据；而基于数据驱动的建模方法是自下而上的，必须先有数据，通过数据分析得到可能的模型并使用数据检验，最终得到可靠的模型。

其次，两种建模方法的目标不完全相同。理论驱动的模型包含数学模型和仿真模型，而数据驱动的模型包含人工智能模型和统计模型。基于理论的数学模型和仿真模型都是基于人的认知和行为机制，试图深入理解系统如何工作，做出预测并模拟人的认知与行为。其中，数学模型是围绕逻辑推理及学科理论构建的数学方程，仿真模型是基于规则并利用代码复现实际过程的动态模型。而人工智能模型的主要目的是模仿人类，训练机器从数据中学习并模拟人的行为，它甚至在某些任务上做得比人更好。统计模型基于数据本身，得到相关统计量并解释，并对结果进行预测。

以上两点导致上述几种模型的机制、可解释性和输入输出等不相同。基于理论的数学模型和仿真模型的机制是明确且聚焦的，人工智能模型涉及的机制较少（基本是神经网络），而统计模型几乎没有涉及人的认知和行为机制。机制利用程度的不同就导致了模型可解释性差异的区别：基于理论驱动的模型具有更好的可解释性，而基于数据驱动的模型则缺乏可解释性。由于基于理论的数学模型和仿真模型是以理论、任务信息和其他实验作为输入的，这种自上而下的方式具有一定的可移植性，在环境与场景变化的情况下，只需要改变模型的输入参数就可以移植到新的任务环境下。这是基于数据驱动的人工智能模型与统计模型不具备的优势：当任务发生变化时，模型就需要大量的新数据进行重新训练或分析。

14.4 人的绩效建模的五个关键问题

14.4.1 为什么要建立人的绩效模型

一个良好的人的绩效模型提供了对人的行为机制的系统量化理解。尽管在许多实验研究中，机制的语言描述（如概念模型）是十分重要的，但人的认知和运动系统十分复杂，语言描述并不能很好地量化人的认知与运动系统的机理和机制。因此我们需要基于对人的行为机制的理解,去建立人的绩效模型,从而量化并清晰地展示人的认知与运动系统的复杂机理和机制。

人的绩效模型还可以在数据收集方面指导研究人员,并根据模型的输出结果,为研究人员提供数据基准,评估人员的表现[5]。

在各式各样的工程中,人的绩效模型也可以节省大量的实验时间和成本。真实的实验可能需要大量时间,且需要耗费大量的人力、物力和财力。比如一个智能系统有 16 个设计变量(颜色、大小、高度等),假设每个实验可以考虑 3 个自变量,则我们需要做 $C_{16}^3 = \frac{16 \times 15 \times 14}{3 \times 2 \times 1} = 560$ 个实验。一般一个行为实验需要最快 2 个月的时间(包括实验准备、招募被试、实验、数据分析等),则我们需要 $560 \times 2 \div 12 \approx 93$ 年才能完成所有实验。而模型则可以快速地对结果做出预测,通过预测结果进行评估和修正。

此外,模型还可以嵌入系统中来预防事故或将错误最小化,从而提高系统的安全性和效率。例如,人的绩效模型可以在实际超速行为发生前几秒预测驾驶员的超速行为[6]。一旦嵌入智能系统,该系统可以向司机发送超速预警,防止交通事故的发生[7]。

14.4.2 好的人的绩效模型的标准是什么

一个良好的人的绩效模型的衡量标准可以概括为如下几个方面:基于人的机制、实用性、鲁棒性、通用性和简单性。

基于人的机制是指基于人类的认知和/或运动系统的机制来量化模型的输入和输出之间的关系。基于机制的建模是一种自上而下(理论驱动)的建模方式,结合了对于人或者人机系统的认识与研究。一个良好的人的绩效模型可以从机制上更本质地描述人的认知与运动。

模型的**实用性**是指预测应该直接与人的绩效有关,在现实系统中改善绩效、安全。只有当模型可以被运用于实际场景中(如人机系统的评估),才可以体现人的绩效建模的现实意义。

鲁棒性即 robust,是指在异常和特殊情况下的稳定性。如果数据拟合不足或拟合过度,则在遇到特定数据时模型可能预测得到异常数据。而过拟合则是指预测数据与实验数据基本吻合,但面对另一个实验数据却预测失效,即对训练集以外的数据无法预测,从而导致模型缺乏鲁棒性。

通用性是指一个模型能否预测多个不同任务下人的行为。一个模型能在不同任务下预测的人的行为的指标和任务种类越多,该模型的通用性越好。

而**简单性**是指模型基于人的机制做出有用和可靠预测的最简单模型。这种简单性规则与仿真建模中以及数学公式中的简单性规则也是类似的:一个简单的模型要优于一个复杂的模型,只要它们实现了相同的效果,完成了相同的功能。当然,简单的模型可能会缺乏可靠性。如果简单的模型缺乏鲁棒性和通用性,或者缺乏对于人的认知和行为机制的构建,则可以考虑更为复杂的模型。

14.4.3 构建和验证人的绩效模型的过程和要求是什么

在没有数据或者建模者不能通过实验来验证模型的情况下,研究人员仍然可以在没有数据验证的情况下提出/构建模型。其中,与之对应,建模工作的一个经典例子是爱因斯坦的相对论[8]。当模型最初被提出的时候,由于实验条件的局限,并没有实验数据直接验证模型的可行性。经过几十年的技术可行性实验,相对论最终被实验数据直接验证[9]。这是一种有效的建模方法,可以避免缺乏数据和无法进行实验的问题。

而在数据可用的情况下(如从已发布的研究工作中或者建模人员自己开展的实验中获取数据),我们通常将建模过程视为一个数学陈述证明的过程。将现有的数据视为模型的预测,然后一步一步推导和构建模型,清晰地描述从模型输入到模型输出的所有逻辑与推导步骤,并使模型的输出结果与可用数据相吻合。

此外,还可以将人的绩效建模视为一个迭代过程。建模人员在提出模型后立即用数据验证模型的可行性,根据结果修正和改进模型,并继续进行数据验证、迭代直至模型实现了良好的预测。此外,建模人员还可以提出一个新模型,然后发展假设,并在新模型的基础上收集数据,并进一步用于验证假设和新模型。

而在人的绩效模型的验证阶段,我们需要计算模型预测和实验数据之间的 R^2 和均方根(RMS)(见图 14-3)。其中 R^2 为皮尔逊相关系数的平方,可以反映模型预测(y)与实验数据(x)之间的拟合程度。而 $\text{RMS} = \sqrt{\sum \frac{(y_i - x_i)^2}{n}}$ (n 为 x 和 y 配对的数量),反映模型预测和实验数据之间的绝对差(即预测误差的大小)。当实验中只有一个数据点从而无法计算 R^2 时,我们可以使用估计误差来验证模型((实验数据-模型的预测)/实验数据×100%)[10]。此外,还有一些研究通过统计分析(如 ANOVA 检验或者 t 检验)来检验实验数据与模型预测是否存在显著差异[11]。

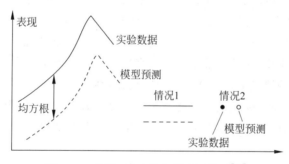

图 14-3 利用 R^2 和均方根验证模型[12]

14.4.4 如何将人的绩效模型与系统设计相结合

首先,我们可以优化模型的输入,使其输出最大化或最小化。其次,对人的绩效的预测可以作为智能系统设计的重要输入,以实现安全和系统整体绩效。

图 14-4 所示为一个用于驾驶场景的**自适应工作负荷管理系统**(QN-MHP-AWMS,adaptive worked management system)。在驾驶任务中,驾驶员常常要进行多任务处理,比如在完成驾驶任务的同时完成消息响应、屏幕触摸和超速判断等任务。多任务的同时进行会导致驾驶员的工作负荷增大,降低驾驶任务的安全性。因此该系统可以用于预测与管理驾驶员的实时工作负荷。QN-MHP-AWMS 将获取驾驶外部条件(如车速等)和车辆内部

系统(如显示屏的显示信息,手机等)作为系统的输入,去管理和调节信息的提示,最终作用于驾驶员并调节其工作负荷水平,以提高驾驶的绩效和安全性。

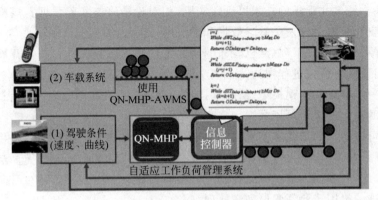

图 14-4　自适应工作负荷管理系统[13]

14.4.5　人的绩效建模研究未来可能的方向是什么

在未来,我们可以将人的绩效建模与数据驱动的模型/方法相结合,来实时预测人的行为挑战。实时预测人在未来某时刻特定情况下的行为是一个重要的问题,以便智能系统可以提前响应或配合人的行为。由于人、环境与任务都是会随时间动态变化的,很难完全使用数据驱动的模型来解决这一挑战。因为基于数据驱动的方法缺乏自上而下的理论理解,并未充分利用人的认知与运动机制,导致预测模型缺乏鲁棒性和通用性。因此,如果想要解决这个挑战,我们需要结合人的绩效建模,将人的认知与运动机制作为模型基础进行预测[3]。

未来的人的绩效建模研究,应当强调人的绩效模型如何能够辅助系统设计从而提高人的绩效。与开展实验相比,人的绩效模型可以直接嵌入到智能系统中,在任务环境和人的信息处理能力发生变化的情况下,也能预测和优化人的绩效。

此外,未来的人的绩效模型还可以受益于其他新的理论。新的理论不仅将为人的绩效建模者提供新的建模方法,而且还有助于预测人的行为及其随机性。

14.5　主要的人的绩效模型

14.5.1　基于人的行为的简单模型

1. 希克定律(Hick's Law)

希克定律是最早的关于特定任务的人的绩效模型。该定律表明,选择反应任务中的反应时间是一个人在执行选择反应任务时面临的选项数量种类的对数函数[1]。数学表达式为 $RT = a + b\log_2 N$,其中 RT 表示反应时间,N 表示选择项的数量,a 和 b 为常数(见图 14-5)。为了让用户更好地做出选择,在设计网页或产品时常利用希克定律,比如通过控制网页菜单选项的数量、遥控器或洗衣机上控制按钮的数量来减少用户的选择时间,以提高使用效率。

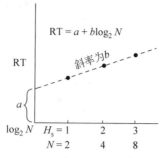

图 14-5 希克定律的函数图

启发式教学思考题 14-1

如图 14-6 所示为某高速公路上的指示牌。请计算驾驶员找到目的地信息的预测反应时间(忽略文字阅读时间,参数使用默认值即可)。

图 14-6 某高速公路上的指示牌[14]

答案

2. 菲茨定律(Fitts's Law)

1954 年,菲茨提出了一个基于移动距离和目标宽度来预测人的肢体(控制笔或者鼠标器等)移动到目标位置所需时间的数学模型。根据菲茨定律,手到达既定目标的运动时间是一个对数函数项[2]。菲茨定律的表达式为 $MT = a + b\log_2(2D/W)$,其中 MT 表示移动时间,D 表示人的肢体的移动距离,W 表示目标宽度,a 和 b 为常数(默认值 $a=0.75$s/b,$b=0.5$s/b)。根据公式可知,手移动的距离越长,移动时间越长;目标宽度越大,移动时间越短(应用举例参考图 14-7)。菲茨定律在人机交互和设计领域影响很大。比如,用鼠标器操作

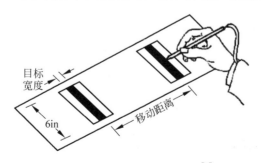

图 14-7 菲茨定律的应用举例[2]

计算机,软件图标的大小和位置影响了人手的移动时间和操作效率,相关的界面设计和元素布局就会用到菲茨定律。

启发式教学思考题 14-2

参考如图 14-8 所示的手机操作面板,已知用户的手指放在 HOME 按钮,请问当他需要单击设置时,手的移动时间是多少?(按键距离为 6cm,设置图标宽度为 1cm,参数取默认值)

图 14-8 某手机操作面板[15]

答案

3. 速度-准确性权衡(speed-error trade-off)

速度-准确性权衡模型符合菲茨定律的推论:任务完成时间越短,错误率越高;任务完成时间越长,错误率越低。它描述了人牺牲任务完成时间换取较低的错误率或牺牲准确率换取较短的任务完成时间等情况[16]。

速度-准确性权衡的表达式为 $ER=A/(A+RT)$,其中 ER 表示错误率,RT 表示任务完成时间(单位 s),A 为常数,随任务发生变化。函数图见图 14-9。

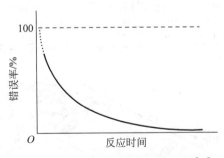

图 14-9 速度-准确性权衡的函数图[16]

答案

启发式教学思考题 14-3

假设人在无时间压力的情况下完成某一项任务的时间约为 15s,请预测相应的错误率。(本任务中 A 可取 0.4)

14.5.2 基于认知机制的复杂模型

对于本节内容,我们首先介绍产生式这个基本概念,然后再介绍主要的基于复杂认知机制的 4 个仿真模型和 1 个数学模型。

1. 产生式的基本概念

产生式是认知心理学当中用以说明程序性知识的表征的理论。其基本形式为 If"P" Then"Q",其中:P 是产生式的前提,它给出了该产生式的前提条件,由事实的逻辑组合构成;Q 是一组结论,它指出当前提 P 满足时,应该推出的结论 Q[17]。

举例:

If(房间里有烧焦的气味),
 Then 我马上离开房间

或者

If(房间里有烧焦的气味)
And if(我看到了烟)
And if(我可以拿走我的手机和笔记本电脑)
Then 我马上离开房间

2. 基于认知机制的复杂仿真模型

1) EPIC

EPIC(executive-process/interactive control,执行过程交互控制)是一种仿真模型,无整体的数学结构,主要依赖于产生式规则,其核心假设是认知部分无处理容量限制,处理容量限制在知觉和运动部分。EPIC 有一个产生式规则认知处理器,周围环绕着感知-运动模块,比如长时记忆、语音加工、视觉加工、出声和手脚运动等处理器(模型见图 14-10)[18]。将 EPIC 应用于任务时,需要指定认知处理器的产生式规则程序以及相关的感知和运动处理参数。EPIC 由产生式规则提供任务的一般程序知识,并且当 EPIC 与模拟任务环境交互时,EPIC 模型生成执行特定任务所需的一系列串行和并行的人类动作。模型中反映的任务分析不是反映具体的任务场景,而是通用于一类任务。有关 EPIC 模型的详细内容可参考相关论文。

2) ACT-R

ACT-R(adaptive control of thought-rational,适应性控制理性思维)是一种认知行为的体系结构和认知机制的仿真模型,其通过编程实现特定任务的认知模型构建,使系统能够执行人类的各种认知任务,包括感觉、学习、记忆等[19]。ACT-R 的核心假设为:其认知系统是以序列加工的方式进行工作。

ACT-R 最初是从 HAM(human associative memory)发展而来的,然后通过不断地吸收当代认知理论的成果,逐步成为一个统一的认知理论结构。由于其具有 HAM 的底蕴,所以 ACT-R 在建模记忆时最强。在 ACT-R 模型发展的过程中,也使用了其他模型的部分内容,尤其是 EPIC,比如 ACT-R/PM 的感知-运动系统来源于 EPIC(结构见图 14-11)[20]。

3) SOAR

SOAR(states operators and result,状态算子和结果模型)是一种基于规则的产生式认

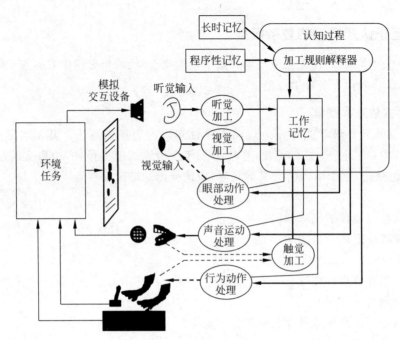

图 14-10　EPIC 模型结构图[18]

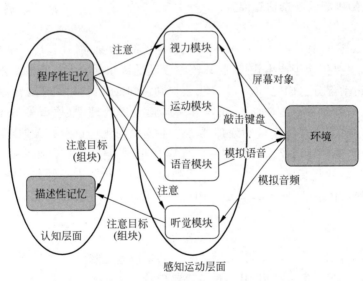

图 14-11　ACT-R/PM 的具体结构[21]

知结构(见图 14-12),也是仿真/AI 模型,没有整体的数学结构,其核心假设是无处理容量限制,在许多系统中作为人工智能模型而不是人类的认知模型使用(比如导弹发射系统)。它主要包括两类模块:基于符号的短时记忆和基于符号的长时记忆(编码为产生式规则)。通过短时记忆对当前环境进行评估,再经过长时记忆产生式规则检索与当前情况相关的信息(规则并行触发)。SOAR 的加工循环为:输入(感知的变化被处理并发送到短时记忆)、细化、算子的提议、评估、选择和应用、输出到运动系统[24]。随着研究的深入,SOAR 还有进一步的发展,新增加了有关强化学习、工作记忆活跃度等新的组件。有关新的 SOAR 模型

(见图 14-13)的详细内容可进一步参考相关论文。

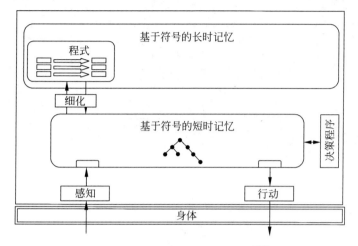

图 14-12 传统的 SOAR 结构图[22]

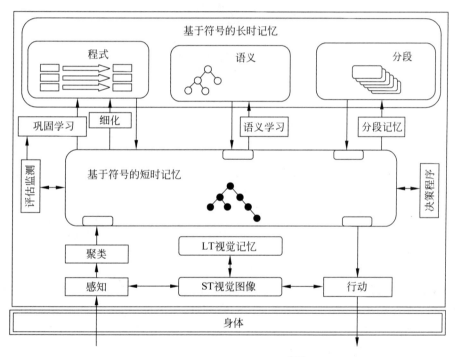

图 14-13 新的 SOAR 结构[22]

4) QN-MHP

QN-MHP(queueing network model-human processor,人的信息加工排队网络模型,见图 14-14)是一种自上而下的建模方法,它既是数学模型也是仿真模型(既包含数学结构,也包含仿真结构),详见下文的详细介绍。

3. 基于认知机制的复杂数学模型

QN-MHP 可以解释人的行为背后的认知机理,而不需要数据进行训练[29,35]。QN-

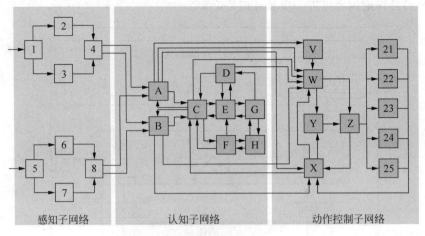

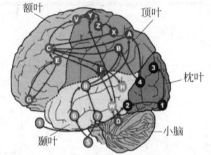

感知子网络	认知子网络	动作控制子网络
1.基础视觉处理	A.视觉空间短时记忆	V.感觉动作集成
2.物体视觉识别	B.语音回路短时记忆	W.动作程序提取
3.物体位置视觉处理	C.中央执行短时记忆	X.动作反馈信息收集
4.视觉识别与位置整合	D.长时程序性知识的记忆	Y.动作程序装配和错误检测
5.基础听觉处理	E.人的绩效监控	Z.向身体部位发送信息
6.听觉识别	F.复杂认知功能	21~25.身体部位：眼睛、嘴、四肢等
7.位置听觉处理	G.目标处理	
8.听觉识别与位置整合	H.长时陈述性记忆和空间记忆	

图 14-14　人的认知加工排队网络模型[13,24,29,35-41]

MHP的核心假设是认知系统以平行/序列结合方式工作,采用并修改了MHP/GOMS的几个主要成分,整合QN、MHP及其相关的GOMS(目标、运算符、方法和选择)方法,并在排队网络中表示它们[25,33,37]。

QN-MHP是基于神经学在人脑脑区水平的科学实验发现而发展起来的一种认知架构,它的处理器的功能和连接都是根据脑神经科学和大脑解剖所发现的脑区功能和脑区之间的神经通路来设计的。每个QN-MHP的处理器都能够执行过程逻辑功能,并可以生成详细的任务动作和模拟实时行为[25]。通过排队网络的结构对大脑的脑区的信息加工进行了架构,运用运筹学中的排队网络定量了人脑信息加工的三大特性:脑区信息加工是耗时的(时间特性),脑区的信息加工是有容量限制的(容量特性),以及脑区是网络化的结构(网络结构特性)。而大部分人因相关的任务的完成是多个脑区协同工作的结果[33]。因此,这使它能够对人脑的信息加工进行系统和全面的数学建模。在现有的应用数学的各种理论(如博弈论、图论、排队网络等,表14-2)中,似乎只有排队网络理论具备对人脑脑区的这三个主要特性同时进行建模的功能。

具体而言，QN-MHP 的处理器 1～8 代表感知子网络，处理器 A～H 代表认知子网络，处理器 V～Z 和处理器 21～25 代表动作控制子网络。

表 14-2 运筹学相关理论的比较

图 示	理论模型	网络结构	服务器容量	处理时间
	图论	√	√	
	马尔可夫链	√		
	博弈论	√		
	网络流模型	√	√	
	线性规划			√
	整数规划			√
	动态规划	√		√

续表

图 示	理论模型	网络结构	服务器容量	处理时间
	优化理论			√
	拓扑学	√		
	数值分析			√
	概率论			√
	排队网络	√	√	√

QN-MHP 有着不同于 ACT-R 和 EPIC 的核心假设。ACT-R 的核心假设认为人的认知部分是序列加工,EPIC 的核心假设认为人的认知子网络(cognitive subnetwork)是并行加工,导致二者都无法解释人在双任务情况下的一些重要的实验现象[25]。不同于上述两个模型的核心假设,QN-MHP 的结构同时具有并行和串行的处理特性,其核心假设是:在人的认知子网络中,有的服务器是序列加工的(比如服务器 F),而有的服务器可以并行加工(比如服务器 A、B 和 C 等),因此 QN-MHP 能够解释并且用数学模型定量预测 ACT-R 和 EPIC 无法解释的多个实验现象和结果[29]。

QN-MHP 的研究者们已经建立了 50 多个数学方程式来模拟人的认知和绩效的不同方面,大多数方程已经通过人因实验得到了验证。基于 QN-MHP 对于人的认知和行为的系列数学建模工作举例见图 14-15。

针对所建立的人的行为预测数学模型,除了直接根据参数值计算出数学模型的解析解来得到预测结果,我们还可以根据研究得到的理论机制和数学模型构建仿真模型来预测并模仿人类行为。图 14-16 所示为我国拥有完全自主知识产权的人的认知和行为仿真软件(human cognition and behavior simulation software,简称 human simulation software)[39]。

人的认知和行为仿真软件中每个方块为一个服务器,表示 QN-MHP 中的一个处理器。服务器之间按照 QN-MHP 中感知子网络、认知子网络和动作控制子网络中各个处理器的

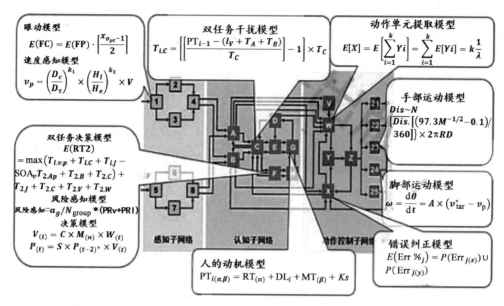

图 14-15 基于 QN-MHP 对于人的认知和行为的系列数学建模工作举例

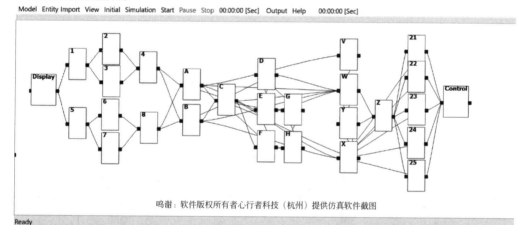

鸣谢：软件版权所有者心行者科技（杭州）提供仿真软件截图

图 14-16 加载了 QN-MHP 的人的认知和行为仿真软件[39]

执行逻辑和理论机制进行连接，相邻（即具有连线的）服务器在仿真过程中将从左到右依次被执行。用户可按照自己的建模目标定义人的行为加工序列，根据加工序列中各个服务器对应的处理器的功能在每个服务器中编写需要的程序。

图 14-17 所示为预测人的简单反应时间在仿真过程中所走的路径（加工序列）。

当仿真运行结束后，仿真软件将以 Excel 文件形式输出仿真结果。图 14-18 所示为简单反应时间的仿真结果，其中记录了整个简单反应时间仿真过程的 5 个实体分别通过各个服务器的运行起始时间、运行时间和结束时间。例如第 B 列 "arrive 23" 为实体进入服务器 23 的时间，第 C 列 "23 Process" 为服务器 23 的执行时间，第 D 列 "23 Departure" 为实体离开服务器 23 的时间。

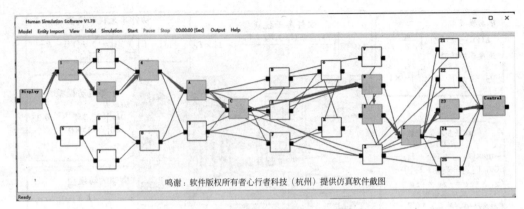

图 14-17　简单反应时间加工的仿真[39]

	A	B	C	D	E	F	G	H	I	J	K	L	M
1	Entity	arrive 23	23 Process	23 Departure	arrive E	E Process	E Departure	arrive 3	3 Process	3 Departure	arrive X	X Process	X Depart
2	1	119	80	199				25	25	50			
3	2	4119	80	4199				4025	25	4050			
4	3	8117	80	8197				8025	25	8050			
5	4	12129	80	12209				12025	25	12050			
6	5	16117	80	16197				16025	25	16050			
7													
8													

鸣谢：软件版权所有者心行者科技（杭州）提供仿真软件截图

图 14-18　仿真软件输出的仿真结果——Excel 文件 Entity 工作表单[39]

需要注意的是，服务器结束时间（服务器名称为 Departure）给出的时间数值可能比该加工序列离开服务器的真实时间要长，这是因为同一时间可能有其他加工序列占用了下一个服务器，造成此加工序列不得不在前一个服务器中进行等待（见图 14-19）。

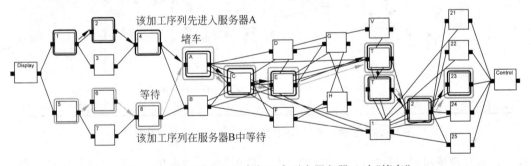

图 14-19　同时进行的两条加工序列在服务器 A 中"堵车"

人的认知和行为仿真软件可以帮助我们学习和使用 QN-MHP 模型、验证所提出的理论。我们可以按照自己的建模目标，根据服务器对应的处理器的功能在每个服务器中编写需要的程序，验证模型的预测或实现我们的建模目的。

4. 四个主要模型的比较

从文献综述的结果（见表 14-3）来看，与其他模型相比，QN-MHP 能够更加完整地预测多项人因关键指标并且获得实验的验证，尤其是与人机系统安全息息相关的错误率和工作负荷等。当然，四大模型都在不断完善和发展中。

表 14-3 四个主要模型的比较

认知模型涉及内容		QN-MHP	EPIC	ACT-R	SOAR
基本架构	认知加工的基本假设	序列和并行加工共同存在[11]	并行加工[18]	必须序列加工[19]	并行加工[34]
	整体数学模型	有(排队网络)	—	—	—
	产生式和仿真	√	√	√	√
错误率	错误率预测	√[26,33,35]	—	—	—
	错误发生时间预测	√[26,33,35]	—	—	—
	错误类型预测	√[26,33,35]	—	√[36-37]	—
时间	任务完成时间预测	√[23,38]	√[39]	√[21]	√[40]
工作负荷	工作负荷的实时预测	√[24]	—	—	—
	主观工作负荷定量预测 NASA-TLX 六个子维度预测	√[27]	—	—	—
	主观工作负荷定量预测 NASA-TLX 总分预测	√[27]	—	√[41]	—
	双任务下工作负荷定量预测	√[31]	—	—	—
	不同年龄段工作负荷定量预测	√[27]	—	—	—

注：— 表示尚未预测；√表示已经可预测并且通过实验验证。

14.6 人的绩效建模应用示例

本章介绍的人的模型可以应用在很多方面,包括人机系统设计和评估(见应用示例1),以及直接嵌入智能系统中对人的行为进行实时预测(见应用示例2)。

14.6.1 应用示例1：预测驾驶员的行为及车载智能人机系统设计

视频14-1是QN-MHP模型在人的认知加工和动作仿真软件(全称：Human Cognition and Behavior Simulation Software；简称：Human Simulation Software)中进行驾驶员的行为仿真过程举例图示。QN-MHP视觉服务器不断获取来自道路和可选的中控上的信息,在大脑中进行相应的动作规划,最后输出具体的行为,即手控制方向盘的转动、脚控制相应踏板等。该软件可以用于智能驾驶座舱的人机系统设计、智能驾驶座舱引起驾驶员的分心情况的安全评估和定量预测、驾驶员使用智能驾驶座舱的绩效的定量预测、自动驾驶车辆人机系统的设计和定量评估等较多实际应用场景。

视频 14-1 驾驶员的行为和工作负荷的仿真过程举例[38]

QN-MHP的驾驶员仿真改变了人因工程传统必须依赖测量设备(如眼动仪)才能研究

人的行为的范式,可以用于快速评估不同的智能座舱设计,部分预测可以通过行为实验进行检验。(欢迎读者关注人的建模研究团队的公众号"人因百科",我们定期发布新的研究成果并进行线上的讲座。)

QN-MHP模型不仅可以预测驾驶员的行为和工作负荷,还可以应用于车载智能人机系统设计。比如,本书第11章中提到的基于排队模型的智能任务分配器(QM-ITA),详情参见相关章节的内容。

14.6.2 应用示例2:驾驶员速度控制的建模和超速预测

超速是造成交通事故的重要影响因素之一,预测并防止驾驶员可能出现的超速行为对于降低与此有关的交通事故发生率非常重要。有研究者基于QN-MHP构建了驾驶员速度控制的数学模型(见图14-20)[6-7](具体包括驾驶员对车速判断建模、驾驶员对车速的决策建模、驾驶员的脚部动作的建模)并输入到车动力学模型,用来预测车速变化。该模型改变了传统上在交通系统中使用跟车模型来预测驾驶员的车速控制,因为在很多情况下驾驶员对自己的车速是有所控制的,尤其当车之间距离较大或者没有前车的情况下,体现了人因建模从机制上预测人的行为的重要性。

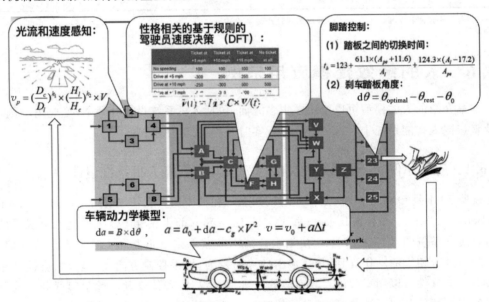

图14-20 基于QN-MHP的驾驶员速度控制模型

研究人员还根据上面的基于QN-MHP的驾驶员车速控制模型构建了智能超速预警系统(intelligent speeding prediction system,ISPS)(见图14-21),进而可以对驾驶员的超速行为进行定量预测甚至部分预防[6-7]。该系统的输入包括:车内传感器的信息(包括利用GPS、摄像头等传感器记录车辆运动信号,如踏板角度、车辆加速度)和环境信息(如限速标志和交通信号灯的位置)。自我报告的驾驶员特征信息包括个人决策参考(DMR)和个体冲动性格,两方面信息都被作为模型输入传输到车载计算机中的数据处理模块中。数据处理模块由一个自上而下的驾驶员速度控制模型(预测驾驶员有意加速)和一个自下向上的基于车辆变量的模型(预测驾驶员无意加速)组成。如果数据处理模块预测驾驶员将会超速,那

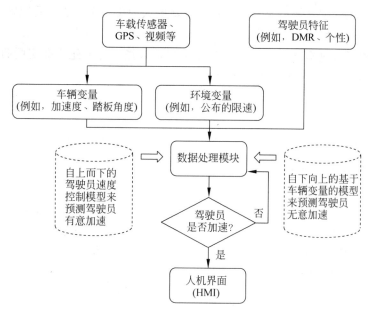

图 14-21 基于 QN-MHP 的驾驶员超速预警系统(ISPS)结构图[8]

么视觉和听觉告警信息将通过人机界面(HMI)呈现给驾驶员不要超速的预警信息。

人因实验结果表明:ISPS(Pre-warning 条件)可以成功预测大多数(平均测试准确率超过 86%)超速驾驶情况,而只有一小部分不必要的超速驾驶告警。此外,与现有的超速后再告警(post hoc warning)和无告警(no warning)系统相比,ISPS 在减少超速和提高驾驶安全方面表现更好(ISPS 具有更小的超速幅度和频率,更大的碰撞前时间,见图 14-22)。

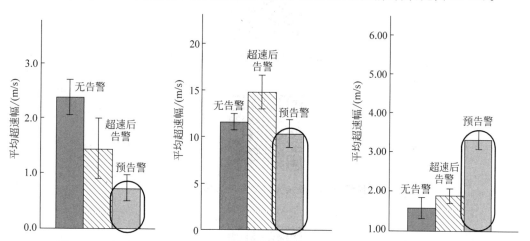

图 14-22 驾驶员超速预警系统与现有的超速后再警和无告警系统实验结果比较
(在超过限速标准 5mile/h① 的情况下)[8]

除了交通系统以外,研究人员也将人的绩效模型应用在其他人机界面设计中,比如飞机座舱人机界面设计、键盘的设计、网络运维人机界面设计、军用人机界面设计、核电主控室人

---

① 1mile≈1.609km。

机界面设计等。人的绩效模型及其应用代表着新的人因工程学方法在我国国计民生中正在起着越来越重要的作用。

建议本书读者通过本书附录的实验 3（工业机器人操控行为建模和实验验证）来进一步熟悉和掌握建模方法，并在实践和科研中使用。

本章重点

- 人的绩效模型的定义
- 构建人的绩效模型的原因
- 理论驱动建模和数据驱动建模的比较：方法、思路、机制、输入输出、可移植性等
- 人的绩效建模的五个关键问题：原因、标准、过程及要求、应用、未来方向
- 三个简单模型：希克定律、菲茨定律、速度-准确性权衡
- 四个认知模型：EPIC、ACT-R、SOAR、QN-MHP
- 应用示例：车载智能人机系统设计、驾驶员速度控制模型和超速预警模型

作业 14-1

针对本章介绍的希克定律，结合真实的决策场景找到该定律的局限，并改进该定律的数学模型。

视频 14-2　战机飞行员指挥人工智能僚机攻击敌机的复杂任务仿真[38]

视频 14-3　复杂人机交互任务的仿真[38]

视频 14-4　双人双机交互任务的仿真[38]

推荐实验 3：工业机器人操控行为建模和实验验证，详见本书附录。

参考文献

[1] HICK W E. On the rate of gain of information. [J]. Quarterly Journal of experimental psychology, 1952,4(1):11-26.

[2] FITTS P M. The information capacity of the human motor system in controlling the amplitude of movement[J]. Journal of experimental psychology,1954,47(6):381.

[3] LIN C,WU C,CHAOVALITWONGSE W A. Integrating Human Behavior Modeling and Data Mining Techniques to Predict Human Errors in Numerical Typing[J]. IEEE Transactions on Human-Machine Systems,2015,45(1):39-50.

[4] SALVENDY G,KARWOWSKI W. Handbook of human factors and ergonomics[M]. New York: John Wiley & Sons,2021.

[5] SINCLAIR M,DRURY C. On mathematical modelling in ergonomics[J]. Applied Ergonomics,1979, 10(4):225-234.

[6] ZHAO G,WU C,QIAO C. A mathematical model for the prediction of speeding with its validation [J]. IEEE Transactions on Intelligent Transportation Systems,2013,14(2):828-836.

[7] ZHAO G,WU C. Effectiveness and acceptance of the intelligent speeding prediction system (ISPS) [J]. Accident Analysis & Prevention,2013(52):19-28.

[8] EINSTEIN A. On the electrodynamics of moving bodies[J]. Annalen der physik,1905,17(10): 891-921.

[9] HAFELE J C,KEATING R E. Around-the-world atomic clocks: Observed relativistic time gains[J]. Science,1972,177(4044):168-170.

[10] JOHN B E. TYPIST: A theory of performance in skilled typing[J]. Human-computer interaction, 1996,11(4):321-355.

[11] LIU Y,FEYEN R,TSIMHONI O. Queueing Network-Model Human Processor (QN-MHP): A Computational Architecture for Multi-Task Performance in Human-Machine Systems[J]. Ann Arbor,2004,1001:48109.

[12] WU C. The five key questions of human performance modeling[J]. International journal of industrial ergonomics,2018,63:3-6.

[13] WU C,TSIMHONI O,LIU Y. Development of an adaptive workload management system using the queueing network-model human processor (QN-MHP)[J]. IEEE Transactions on Intelligent Transportation Systems,2008,9(3):463-475.

[14] 佚名. 我国最"荒芜"的高速,全长达 2540 公里,却几乎看不到一辆车[EB/OL]. [2023-04-19]. https://page.om.qq.com/page/OvQx7cgihK8CqYyjYEdaFnw0.

[15] 觅元素. 卡通手机壁纸[EB/OL]. [2023-04-19]. https://www.51yuansu.com/sc/lvsfstvzgy.html.

[16] WU C,LIU Y,LIN B. A Queueing Model Based Intelligent Human-Machine Task Allocator[J]. IEEE Transactions on Intelligent Transportation Systems,2012,13(3):1125-1137.

[17] 冯玉强,王洪利,曹慕昆. 基于云模型的智能决策支持系统[C]//中国控制与决策学术年会论文集. 沈阳:东北大学出版社,2006.

[18] KIERAS D E,MEYER D E. An overview of the EPIC architecture for cognition and performance with application to human-computer interaction[J]. Human-Computer Interaction,1997,12(4):391-438.

[19] ANDERSON J R,BOTHELL D,BYRNE M D,et al. An integrated theory of the mind[J].

Psychological review,2004,111(4): 1036.

[20] RITTER F E,TEHRANCHI F,OURY J D. ACT-R: A cognitive architecture for modeling cognition [J]. Wiley Interdisciplinary Reviews: Cognitive Science,2019,10(3): e1488.

[21] BYRNE M D. ACT-R/PM and menu selection: Applying a cognitive architecture to HCI[J]. International Journal of Human-Computer Studies,2001,55(1): 41-84.

[22] LAIRD J E. Extending the Soar cognitive architecture[J]. Frontiers in Artificial Intelligence and Applications,2008,171(224).

[23] WU C, LIU Y. Queuing network modeling of the psychological refractory period (PRP)[J]. Psychological review,2008,115(4): 913.

[24] WU C,LIU Y,QUINN-WALSH C M. Queuing network modeling of a real-time psychophysiological index of mental workload—P300 in event-related potential (ERP)[J]. IEEE Transactions on Systems,Man,and Cybernetics-Part A: Systems and Humans,2008,38(5): 1068-1084.

[25] WU C,LIU Y. Development and evaluation of an ergonomic software package for predicting multiple-task human performance and mental workload in human-machine interface design and evaluation[J]. Computers & Industrial Engineering,2009,56(1): 323-333.

[26] LIN C-J, WU C. Mathematically modelling the effects of pacing, finger strategies and urgency on numerical typing performance with queuing network model human processor[J]. Ergonomics,2012, 55(10): 1180-1204.

[27] WU C, LIU Y. Queuing network modeling of driver workload and performance[J]. IEEE Transactions on Intelligent Transportation Systems,2007,8(3): 528-537.

[28] WU C, LIU Y. Queuing network modeling of transcription typing[J]. ACM Transactions on Computer-Human Interaction,2008,15(1): 1-45.

[29] WU C,LIU Y. A New Software Tool for Modeling Human Performance and Mental Workload[J]. The Quarterly of Human Factors Applications: Ergonomics in Design,2007,15(2): 8-14.

[30] WU C,LIU Y. Usability makeover of a cognitive modeling tool[J]. Ergonomics in Design,2007, 15(2): 8-14.

[31] WU C,LIN B. Mathematical modeling of the human cognitive system in two serial processing stages with its applications in adaptive workload-management systems[J]. IEEE Transactions on Intelligent Transportation Systems,2011,12(1): 221-231.

[32] WU C, LIU Y. Queuing network modeling of transcription typing[J]. ACM Transactions on Computer-Human Interaction (TOCHI),2008,15(1): 1-45.

[33] LAIRD J,ROSENBLOOM P S. The evolution of the Soar cognitive architecture[M]. Ann Arbor: University of Michigan,1994.

[34] ZHANG Y,WU C,WAN J. Mathematical modeling of the effects of speech warning characteristics on human performance and its application in transportation cyber-physical systems[J]. IEEE Transactions on Intelligent Transportation Systems,2016,17(11): 3062-3074.

[35] ARIF A S,STUERZLINGER W. Predicting the cost of error correction in character-based text entry technologies[C]//Proceedings of the SIGCHI Conference on Human Factors in Computing Systems. New York: ACM,2010: 5-14.

[36] GONZALEZ C,FU W T,HEALY A F,et al. ACT-R models of training data entry skills[C]//15th Conference on Behavior Representation in Modeling and Simulation. Baltimore, Maryland. Orlando: SISO,2006: 44-52.

[37] LIM J H,LIU Y. A queuing network model for visual search and menu selection[C]//Proceedings of the Human Factors and Ergonomics Society Annual Meeting. Los Angeles, California. Thousand

Oaks: SAGE, 2004, 48(16): 1846-1850.

[38] 人因百科小组. 人的建模学习[EB/OL]. [2024-12-19]. http://www.renyinbaike.cn/modeling.html.

[39] 心行者科技(杭州)有限责任公司[EB/OL]. [2024-12-19]. http://www.shuziwo.com.

[40] JO S, MYUNG R, YOON D. Quantitative prediction of mental workload with the ACT-R cognitive architecture[J]. International Journal of Industrial Ergonomics, 2012, 42(4): 359-370.

第 15 章

人机系统安全分析与设计

如何分析和预防人的差错并进行系统的安全性设计？

> **本章概述**
>
> 本章将介绍人机系统的安全分析和设计方法
> - 工作场所的安全事故及其分析
>   - (1) 工作场所的安全事故情况
>   - (2) 以系统的视角分析事故
> - 警告标志设计
> - 危险识别及控制
>   - (1) 危险源的种类
>   - (2) 危险源识别及控制
> - 人为错误和容错设计

15.1 工作场所的安全事故及其分析

人因工程是一门旨在提高人机系统的安全性、绩效和宜人性的学科，安全是人因工程的首要研究目标。本章主要从人因工程的角度分析与识别工作场所和日常生活中人机系统存在的安全问题，评估人机系统安全性能，并利用相关人因设计方法设计安全的人机系统，建立预防措施，以减少人机系统中的人员伤害和成本损失，提高系统的可靠性和使用投资效益。

15.1.1 工作场所的安全事故简介

工作场所是指从事工作或任务的人由于工作或任务原因必须停留或前往的一切场所。工伤是指人在工作中发生的事故伤害或患职业病，以及这些原因造成的死亡。由于我国每年的工伤人员数量较多，新的政策已明确要求推动工伤事故发生率明显下降，重点行业5年降低20%左右[1]。中国2019年的工伤统计情况显示，在工作时间、工作场所内因工作原因受伤有937 695起，死亡8108人；在工作前准备、工作后收尾时受伤有12 402起，死亡100

人；在上下班途中因机动车事故造成受伤 88 541 起，死亡 4436 人；由于工作（包括具有危害性的粉尘、化学、辐射工作环境等）罹患职业病 14 322 起，造成死亡 44 人[2]。

根据美国国家安全委员会（National Safety Council，NSC）的相关数据统计，美国在 2019 年的工伤总成本为 1710 亿美元，其中包括 539 亿美元的工资和生产力损失，355 亿美元的医疗费用和 597 亿美元的管理费用[3]。2019 年美国每位工人的成本为 1100 美元，包括每个工人必须生产以抵消工伤成本的商品或服务的价值[4]。工伤的出现不仅给工作人员带来人身安全危害，还会给企业和社会造成巨大的经济损失，包括巨额的保险赔偿。

如图 15-1 所示，从美国 2020 年的工作场所工伤事故统计中可以看出：接触有害物质或环境，过度劳累，跌倒、滑倒和绊倒这三大原因占所有非致命伤害和疾病的 75% 以上[5]。

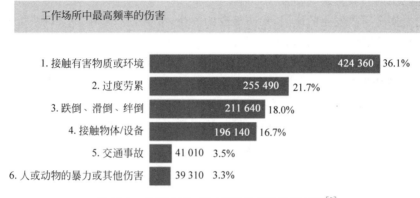

图 15-1　美国 2020 年工伤事故相关数据统计[5]

工作场所中的工伤根据其对人体的伤害程度主要分为两大类：伤害和死亡。我国的工伤情况中，对人体造成伤害的原因主要有：用力过度、坠落、化学物质引起的生理反应、碾压、机动车事故、辐射暴露、摩擦与破损、极端环境下的暴露等[2]。使人死亡的原因主要有：与机动车有关的情境、坠落、触电、溺毙、与火有关的情境、航空运输有关的情境、毒药和化学品、水路运输有关的情境等[2]。

15.1.2　以系统的视角分析事故

从系统的设计和分析角度来看，**事故**指由于系统内部组分的交互以及可能的外部环境交互造成的意外变故或灾祸问题。实际上，事故是由多方面因素引起的，即系统内部元素的交互问题和外部环境的交互问题都会引发事故。工作场所发生事故的直接起因有：

（1）机器的问题（设计、维护等）。机器的问题包括：机器的设计问题，例如有些联合收割机在设计时没有考虑整机的动力学性能，重心偏高且没有位于中轴线上，导致收割机在田间作业时容易侧翻；机器的维护问题，例如有些电梯的曳引钢丝绳需要定期做无损检测与润滑维护，如果维护的间隔时间较长则无法及时发现曳引钢丝绳的磨损，进而存在断裂等安全隐患。

（2）环境的问题。例如：长期暴露在潮湿或阴雨的环境下可能会使铁质设备或工具生锈，进而降低设备硬度，产生安全隐患；地震产生的地震波可能会损坏核电站的设施，导致核泄漏事故。

（3）在任务中直接使用的设备或工具的问题。例如，负责高压电塔检修的电工在任务过程中需要使用安全带和勾绳等防护工具来辅助攀爬高达几十米的塔架，如果安全带钩扣出现断裂或脱落等问题，则会使电工面临坠落风险。

（4）人的问题（操作者、管理者、设计者等）。操作者的压力、疲劳程度、侥幸心理等都会对操作绩效产生影响。例如，清洗高楼外玻璃的"蜘蛛人"在疲劳程度较高时，容易出现高空滑落工具、忘记系安全带等操作失误。管理者和设计者也会对事故负有相关的连带责任。又如，管理者没有对工作人员制订良好的安全培训计划，让缺乏安全培训的操作者负责完成一些危险工作。或者设计者在系统设计过程中没有考虑系统使用者的安全问题，如设计的数控机床在工作时的安全防护罩与机床坐台之间留有缝隙，这将无法阻止飞出的切屑或因脱落而高速飞出的刀具带来的伤害。

为了挖掘安全事故发生的原因，预防事故的发生，并且进一步提高人机系统安全性能，许多事故分析方法陆续被提出，如鱼骨模型[6]、功能共振分析方法[8]、瑞士奶酪模型等，其中瑞士奶酪模型能够比较直观地表达事故发生的过程。**瑞士奶酪模型**（swiss cheese model）是由英国曼彻斯特大学精神医学教授 James Reason 于 1990 年在其心理学专著 *Human Error* 中提出的一种将事故防御体系抽象为多层奶酪的事故分析模型[7]。如图 15-2 所示，每一片奶酪表示系统设计或运行时的防线，每片奶酪上的空洞表示防线中存在的问题和缺陷。在瑞士奶酪模型中，主要有四道防线：

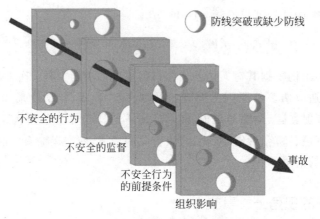

图 15-2　瑞士奶酪模型事故分析示意图

（1）人的具体行为（specific acts）。例如机场的安检人员的行为，如是否仔细检查乘客及其行李以确保乘客没有携带危险物品，保障飞机航行安全。不安全的行为将会成为人的具体行为防线中的漏洞，比如工厂操作员忘记检查当天生产线运行项目的清单，如果当天的清单较以往的清单有临时变化，操作员很可能出现工作失误。

（2）监督（supervision）。例如食品生产过程中管理员需要监督生产线上的操作员是否正确佩戴口罩，以防止飞沫污染食品。不安全的监督将会成为监督防线中的漏洞，例如管理员在机组初次训练时将两名毫无飞行经验的飞行员分到了一组，如果在后续的飞行过程中飞机出现机械故障，两名都没有经验的飞行员相比于至少有一名有经验的飞行员更容易出现决策失误。

（3）先决条件（preconditions）。例如长途汽车驾驶员在执行任务之前需要充足的睡眠以保证行驶安全。出现不安全行为的先决条件将会成为先决条件防线中的漏洞,例如飞机驾驶员前一天睡眠不足进而以疲劳状态执行飞行任务。

(4) 组织影响(organisational influences)。系统的组织管理体系也可能存在安全漏洞,比如为了提高经济效益而忽视员工的休息,这无疑增加了员工的工作负荷,进而提高了由于疲劳导致事故的风险。

防线中这些漏洞的位置、大小,以及其存在与否都会随着系统的设计和环境不同而发生变化。事故发生时,每一道防线中同一个位置上都恰好有漏洞,不安全的因素穿越了每一道防线上的漏洞,最终引发事故;有时候不安全因素只穿越了前面几道防线的漏洞,在后面防线上的对应位置并没有漏洞,这时只能构成准事故,但是系统运行的时候需要特别注意准事故的出现,因为这意味着系统存在安全隐患,系统中的多个防线已经被突破了。

2011年3月11日福岛核电站核泄漏事故对日本的经济和周边的生态环境造成了巨大的破坏,很多人因为这次的事故受到了不可逆转的创伤。

视频15-1　2011年福岛核电站核泄漏事故[10]

实际上,地震和海啸并不是这次核泄漏事故的全部原因,只是突破了福岛核电系统的最后一道防线,最终导致由系统设计和管理等问题造成的准事故进而引发了事故。

 课堂练习题 15-1

请使用事故的瑞士奶酪模型分析福岛核电站核泄漏事故的原因。

答案

15.2　警告标志设计

警告标志是一种利用图形符号、颜色、几何形状或文字描述来表达危险情境的标志或者标记,用来向进入危险情境的人警告该情境中存在危险因素。警告标志散布在我们的日常生活中,例如:医院的CT检查室旁边经常会有"当心电离辐射"的警告标志;马路上运送危险化学品的大货车箱体上会贴有"易燃气体""易燃液体""腐蚀品"等警告标志。交通安全标志也是一种警告标志。如图15-3所示为道路交通中提醒过路行人当心过往车辆的警告标志。

警告标志需要能够提醒人们注意当前环境潜在的危险因素,使人提前做好预防工作,避免事故发生。此外,有些警告标志还需要在危险发生时指示人们如何采取正确有效的措施来规避或尽快逃离危险,最大化减少伤害。因此,为了能够充分发挥警告标志的作用,警告标志的设计需要特别注意以下几个方面。

图15-3　"当心车辆"道路交通警告标志[11]

(1) 可见性和可读性。警告标志的尺寸需要设计在合理的范围内,如安装的高度(或位置)、图片尺寸、文字大小等,以保证进入危险区域内的所有人能清晰地接收到图形内容、文字内容等警告信息。标志及其内容的尺寸可利用"007"规则来设计。此外,警告标志不能被遮挡,并且其颜色和内容区分度的设计还需要保证标志在夜晚和光照条件不好的厂房、库房等环境中具备可见性和可读性。

(2) 准确地传达出危险源的危险性。警告标志需要传达出当前环境中危险源的危险性,否则人们无法正确意识到当前危险情境的严重性。例如,图 15-3 所示的"当心车辆"警告标志以图片形式描述了人和车辆之间的碰撞场景,直接向人们展示了如果不遵从规则和注意警告,当前情境可能会发生的危险和危险会导致的结果。

(3) 应该包含一个危险提醒词。警告标志中应该包含如"危险""注意""当心""小心"等险情提醒词。这些词相比于需要认真识别的图片内容会更容易让人注意到,并更容易正确地获取危险警告信息。此外,提醒词中,"危险"比"当心"要更加严重一些。

(4) 如果空间允许,需要考虑添加安全措施的细节。如图 15-4 所示,危险源为含锌废物的危险警告标志牌中描述了含锌废物的危险类别、危险情况和安全措施。如果警告标志牌摆放的空间充裕,可以扩大标志牌的面积。警告标志牌上除了图片和危险提示文字之外,在空余的地方可以添加危险源的说明、预防危险发生的安全措施、发生危险后的紧急措施和救援联系方式等内容。如触碰某种有毒物品后可用水冲洗,并拨打当地救援电话等待救援。此外,还需要注意警告标志内容的主次,例如图 15-4 的含锌废物警告标志,"危险废物警示牌"和"含锌废物"等能直接表明危险情境的词语的尺寸需要大于"危险类别""安全措施"等信息扩展内容的尺寸,避免人过度关注细节而无法及时获取最重要的危险提示。

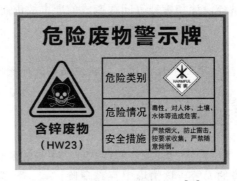

图 15-4　危险废物警告标志[12]

警告标志设计的好坏直接决定人是否能够快速、准确地获取警告信息,识别危险情境和采取安全措施,或者影响人在危险发生时是否能够正确和及时地采取紧急措施以最大化减少伤害。如果一个警告标志设计得好,将会引导人的安全行为;如果设计得不好,则无法引起人对危险情境的重视和理解,进而可能引发安全事故。

课堂练习题 15-2

请评价和设计下列警告标志

请评价图 15-5 中所示的 12 个警告标志,它们存在设计问题吗?应该如何改进?并设计图中的 3 个空白警告标志。

图 15-5 警告标志评价和设计

答案

15.3 危险识别及控制

场所中的不安全因素会威胁我们的人身安全和生命健康,这些不安全因素也称为危险源。**危险源**是指可能诱发使人受伤或死亡、导致物质财产损失、破坏工作环境或以上这些情境组合发生的根源。危险源也是导致事故的根源,因此,我们需要识别并控制、排除危险源,尽可能地保证人的安全。

危险识别是指在工作场所、日常生活、特定任务环境等情境中识别并明确可能产生或诱发事故的危险源,并判断危险源的属性。它是预防和控制危险源可能造成的伤害和负面影响的前提。危险识别可以有效预防安全事故的发生,减少人员伤亡和财产损失,对企业稳定运营、社会安全发展都具有十分重要的作用。

15.3.1 危险源的种类

一般的工作和日常生活场景中可能存在以下几类危险源:

1. 物理危险源

例如:危害人体健康的噪声、极端的温度、辐射;会使人滑倒的冰面、潮湿的青苔路面、不合适的鞋子(滑倒危险源);会使人被绊倒的坑洼、塌陷路面(行走危险源);有坠落风险的高台阶梯、工地上的悬空脚手架(坠落危险源)等。

2. 人体工程学危险源

例如:需要人完成举起、推、拉等动作的情境。对于搬运工来说,地上又重又大的箱子是一种人体工程学类的危险源,如果操作稍有不当,扛起并搬运这个箱子的过程很可能会损伤腰肌或手臂或扭伤脚腕。长期的搬运动作也会对身体造成不同程度的慢性劳损。

3. 化学危险源

例如:有毒气体、液体、固体、气溶胶、腐蚀性物质、易燃易爆物质(火灾危险源)等。

4. 生物危险源

例如:具有危害个体或群体生存的微生物、植物、动物;具有危害性的土壤、水、血液。

5. 火灾危险源

例如：易燃易爆物质、干燥的气候等。

6. 电力危险源

例如：不合格的插座、高压电设备、高压容器等。

15.3.2 危险源识别及控制

本节介绍的危险识别和控制方法将以场所（包括工作场所、日常生活、特定任务环境等情境）中的危险源为主要应用案例进行分析。危险源识别方法的步骤如下：

(1) 了解危险源的种类和情况；

(2) 在场所中寻找这类危险源；

(3) 危险源控制。

1. 了解危险源的种类和情况

导致人滑倒和无法正常行走的危险源是场所中的主要危险源[13]，这里以日常生活中的滑倒危险源和行走危险源为例对危险源的种类和情况进行分析。

(1) 滑倒危险源。如图 15-6 所示为某小区里长了青苔的路面，下雨过后青苔路面湿滑，将可能导致路过的行人滑倒。有很多情况可能会导致滑倒，例如有油脂、油、水、冰、雪或其他液体的地板。此外，不合适的鞋子也是滑倒危险源，比如使用坚硬光滑的塑料或泡沫材料作为鞋底的鞋子。显而易见，如果穿着塑料拖鞋在光滑且有水的大理石地板上走路则更容易打滑。

(2) 行走危险源。阻碍人安全行走（如绊倒、跌倒、滑倒等）的因素都可以称为行走危险源，比如坑洼的路面、如图 15-7 所示路面上松动翘起的砖块、松散的地板或地毯、如图 15-8 所示停车场上为了分隔和缓冲汽车停车的挡车器等。

图 15-6 某小区雨后的青苔路面

图 15-7 路面上松动翘起的砖块

此外，不谨慎的物业管理也是一种行走危险源，比如没有及时清理或更换小区路面上的翘起和散乱的砖块、没有定期维护和检查楼道里堆积的电线或杂物、下雪后没有及时清理（需要时可以撒盐）人行道和室外楼梯等，这些不谨慎的管理都可能导致路过行人被绊倒或滑倒。

相比于我们平时日常生活的场所，建筑工地场所具有更多的危险源，例如安装不规范的脚手架和起重塔吊、基坑施工等局部结构工程失稳、安全兜网内积存建筑垃圾等。图 15-9 所示的建筑工地中，未系安全带的工人在没有围栏保护的脚手架上工作，这实际上属于违规作业，面临着坠落风险，是一种坠落危险源。

图 15-8　某停车场挡车器[14]　　图 15-9　工人在没有安全防护的脚手架上工作[15]

2. 在工作场所中寻找潜在危险源

根据上一步对危险源的种类和情况的分析，我们需要在场所中找到这类危险源，具体步骤如下。

步骤一：四处走动，仔细检查场所中的每一个角落是否存在危险源，并确认场所中是否存在警告标志。若存在警告标志，其摆放位置是否正确，其设计是否符合警告标志的设计原则。

步骤二：检查地面和靠近地面的位置，查看是否存在危险源、设计或设备问题。

步骤三：检查与视线平齐和较高于视线的水平面，查看是否存在危险源、设计或设备问题。

步骤四：想象自己初到该场所时，或者在不同情境下的状态，包括异常的情况（如看手机、紧急情况、醉酒状态等）、特殊情况（如灯光昏暗、停电、下雨或者其他液体、着火等）或其他异常情况下的状态，再寻找或判断潜在危险源。

启发式教学思考题 15-1

如图 15-10 所示的阶梯和阶梯的防护栏杆以及图 15-11 所示的吊车的设计存在什么问题？请找出这两个情境中存在的危险源。

图 15-10　某建筑外侧的阶梯及防护栏杆　　图 15-11　某建筑外墙施工时使用的吊车

答案

3. 危险源控制

因坠落而导致的伤亡在工伤中占很大比例[2]。楼梯、高台或一些危险区域缺少安全防护栏杆,或安全防护栏杆的设计不符合安全标准等,都属于场所中的坠落危险源。那么我们该如何控制坠落危险源?

坠落危险源控制方法可以分为以下三道防线:

第一道防线:消除坠落危险源。

第二道防线:预防进入可坠落区域。

第三道防线:控制坠落:一旦坠落后,把人体及时拉住防止坠落受伤或死亡。

同时或者分别维持每一道防线都是控制坠落危险源的一种方法。其中,消除坠落危险源是最好的控制坠落危险源的方法,例如使用机器代替人工站在吊车中完成高楼外墙翻新作业,能够直接隔断人与危险源的接触,消除人在场所中的安全隐患。

图 15-12 安全防护栏杆设计标准

在场所中给楼梯、高台或危险区域加装安全防护栏杆或规范安全防护栏杆的设计是防止坠落危险源发生、维持第二道防线的方法之一。针对防护栏杆的设计,如图 15-12 所示,基于人体测量学,国际上和我国国内都有相应的安全标准和规范。

安全防护栏杆主要分为顶部扶手、中间防护栏杆和底部踢脚板三个部分。首先,根据成年人的腰部距离地面的高度(1m 左右),要求当工作台基准面高度在 2~20m 之间时,工作台的防护栏杆顶部与工作台水平面(栏杆底部)的距离不小于 1.05m[16],以防止人由于栏杆高度低于人的腰线高度而从栏杆顶部翻出坠落;其次,栏杆顶部扶手和底部踢脚板之间应至少有一道中间防护栏杆,并且中间防护栏杆与上、下方构件的空隙间距应不大于 0.5m[16],以防止人不小心穿过较大间距的栏杆空隙导致坠落;最后,踢脚板的主要作用是防止人的脚部穿过栏杆底部空隙而发生坠落,因此,踢脚板的顶部与工作台水平面的间距应不小于 0.1m。此外,踢脚板的底部与工作台水平面的间距应不大于 0.01m,以防止人的脚趾卡进栏杆底部间隙中。

启发式教学思考题 15-2

如图 15-13 所示为某工厂中工人在高处作业时使用的梯子,该情境中存在哪些安全隐患和危险源?如何消除这些危险源?

图 15-13 某工厂中高处作业时使用的梯子[17]

此外，给在高台工作的操作员配置具有固定长度（长度小于 2m）的安全绳也是一种维持第二道防线的方法。美国职业安全与健康管理局（Occupational Safety and Health Administration，OSHA）就有相应的安全标准规定，要求工人在 1.2m 以上高度作业时必须有坠落保护，除非在梯子、脚手架或升降机上作业。如图 15-14 所示，为了远离坠落危险源，避免坠落，需要按照安全规定对工作人员设置坠落约束。约束由安全带、锚固器和连接器组成。工作人员需要系上符合要求的安全带，安全带由一根具有固定长度的安全绳与安置在固定位置（如墙壁、不可移动的杠杆等）的锚固器通过连接器相连，以确保坠落危险源

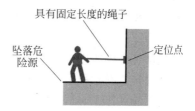

图 15-14 第二道防线：预防人进入可坠落区域

处于工作人员的活动范围之外（绳子的长度需要小于固定锚点与坠落危险源之间的空间距离）。

如果无法消除坠落危险源，并且无法防止坠落（如没有安全防护栏或具有固定长度的安全绳），即第一道和第二道防线存在漏洞，则应该控制坠落，维持第三道防线，例如给操作员系安全带，当坠落发生时，安全带和绳子能够拉住人并阻止人的继续坠落；或者在可能坠落的位置上放置柔软的缓冲垫子。

安全带的设计也需要依照国家标准[18]，如图 15-15 右图所示，安全带至少应该包括安全带子、作业安全绳、减速装置和连接器。安全带是穿戴在人身上用于固定作业人员位置、防止人发生坠落或坠落后将人安全悬挂的个体坠落防护装备；作业安全绳用于将整个安全带和锚固器相连；减速装置位于作业安全绳上，可以减缓突发坠落时安全绳对人的拉力冲击；连接器用于连接安全带中的各个组成部分。

图 15-15 第三道防线：控制坠落的五点式安全带[19-20]

作业安全绳的长度、锚固器（属于连接器）的空间位置、减速装置的缓冲能力等的设计都需要综合考虑在不同情境下人对场所情境和坠落危险源的认知情况，例如需要区分光线充足和不足的条件下人对坠落危险源位置的识别能力（识别速度、准确率等），这时可以考虑采用不同长度的作业安全绳或不同高度的锚固器。这里我们推荐五点式安全带（双腿、腰、双肩五个点）。三点式安全带（双肩、腰）在人坠落时容易脱落，不作推荐。

作业 15-1

请实地考察，识别课堂教室或宿舍中的危险源，并提出对这些危险源的控制方法。

4. 电力和火灾危险源的识别和控制

火和电都是人类生产活动的重要能源,但是我们的日常生活和工作场所中都存在电力和火灾危险源,如果使用不当,则很容易会引发事故。

1) 电力危险源

根据上文介绍的危险源识别和控制方法,我们首先需要了解电力危险源的种类。电力危险源包括容易被电击进而可能导致爆炸、火灾的电力设备,可能会发生爆破的高压容器,因故障可能产生电弧的电气连接触头等,这些危险源会对人的生命安全造成严重的伤害,比如电击或电弧导致的烧伤、休克等。如图 15-16 所示为电工在高压电线工作场所中遇到的电力危险源。此外,严重的电击或电弧还会导致设备爆炸,进而引发火灾,破坏工作环境,造成财产损失。

除了在场所中寻找电力危险源,我们还需要了解危险的发生条件和过程,为设计危险源控制方法提供可参考的依据。以电击为例,不同条件下产生的电击会对人体造成不同程度的伤害。电击对人体造成伤害的严重程度受到许多因素的影响,例如在人的身体中产生的电流的传导距离、电流量的大小、人暴露在电击中的时间、皮肤的干湿程度等。特别需要注意的是,水是电的良导体,电流在潮湿的条件下更容易流动[22],因此,当人的皮肤或环境潮湿(如下雨天)时,电力危险源更容易威胁人的生命安全。

为了保障工作场所和日常生活中人们的用电安全,我国制定了许多相关的国家标准,如《用电安全导则》(GB/T 13869—2017)[23],规定了电气设备在设计、制造、安装、使用和维修等阶段的用电安全基本原则和要求。例如规定在铭牌、警示、安全标志、说明书等信息载体上提供用电产品的使用信息,规定电气线路应具有足够的绝缘强度、机械强度和导电能力等,以防止或减少因电力危险源带来的电击伤亡、电气火灾、设备损坏等事故。此外,国际电力学会(National Electric Code,NEC)也制定了相关的用电安全标准[24],例如建议尽量使用接地故障漏电保护断路器(ground fault circuit interrupter,GFCI)。GFCI 是针对北美市场的一种标准漏电保护断路器(见图 15-17),如果发生漏电,GFCI 可作为第三道防线阻止或控制漏电危险发生过程。NEC 要求 GFCI 的设计标注保险丝、电闸位置以及具体电压,以防有人触电时,救援人员能够及时找到关闭电闸的位置。

图 15-16 高压电塔工作场所中的电力危险源[21]

图 15-17 GFCI 接地故障电流漏电保护断路器[25]

大量工作场所中的触电事故是在多人现场工作时由于人的错误直接引起的[13]。例如电力维修工人在关闭电闸开关后对工厂的照明灯系统进行维修,这时一名工厂工作人员(或另一名维修工人)在不知道有人正在维修的情况下重新合上了电闸开关,导致维修工人当场触电身亡。为了保证工作人员的生命安全,减少此类事故的发生,OSHA 针对机器或设备的能源关闭后的维修安全进行了强制规定[26],要求工作人员在进行维修之前必须先停止运行设备并对开启其能源动力的部分上锁或挂牌。如图 15-18 所示为某配电箱的上锁和挂牌。

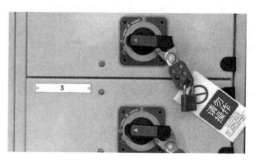

图 15-18　维修之前完成上锁和挂牌的设施[27]

上锁(**lockout**)是指在对电力设备进行检修关,需要关闭设备的电源开关或电闸(如大楼的配电箱),而且需要进行上锁(即只有有钥匙的人才能开锁打开电源),以避免设备及设备附近相关人员(如维修和保养人员、安装和搬运工人、设备操作人员等)错误开启电源。

挂牌(**tagout**)是指对已关闭的设备的能源按照一定的程序进行隔离上锁的同时,进行警示挂牌,告知附近相关人员当前情境下远离设备并注意不能改变运行状态(如开启电力闸门)以避免相关人员被突然运行的设备伤害。上锁和挂牌是防止电力危险源引发危险的方法之一,属于第二道防线。此外,上锁和挂牌也运用在许多其他工作场所中,例如具有上下游生产线的有毒物料输送工厂,当下游运输设备正在进行维修时,上游的运输设备的能源动力需要上锁和挂牌。

启发式教学思考题 15-3

如图 15-19 所示的工作场所中有什么安全问题?

图 15-19　某工作场所中的配电箱[28]

答案

2) 火灾危险源

火灾危险源包括垃圾桶中冒着火苗的烟头、汽车加油站的过道里堆积的纸箱杂物、使用可燃物(如竹子、木头)制造的建筑施工脚手架等。此外,电气设备漏电、接触不良、短路等电气故障,大风、雷电等恶劣自然天气,用火不慎、不安全吸烟等人为因素都是潜在的火灾危险源。为了更好地控制火灾危险源,我们需要了解燃烧的原理和发生条件。着火燃烧是一种氧气和可燃物间快速剧烈的化学反应,燃烧不仅发光、发热,还会产生火焰和烟雾。氧气、火源(温度)和燃料的化学反应是燃烧的三个要素,只有满足了这三个条件才会引发火灾。

火灾危险源的控制方法包括消除火灾危险源(如定时清理加油站附近堆积的易燃杂物)、防止火灾(如利用真空或无氧环境替代空气进行一些化工场所中的危险作业)和控制火灾(使用水、沙子、无氧环境灭火)。其中,建立**逃生通道**是间接控制火灾、减少火灾造成的损失的重要方法。逃生通道是指能够帮助被困人员疏散和消防人员实施营救的生命通道。因此,逃生通道的设计尤为重要,需要遵循以下基本要求[29]:

(1) 可供人员从工作或生活场所的任意位置逃离的通道,即工作人员从工作场地任意位置都可以到达逃生通道。

(2) 必须是永久可用的,并且其空间不能被物品阻碍。如图 15-20 所示的楼梯间被杂物堆积,当发生火灾时将严重阻碍人员的快速逃离。

(3) 用防火材料和其他建筑结构分隔开,避免受到火灾的影响。

(4) 根据室内人数设置的逃生路线要有足够数量的通道,并且每条通道要有足够的容量,以避免发生因数量和空间不足导致的拥堵进而耽误救援时间和逃生。

(5) 逃生路线的出口应该直接连接到室外地面或与室外相连的空间,如果楼层为一层,逃生通道需要连通室内和室外;如果楼层为一层以上,则逃生通道需要从一层以上的每一层连通至一层并通向室外。

(6) 出口的门必须是从里向外打开。由于人在紧急情况下更趋向于推开而不是拉开一扇门,当逃生人数较多且出口大门是从外向里才能打开时,如果跑在前面的人第一时间没有及时拉开大门,人群会迅速拥堵在出门位置,导致大门无法打开,进而造成不可预计的后果。

图 15-20 可作为逃生通道的楼梯间被杂物堆积

视频 15-2 紧急情况下人的开门行为

（7）逃生路线要设计得尽可能的短。

（8）通道和门口要有电池驱动的应急灯照明和安全出口灯指引。

 启发式教学思考题 15-4

请观察图 15-21 所示逃生路线，你认为它的设计存在什么问题？

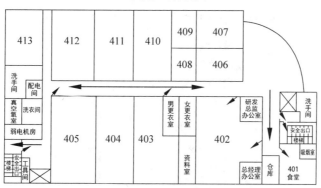

答案

图 15-21　某楼层逃生通道路线图[30]

逃生路线图的设计也是逃生通道设计过程中非常重要的一部分，直接决定了人在紧急和慌乱的情境下是否能够迅速获取路线图中的有用信息，并找到正确的逃生方向。如图 15-22 所示，逃生路线图设计需要遵循以下基本要求[29]：

（1）清晰地标识出观看者当前所在的位置，而不是在每个房间设置相同的没有根据位置而变化的逃生图。由于在火灾情况下人没有那么多时间思考，因此，路线图的设计需要能够使人迅速获取当前位置并判断逃生方向。

（2）清晰地标识所有的逃生路线和所有的出口位置。

（3）需要标识专门为障碍人士设计的特别出口。

（4）楼房需要标识所有楼梯的位置。

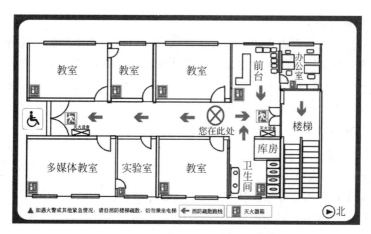

图 15-22　某室内逃生通道路线[31]

路线图中还建议标出灭火器和水源（如卫生间、洗手间等）的位置，逃生或救援人员在需要的时候可以及时找到灭火工具;在一般情况下,绿色代表可通行的安全状态,红色代表禁止、停止,黄色代表警告、注意,蓝色代表指令、必须遵守的规定,因此,逃生的路线建议尽量使用绿色标出。

 课堂练习题 15-3

发现场景中的安全问题

观察图 15-23 所示的室内场景,指出其中存在的安全问题。

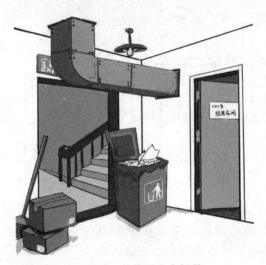

答案

图 15-23　某楼层室内场景

15.4　人为错误和容错设计

人为错误(human error)是指由操作者本人所造成的错误。按照是否能被操作者自身所意识到,人为错误主要分为以下两大错误类型:

1. 未意识到的错误

未意识到的错误包括人由于疏忽而导致的错误和错误的动作两类。前者例如传动带检修操作员在作业之前忘记关闭输送电源;后者是指人可能在某些情境中或受到某种刺激后下意识地做出一个反应(错误的反应),但是人自己没有意识到,比如汽车装配生产车间的操作员在快步走去洗手间的路上无意识地碰倒工作台上的改锥套装,改锥套装中的改锥可能散落到装配生产运输机上导致生产线停止运行。

2. 意识到的错误

意识到的错误包括如下三类:

第一类是由于知识不足导致的错误,例如福岛核电站核泄漏事故中,操作员意识到了核电系统出现了故障并试图去解决问题,但是由于知识不足,解决方法出现了问题,导致了更多的错误。

第二类是规则判断错误,操作员意识到应用了错误的"if-then"条件规则,比如救援人员选择用水来浇灭因汽油引发的火灾,或者驾驶员在意识到自己不小心闯红灯后,选择继续加油门冲过去代替原地不动的行为。

第三类是违反规则,即行为违反已知的规则或程序,如饮酒后在知道酒驾违规的情况下仍然继续驾驶汽车上路。

人的行为和操作实时影响着人机系统的正常运行,随着人机系统的复杂程度以及人机系统中机器可靠性的日益提升,由人的生理和心理特性导致的人为错误逐渐成为人机系统事故的主要原因。

此外,人在许多方面会受到自身条件的限制,很难通过持续的训练来降低错误率。由这种限制导致的错误包括如下三类:

(1) 视觉、听觉等感官感知错误,例如可能会出现漏看、看错、漏听等现象;

(2) 认知和决策错误,比如由于身体状态或知识积累出现问题,导致人在正确感知到信息后做出了错误的决策;

(3) 动作疏忽或错误,例如无意识地碰到开关按键。

因此,人机系统的设计需要考虑针对人为错误的容错性,即容错设计。**容错设计**(fault-tolerant design)是指允许操作者产生失误行为的设计,它能够使人机系统的运行更加适应人的行为,避免或容忍人为错误的存在,减少因人为错误导致的故障率,提高系统的灵活性和宜人性。例如手机相册中单击删除照片命令后会再次弹出"确认删除"按钮,以防止人的操作失误造成相片误删。我们需要在场所中检查可能存在的容错设计,比如阶梯上是否存在防护栏杆,若存在,防护栏杆的位置是否设计正确,是否符合安全设计原则。

人机系统的容错设计过程中需要时刻谨记人会犯错误,尤其是在人机系统交互部分的设计中(例如机床人机操控面板的设计)更需要考虑人如果在交互过程中出现错误,系统应该如何挽救以防止错误的继续发生,尽可能减小错误造成的损失。

针对可能的人为错误,有许多容错设计方法。例如:针对重要的但平时较少使用的开关按键,为了防止人的动作疏忽导致的误碰/按,可以在按键外面加装防护外罩,如图 15-24 所示为加装防护外罩的火警报警按钮;针对人的决策错误,例如在系统界面中不小心单击了"删除文件"按钮,可以在该命令执行后提供反馈和二次确认机会,比如弹出"确认要永久删除该文件吗?"命令,让操作者再次确认自己刚刚是否进行了错误的操作;针对已经发生的人为错误,可以使用系统行为可逆设计方法,比如为避免才发现很久以前误删了一个重要文件,可以让系统对固定时间段的文件进行后台的备份缓存。系统行为可逆设计更多地适用于信息系统的设计,而在物理系统中则较难应用。

日常生活中的产品也存在很多容错设计。如图 15-25 所示为一种按压式瓶盖,多应用于药物储存装置中,为了防止儿童因好奇心打开药瓶误食药物,按压式瓶盖需要先按下瓶盖后才能旋转打开。

一些需要人操作的机械装置中也有容错设计,为了避免操作员误碰装置触发当前不应该启动的系统,在装置设计中一些重要的人机交互操作动作需要有一个延迟或经过一定的

图 15-24 加装防护外罩的火警报警按钮

努力才能触发系统。例如汽车换挡杆的换挡操作，如图 15-26 所示，从低挡到高挡的过程并不是沿着一条单一的直线，而是沿着特定的拐弯路线，以防止人的误碰导致非预期的换挡。在手动驾驶汽车中，换挡还需要脚踩离合动作与手部动作同时进行，以增加换挡操作的努力程度。

图 15-25　某产品按压式瓶盖[32]　　　　图 15-26　某汽车换挡杆换挡路线[33]

此外，如图 15-27 所示，汽车的手刹也包含了容错设计，操作员需要用拇指按住手刹顶端的按钮后才能上下扳动手刹。

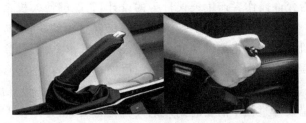

图 15-27　某汽车手刹[34-35]

除了工作场所和日常生活中的人机系统或产品，很多管理或任务情境中也存在容错设计模式，例如飞机或长途汽车驾驶过程中一般都配有两名驾驶员，当主驾驶因疲劳、失误等不能驾驶时，则由副驾驶顶替完成驾驶任务。

本章重点

- 工伤的定义和类型
- 工作场所发生事故的分析和分类，瑞士奶酪模型
- 如何设计并评价警告标志
- 工作场所和日常生活中危险源的种类、危险源识别及控制的方法（三大步骤）
    - 危险源控制的三道防线
    - 安全防护栏设计标准、坠落约束标准
    - 电力危险源控制方法：上锁和挂牌
    - 火灾危险源控制方法：逃生通道设计要求、逃生路线图设计要求
- 人为错误的分类、容错设计的方法和相关案例

作业 15-2

请结合本章所学内容，走访身边的一个地方（比如教学楼、宿舍、食堂、居民楼、商场、停

车场、周边道路等),发现可能潜在危险源、可能的人因失误情况、预防控制措施。(走访过程中,请务必保证自己和其他人员的安全)

参考文献

[1] 人力资源社会保障部,工业和信息化部,财政部等.工伤预防五年行动计划(2021—2025 年)[Z].中国北京,2021.

[2] 中华人民共和国统计局.中国劳动统计年鉴[M].北京:中国统计出版社,2019.

[3] National Safety Council:work injury costs[EB/OL].[2022-08-12]. https://injuryfacts.nsc.org/work/costs/work-injury-costs/.

[4] National Safety Council:workers compensation costs[EB/OL].[2022-08-10]. https://injuryfacts.nsc.org/work/costs/workers-compensation-costs/.

[5] National Safety Council:top work related injury causes[EB/OL].[2022-08-13]. https://injuryfacts.nsc.org/work/work-overview/top-work-related-injury-causes/.

[6] ISHIKAWA K. Guide to quality control[M]. Tokyo:Asian Productivity Organization,1976.

[7] REASON J. Human error[M]. Cambridge:Cambridge University Press,1990.

[8] ERIK H. FRAM:the functional resonance analysis method:modelling complex socio-technical systems[M]. Leyden:CRC Press,2017.

[9] GOLDBERG B E,EVERHART K,STEVENS R,et al. System engineering toolbox for design-oriented engineers[R]. 1994.

[10] 2011 年,福岛第一核电站发生爆炸[EB/OL].(2021-03-10)[2023-04-24]. https://www.ixigua.com/6937893364964524039.

[11] 昵图网.当心车辆图片[EB/OL].(2020-06-01)[2023-04-19]. https://www.nipic.com/show/29574123.html.

[12] 昵图网.危险废物警示牌图片[EB/OL].(2020-08-10)[2023-04-19]. https://www.nipic.com/show/30833463.html.

[13] LEE J,WICKENS C,LIU Y,et al. Designing for People:An introduction to human factors engineering[M]. Charleston:CreateSpace,2017.

[14] 百度百科.停车场设施[EB/OL].[2023-04-19]. https://baike.baidu.com/item/%E5%81%9C%E8%BD%A6%E5%9C%BA%E8%AE%BE%E6%96%BD/3225012.

[15] ZHULONG. 工地安全隐患 100 个安全隐患资料下载[EB/OL].(2021-08-09)[2023-04-24]. https://wenku.baidu.com/view/0da3e2df935f804d2b160b4e767f5acfa0c78308.html?_wkts_=1682321997572&bdQuery=%E5%B7%A5%E5%9C%B0%E5%AE%89%E5%85%A8%E9%9A%90%E6%82%A3100%E4%B8%AA%E5%AE%89%E5%85%A8%E9%9A%90%E6%82%A3%E8%B5%84%E6%96%99%E4%B8%8B%E8%BD%BD.

[16] 全国安全生产标准化技术委员会.固定式钢梯及平台安全要求 第 3 部分:工业防护栏杆及钢平台:GB 4053.3—2009[S].北京:中国标准出版社,2009.

[17] 广州市铁鑫金属结构有限公司.卧式油罐[EB/OL].[2023-04-24]. https://www.bmlink.com/tieqi168/.

[18] 中华人民共和国应急管理部.坠落防护 安全带:GB 6095—2021[S].北京:中国质检出版社,2021.

[19] 江苏兴胜吊具企业.全身式悬挂防坠落安全带[EB/OL].[2023-04-24]. https://www.zhuangyi.com/shop/42511/.

[20] 武汉大学.中国青年报-数字报:95 后武大硕士变身"女飞人",太飒啦![EB/OL].(2021-12-28)

[2023-04-19]. http://news.cyol.com/gb/articles/2021-12/28/content_jvgqXtwRA.html.

[21] 搜狐.高压电的威力有多恐怖？将高铁网电线搭在铁轨上,能把电传多远？[EB/OL].(2021-09-22) [2023-04-19]. https://www.sohu.com/a/490837250_100164422.

[22] 赵凯华,陈熙谋.新概念物理教程 电磁学[M].北京：高等教育出版社,2006.

[23] 全国电气安全标准化技术委员会.用电安全导则：GB/T 13869—2017[S].北京：中国标准出版社,2017.

[24] National Fire Protection Association. National Electrical Code：GFCI Outlets：UL943[S]. Quincy：National Fire Protection Association,2023.

[25] 正泰电工.GFCI 接地故障电流漏电保护器[EB/OL].[2023-04-19]. http://www.t-chs.com/pche50020485/579542055033.html.

[26] OSHA. OSHA Technical Manual[EB/OL].(1996-05-24)[2023-04-19]. https://www.osha.gov/enforcement/directives/ted-115-ch-1.

[27] 天空纪.上锁挂牌/LOTO-Lockout/tagout[EB/OL].(2020-04-19)[2023-04-19]. https://zhuanlan.zhihu.com/p/68471523.

[28] 航空基地.走访摸排企业安全生产情况,强化落实风险源管控措施[Z].2018.

[29] OSHA. Evacuation Plans and Procedures eTool[EB/OL].[2023-04-19]. https://www.osha.gov/SLTC/etools/evacuation/egress_construction.html.

[30] 滕州市正源标识有限公司.消防疏散图标识牌[EB/OL].[2023-04-19]. https://www.china.cn/mingpai/4240629538.html.

[31] NIPIC.消防疏散指示图[Z].2019.

[32] 百度经验.按压式瓶盖打开技巧[EB/OL].(2021-05-06)[2023-04-19]. https://jingyan.baidu.com/article/676629975cb6d915d41b847c.html.

[33] 易车.一汽马自达睿翼 2015 款手自一体[EB/OL].[2023-04-19]. https://photo.yiche.com/picture/2566/c8677/4026655/?relatedcaridofcolor=114111.

[34] 百度经验.手刹拉了还溜车怎么办[EB/OL].(2020-03-04)[2023-04-19]. https://jingyan.baidu.com/article/29697b91d05400ea20de3c88.html.

[35] 搜狐.这些坏习惯,你的爱车竟然毁在你手里！[EB/OL].(2017-12-26)[2023-04-19]. https://www.sohu.com/a/212971240_99913683.

附录

本书配套的人因工程实验介绍和评分规则

实验总体目标
(1) 加深对书本知识的理解和运用,并将这些知识初步应用到系统的设计和实践评估中。
(2) 以小组为单位,锻炼小组成员间和听众间的口头与书面交流能力。

> 实验安全注意点:安全提醒! 在实验准备和进行中,时刻注意自身和他人的人身安全! 如果有发现任何影响自身或他人人身安全的隐患,包括电、机械、摔倒、化学、火灾、激光等,应立即远离危险并告知其他在场人员注意,及时告知老师。

报告要求
(1) 每位同学需要提交实验报告,每份实验报告应涵盖对团队题目和个人题目的回答。
(2) 团队中所有成员的团队题目答案可以相同,但应由团队成员共同完成。个人题目必须由自己回答(可以使用团队共享的数据来回答个人题目)。不得抄袭其他同学实验报告中个人题目的答案。
(3) 实验报告中的每个表和图必须有编号和标题。表的标题必须放在表的上方,图的标题则必须放在对应图片的下方。

实验 1 真实视觉显示系统设计(以某车床的视觉显示器为例)

1. 实验前的准备

请因地制宜地在周围寻找一个有视觉显示界面的机器或者设备(最好是实际生产或生活中存在的真实设备),以图 A-1 中某车床的视觉显示器为例(也可以使用其他视觉显示系统或设备)。

请带卷尺、相机(或智能手机)、纸和铅笔至实验室。选择合适的时间与实验室指导老师一起参观车床,并做必要的记录,如机床的型号、功用等。

2. 一般流程

首先,你的团队需要通过阅读车床的使用手册并仔细观察车床以熟悉其人机交互界面。

其次,你的团队将选择两个带有数字、文本或符号的界面。其中一个界面是 LCD 屏,另一个界面是按钮控制面板(注意:在此实验中,按钮上的符号和文本被视为"界面"的元素)。

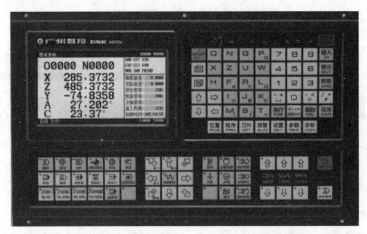

图 A-1　车床的 LCD 屏幕(左上方区域)和控制面板(其他区域)

3. 任务和题目

（1）（15%，团队题目。团队成员的答案可以相同）选择一名成员模拟机床操作员自然和安全地站在车床前进行操作，测量操作员的观察距离，并计算操作员看这两个显示界面上的数字或文本的视角。请在报告中附上操作员正在操作车床的照片。

（2）（20%，个人题目。每名学生需要独立回答问题，请不要抄袭其他同学的答案）基于题目（1）中测得的观察距离，①请使用课堂上学习的"007"规则，计算这两个显示界面的字母或数字的最小高度；②请将你的计算结果和两个界面上的字母或数据的实际尺寸作比较，讨论界面是否存在设计问题，如果存在，请描述潜在的问题是什么。

（3）（30%，个人题目）假设你是这类车床的制造商，这类车床将被放置在许多不同的照明条件下，并由不同的操作人员使用（操作人员的年龄范围跨度较大）。①根据我们课堂上学习的视觉相关内容，至少找到 3 个该车床在当前设计上的局限；②为解决或部分解决你发现的这些局限，请进行新的设计并画图说明（有必要的情况下可以画彩图）。注意：不需要重新设计整个车床的人机界面。

（4）（30%，个人题目）正在操作该机床的操作员需要找到正确的按钮以进行操作。①基于人因学课程内容，这个过程被称为什么？②请找到在此过程中车床控制面板按钮上的符号设计问题，并根据课堂内容阐述为什么说这些符号设计存在问题；③提出一个能解决上述问题的新设计。

（5）（5%，个人题目）你在日常生活中是否遇到过类似的设计问题？请举 1~2 个例子，并给出至少两个可能的原因解释为什么这些视觉感知相关的设计问题会如此普遍。

实验 2　车载行人告警系统的设计：综合考虑人的视听和认知特点

1. 实验前的准备

如果你还没有考过驾照：如果你的学校有驾驶模拟器，请课程教师安排一个实验室参观。如果没有，请想办法找到一辆停泊着的车（比如借用教师的车），观看其驾驶室的设计

(注意:你不需要驾驶这辆车辆)。

如果你已经有了驾照:你可以依据自己的驾驶经验来进行相关的设计。

2. 任务和题目

行人安全是交通安全的一个重大问题。如图 A-2 所示,该行人在过马路的同时低头玩手机,不顾来往车辆,如果此时司机也处于分心状态,则很有可能发生人车碰撞事故。

图 A-2 某行人过马路示意图

实验室参观:由于大部分同学没有驾驶经验,你的团队需要参观模拟驾驶实验室或者真车的驾驶室,体验一下作为司机的感受。尝试理解驾驶车辆的挑战并且了解驾驶是一个多任务的情形。

参观实验室后,你需要设计一个放置在车内的行人告警系统:

(1)(**20%,个人题目**)运用课堂中所学的人的认知相关知识,考虑到司机在驾驶时的注意力和主要任务,请在下面选项中选择你的行人告警系统界面,并说明你的选择(原因):①仅视觉界面;②仅听觉界面(只呈现声音);③视觉加听觉界面。

(2)(**40%,个人题目**)基于问题(1)的回答,请详细设计一个系统,要求:

① 画图说明你的整体系统设计。

② 画图说明给司机呈现的信息的细节(文本、声音或图标等),你的信息设计**必须**考虑到课堂中所学的人的工作记忆。如果你选了视觉界面,请写下呈现信息的内容(信息的文字)、颜色、字体的大小。如果你选了听觉界面,请详细设计声音的具体内容和声音响度等参数。

(3)(**40%,个人题目**)提出一个详细的实验设计计划(你不需要完成这个实验)以验证你设计的行人告警系统的有效性(相比于没有行人告警系统的情况)。你的实验计划必须包含以下内容:

① 基于课程所学的实验设计,包括如何安排被试和被试的最少数量;

② 实验材料和流程;

③ 知情同意书。

实验 3 工业机器人操控行为建模和实验验证

1. 实验的准备

建模软件的学习:请学习有关建模内容的章节对于简单反应时间的介绍。

有条件的学校请准备人的认知和行为仿真软件教学版或者学术版,通过配套教学资料(含教学 PPT,视频,案例等)进行教学。

2. 任务和题目

（1）（**15%**，团队题目）任务分析：选择两个典型的工业机器人操控任务（比如机械臂的定位任务），用 GOMS 任务分析法分析这两个典型任务。

（2）（**25%**，团队题目）编制这两个操控任务的到达表（arrival table）并编写服务器 Lua 程序，比如将 Fitts 定律编入 QN-MHP 的右手服务器（服务器 25）等，运行仿真程序并分析仿真结果来预测人完成两个任务的时间。

（3）（**10%**，团队题目）如果条件允许，邀请 4~5 个被试首先对这两个典型的工业机器人操控进行学习，在熟练两个任务以后再进行正式实验，并在正式实验中记录被试完成两个典型任务的时间。

（4）（**20%**，团队题目）通过 R^2 和 RMS，比较实验结果和模型预测的差异，如果 R^2 小于 0.5 并且实验数据符合人因常识，请调整模型。

（5）（**30%**，个人题目）如何通过建模结果改进人机界面设计或者操控任务本身？并且对新的设计重新建模预测是否能够节省任务完成时间。

实验的评分标准：

	条　　目	评　　分
内容（95%）	实验报告的答案评分将基于以下标准： (1) **答案的正确性和实用价值**（即在实践中是否一个好的解决方案）； (2) 回答问题的完整性； (3) 对书本和课堂知识、实验、文献或实践经历所获知识的支持或应用水平	(1) 正确性：40%； (2) 完整性：30%； (3) 对书本和课堂内容的知识或其他途径所获知识的支持或应用：25%； 参见个人报告要求
格式（5%）	页面要求：至少 2 页，最多 5 页	如果报告少于 2 页或多于 5 页，扣 1~3 分
	字体和页边距要求：使用字体大小至少为 12 号	字体小于 12 号，扣 2 分